祝贺：医院交通组织停车设施规划建设指南编撰出版！该书分析记述了其对医院交通组织停车设施建设实践历程；研究解读了相关政策；评估指出了发展重点难点和趋势策略。

从发展的角度看，此书的出版必将引领着医院交通组织停车设施建设发展正在由被动粗放向主动创新动转化合乎质量转变。相信该书对本专业领域的现代化特具有重要的引领促进和规范意义！

杨洪义 二〇一八年八月

医院交通规划事关城市基本功能和医疗救治效率，值得建筑设计和管理者们深入思考和研究。本书系统的梳理了医院交通规划理论，总结了相关实践经验，对医院建设管理具有积极的参考意义。

孟建民

2018.09.22.

长期以来，城市医院停车难成为困扰医院、城市交通组织管理和就医者的顽疾，欣闻《医院交通组织、停车设施规划建设指南》即将面世，倍感宽慰。此书从多角度全面分析了医院停车规划存在的问题，并提出了解决方案；分享了世界同仁们宝贵经验，理论结合实践，对有效改善就医环境具有较好的指导作用。

刘殿奎

医院交通组织停车设施规划建设指南

赵奇侠◎主编

程世东　董苏华　何于江◎副主编

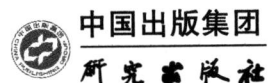

图书在版编目（CIP）数据

医院交通组织停车设施规划建设指南 / 赵奇侠主编. -- 北京：研究出版社，2018.10
ISBN 978-7-5199-0534-7

Ⅰ. ①医… Ⅱ. ①赵… Ⅲ. ①医院－停车场－建设规划－中国－指南 Ⅳ. ① TU248.3

中国版本图书馆 CIP 数据核字 (2018) 第 225476 号

出 品 人：赵卜慧

责任编辑：寇颖丹

医院交通组织停车设施规划建设指南
YIYUAN JIAOTONGZUZHI TINGCHESHESHI GUIHUAJIANSHE ZHINAN

| 作　　者：赵奇侠　主编
| 出版发行：研究出版社
| 地　　址：北京市朝阳区安定门外安华里 504 号 A 座　（100011）
| 电　　话：010-64217619　64217612（发行中心）
| 网　　址：www.yanjiuchubanshe.com
| 经　　销：新华书店
| 印　　刷：北京佳明伟业印务有限公司
| 版　　次：2018 年 10 月第 1 版　2018 年 10 月第 1 次印刷
| 开　　本：889 毫米 ×1194 毫米　1/16
| 印　　张：20.5
| 字　　数：350 千
| 书　　号：ISBN 978-7-5199-0534-7
| 定　　价：158.00 元

版权所有，翻印必究；未经许可，不得转载。

《医院交通组织停车设施规划建设指南》
编 委 会

主　编： 赵奇侠

副主编： 程世东　董苏华　何于江

参编人员（排名不分先后）：

李树强	王淑伟	刘慧彬	樊世民	巨　睦	康泽泉	闫　军	刘　鹏
孙炜一	包海峰	何嘉欣	李　维	温向阳	刘士翠	郭顺义	姬伟峰
陈建宇	刘军民	杨守业	周晨静	张爱国	杨新苗	刘晓丹	姜雪霜
郭　良	谷　建	张远平	苏黎明	张国宗	戴冀峰	杨振宇	李佩军
曹剑钊	周卫兵	杨　帆	王　岗	庹　量	蔡琳玲	袁恺星	张　玢
万　励	王国华	王　潇	张文华	王　鑫	曹志杰	张雨思	梁德利
姚　勇	石艳来	翟凯鸿	孙　迪	朱黎玲	许　进	胡道涛	沈崇德
鲁　超	李立荣	罗云纲	张树军	赵东方	谭西平	任　宁	马　戎
潘玮华	辜锦燕	汤巧娣	宁占国	杨海宇	吴晋垣	苏向前	徐海燕
张群仁	邢立华	赵唯萍	庞玉成	龙　灏	杨冀峰	刘玉龙	格　伦
朱　希	李　辉	陈国亮	周志山	郑忠伟	韩艳红	杜志杰	陈海啸
朱小旺	徐　镜	安勇维	赵文杰	李德令	王　斐	张　霞	高海鹏
赵朝虎	刘民安	吴　燕	位　珍	曹雁南	赵方博	刘学勇	杨学军
黄南星	周　颖	柳海州	李郁鸿	李　岩	孙　源	梁以平	李　晶
赵　军	余海燕	李　彤	何建飞	周建裕	王　玉	汪云林	诚
姚红梅	张　雁	陈泽斌	赵文清	张玉新			

组织编撰单位： 北京筑医台文化有限公司

编委会秘书处： 梁　菊　何芙蓉

共同编写单位（排名不分先后）：

国家发展和改革委员会综合运输研究所	医疗建筑设计研究院
中国交通运输协会静态交通产业分会	北京五合国际工程设计顾问有限公司
中国医学装备协会医院建筑与装备分会	北京睿谷联衡建筑设计有限公司
中国工程机械工业协会停车设备分会	山东省建筑设计研究院第三分院
北京大学第三医院	爱泊车美好科技有限公司
江苏中泰停车产业有限公司	北京康拓红外技术股份有限公司
北京大学首钢医院	上海直玖机场设备有限公司
中山大学中山眼科中心	中城创展集团有限公司
杭州市中医院丁桥分院	深圳精智机器有限公司
清华大学交通研究所	北京三维海容科技有限公司
北京建工建筑设计研究院	艾信智慧医疗科技发展（苏州）有限公司
北京建筑大学	天马华源停车设备（北京）有限公司
北京林业大学精准林业北京市重点实验室	中威蓝天科技股份有限公司
中国中轻国际工程有限公司	北京首钢城运控股有限公司
中国建筑设计院有限公司	北京中城通联智能交通科技有限公司
中国建筑西南设计研究院有限公司	北京华源亿泊停车管理有限公司
中国电子工程设计院有限公司	青岛康泊帕克智能停车投资运营有限公司
香港澳华医疗产业集团	江苏瑞孚特物联网科技有限公司
深圳市建筑设计研究总院有限公司	深圳怡丰自动化科技有限公司

支持单位(排名不分先后)：

国家卫生计生委科学技术研究所
北京市医院管理局改革发展处
北京市交通委员会运输管理局
天津市卫生计生委后勤基建处
河北省卫生和计划生育委员会规划与信息处
深圳市新建市属医院筹备办公室
厦门停车产业协会会
山东省滨州医学院卫生工程管理研究所
中国建筑标准设计研究院
重庆大学建筑城规学院
东南大学建筑学院
北京国际工程咨询有限公司
清大筑境(北京)规划建筑设计研究院有限公司
中国中元国际工程有限公司
深圳市柏鹏建筑设计事务所有限公司
上海建筑设计研究院有限公司
中国医学科学院整形外科医院
中国医学科学院阜外医院
中国医学科学院肿瘤医院
中国医学科学院协和医院
中国医科大学附属盛京医院
中国医学科学院皮肤病医院
中国人民解放军陆军总医院
北京大学第一医院
北京大学第六医院
北京大学人民医院
北京大学口腔医院
北京大学肿瘤医院
北京大学国际医院

中日友好医院
北京朝阳医院
西安交通大学第一附属医院
西安交通大学第二附属医院
复旦大学附属中山医院
中山大学附属肿瘤医院
中山大学孙逸仙纪念医院
四川大学华西医院
吉林大学第二医院
华中科技大学同济医学院附属协和医院
华中科技大学同济医学院附属同济医院
河北省人民医院
天津市天津医院
中南大学湘雅二医院
山东大学齐鲁医院
无锡市人民医院
南京鼓楼医院
南方医科大学南方医院
安徽医科大学第二附属医院
苏州大学第一附属医院
郑州大学第一附属医院
浙江省台州恩泽医疗中心
烟台毓璜顶医院
山西大医院
甘肃省妇幼保健院
香港华艺设计顾问(深圳)有限公司
北京市弘都城市规划建筑设计院
河北星球建筑设计有限公司张家口分公司

序

医院作为向患者提供医疗护理健康服务的特殊场所,"以患者为中心"不仅仅在于为患者提供医疗服务,还在于为患者提供舒适的就诊环境。

进入 21 世纪以来,中国医院的建设规模、建设体量快速发展,医院环境设施标准有极大改善,就医环境越来越趋向便捷化、绿色化、人性化。但医院停车问题却长期以来没有得到足够重视。随着私人汽车数量的增加,"城市病"——交通拥堵和停车难,在医院也表现得越来越明显。

医院作为特殊的公共场所,停车问题处理不当,容易引发很多问题。例如,因停车困难导致的延误急诊患者救治而产生的医患纠纷;因停车位的缺少,导致院内外交通秩序混乱而产生的交通隐患;因停车位的紧张,导致车辆占道、无序停放、交通拥堵,并产生大量的噪声、粉尘污染,从而破坏医院环境的整洁、安静与和谐。这些都对患者的就医体验及医院的长远发展有着重大影响。

医院在保证医疗功能需求的前提下,能够科学地建设停车设施,精细化管理、运营医院停车,解决好医护人员和就医人员停车需求,对改善就医体验、提高服务质量、解决医患矛盾有着重要作用。

医院既是保障人民生命健康的医疗场所,也是传播全面健康知识的家园。作为医院的管理决策者,在医院快速发展进程中,按照城市总体规划建设要求,配合政府部门解决医院交通拥堵和静态交通停车设施建设也是义不容辞的责任。

《医院交通组织停车设施规划建设指南》是一剂科学指导医院交通组织、停车建设和运营管理的"良药",不仅可以使我们了解国家制定的有关医院停车的政策情况、全国医院停车场的建设现状、医院建筑物配建停车泊位标准分析等宏观状态,对如何规划、设计、建设医院停车场(库),如何配建医院停车设施、智能管理系统以及引入社会化服务进行医院停车管理等也都有可落地、具有实际操作意义的指导。除此之外,书中还精选了多个案例辅以支撑,为读者提供理论和实践并济的借鉴与参考。

《医院交通组织停本设施规划建设指南》编写的意义不止在于为同仁们提供医院停车建设及管理参考，也对未来医院建设提出一个思考：建设医院，不能仅仅考虑与患者具有直接关系的医疗功能区域，需要全方位考虑，科学、合理、有前瞻性地规划好医院各项配套设施，避免顾此失彼。

有幸于第一时间拜读赵奇侠处长主编，我院李树强、巨睦、刘院丹、曹剑钊、杨帆、周卫兵等多位同志参编的《医院交通组织停车设施规划建设指南》。恰逢我院 60 周年，该书作为献礼成果与读者见面，受邀为此书作序，深感荣幸，同时感谢编审委员会对我院的信任和厚爱。最后期望此书能带给行业以更多帮助与启迪，共促医院停车建设发展！

[签名][1]

[签名][2]

2018 年 6 月

---

[1] 乔杰，北京大学第三医院院长，中国工程院院士。

[2] 金昌晓，北京大学第三医院党委书记。

前言

"医院停车难"是"城市病"。在医院周边城市道路违章占道停车已升级为交通拥堵治理难点。这是很多医院工作者每天都要面对,也是就诊人员在就医体验中非常不满意的重要因素。

近年来,我国经济飞跃式发展。当人们的生存需求被满足后,更多的开始追求生活的品质,其表现之一便是私人汽车数量的急剧增加。据公安部交管局的数据显示:截至2017年年底,中国机动车保有量达3.10亿辆,其中,汽车2.17亿辆;机动车驾驶人达3.85亿人,其中汽车驾驶人3.42亿人。汽车出行已越来越成为大众优先选择的通用交通方式:无论是患者就医,还是院方工作人员出勤。

从院方来讲,长期以来,大部分医院重点投入的主要是门急诊、住院大楼等,老区很多医院院内土地空间不足,都是地面停车。尽管近年来部分医院逐步配建了立体机械式停车场等,但由于建设项目规划审批条件的限制,建设独立地面机械式停车库的案例并不多。对于急剧增加的机动车保有量及新型交通工具——共享自行车、电动自行车等的出现,医院机动车停车位供应量明显不足,停车位供求不平衡所造成的停车难已成为医院"硬伤"。此外,各城市规划部门制定的规划技术规程和规划导则也对医院建筑配建停车泊位配建指标逐年提高,如《城市停车规划规范》(GB/T51149-2016)中要求,新建医院项目配建停车泊位指标国家标准建议为1.2个/100㎡建筑面积,地面停车根本不能满足基本配置要求。全国大型医院新建项目均采用建设地下停车库的方式满足规划配建指标的要求,初步估算地下停车库建设占项目总规模建筑面积的20%~30%。

1988年10月,笔者开始从事城市规划管理工作;2000年,参加了首批注册城市规划师执业资格考试培训班,现任中国城市规划设计研究院杨保军院长当时作为培训老师,提醒学员一定要关注城市停车设施规划问题。2007年,在《中国医院建设指南》编纂过程中,笔者向编委会提出增加医院停车系统建设章节的内容;2015年,《中国医院建设指南》（第三版）中停车系统章节的专业水平和行业影响力已逐步提高。2016年以来，国家和地方政府出台了一系列鼓励社会资本利用医院自有用地建设地面机械式立体停车库的鼓励政策，医院PPP项目开始出现。不过在技术层面，就医患者自驾车型中，SUV的占比增加，标准车型机械式立体停车库在层高上应给予考虑。孟建民院士倡导的"人性化的立体交通接驳系统"设计理念和深圳南山医院案例，浙江台州恩泽医疗中心医院立体交通设计案例，河南郑州大学第一附属医院河医院区，深圳市中医院光明院区复合交通系统，都是解决医院交通组织和停车设施规划设计的经典之作。

因此，对于如何解决医院停车难问题，如何合理布局停车场位置，如何有效利用医院建筑空间，如何解决医院停车设施规划、建设、管理中的一系列问题，是需要医院停车行业同仁持续思考，并为之不断努力、完善的事情。

鉴于此，我们组织了国家政策研究单位、医院、高校、设计院、供应商等停车建设管理相关领域专家，从各自擅长方向赋予《医院交通组织停车设施规划建设指南》以专业内容，并对全国医院停车情况作了最新调查与分析。一方面，意图为国内医院管理和基建管理决策人员、医院建筑设计人员、工程技术人员、高等院校建筑学、城市规划专业师生等提供一本全方位、系统、实用、操作性强的工具书；另一方面，图书出版之际，正值北京大学第三医院建院60周年庆典活动，此书作为献礼书籍，也是一部总结中国医院交通组织和停车设施建设行业共识的阶段性研究成果。

本书共设置6章，涉及医院停车基本属性定位、国家地方政策，医院停车供需现状、问题与解决对策，医院停车交通组织及分析，医院停车建设组织、场内外布局、设备选择、工程管理验收，医院停车场运营管理与评价，医院停车智能管理体系以及建设案例等。因篇幅所限，编纂过程中征集的典型案例不能全部登载，我们在后续修订的《中国医院建设指南》（第四版）中遴选介绍。

图书的编撰得到了业内多位朋友的热情支持和指导，各专家也在繁忙工作之余竭力编审，无私奉献他们的智慧与经验，特别是乔杰院士、金昌晓书记为本书作序，孟建民院士、刘殿奎会长、杨洪义会长题写寄语，在此，谨代表编委会感谢大家的付出与厚爱。尽管编写人员都对此书倾注了诸多心血和热情，力求尽善尽美，但难免有所失误与顾虑不周的情况，恳请大家给予批评指正，以期后续再版更加完善。

赵奇侠[①]

2018年6月

---

① 赵奇侠，北京大学第三医院基建处处长。

目 录

第1章 绪论
程世东　赵奇侠　王淑伟　赵方博　包海峰

1.1 医院停车基本属性与供给策略 /2

1.2 我国医院停车建设现状分析 /4

1.3 医院停车新业态与新要求 /6

第2章 医院交通组织与分析
董苏华　李　维　温向阳　刘士翠　周晨静　王　岗　戴冀峰

2.1 医院交通需求特征 /9

2.2 医院停车需求预测方法 /14

2.3 医院交通影响评价 /17

2.4 医院停车组织体系及原则 /17

2.5 医院交通组织案例分析 /24

第3章 医院停车场（库）规划与设计
董苏华　刘士翠　李　维　戴冀峰　周晨静　何嘉欣
杨振宇　何于江　刘军民　巨　睦　杨　帆　张爱国

3.1 我国医院建筑配建停车场标准 /47

3.2 医院路内、路外停车场（库）布局 /62

3.3 医院停车场（库）设备应用及选型 /65

3.4 我国医院停车规划设计与设备选型案例 /78

第4章 医院停车场（库）投资与建设
何嘉欣　杨振宇　姬伟峰　杨守业

4.1 医院停车场投融资 /88

4.2 医院停车场（库）建设与选址 /92

4.3 医院停车场（库）建设施工管理体系 /94

4.4 医院停车场（库）建设施工工程验收 /101

4.5 医院停车场内交通设施配置 /107

4.6 山东省菏泽市新型共建体（PPP）公共立体停车场建设项目 /118

第 5 章 医院停车场（库）运营管理与评价　康泽泉

5.1 医院停车场（库）社会化服务 /126

5.2 医院停车场（库）运营管理 /135

5.3 医院停车场（库）运营管理评价 /152

第 6 章 医院停车智能管理系统　刘　鹏　孙炜一

6.1 医院停车智能管理系统总体设计 /160

6.2 医院智能停车出入管理系统和自助缴费系统 /172

6.3 智能停车诱导系统和反向寻车系统 /189

6.4 停车系统信息化平台 /209

6.5 未来停车系统的新挑战 /216

附录一　优秀医院停车规划与建设案例评析

医院交通从"人车分流"到"人车分离"　谷　建 /220

贵州茅台医院项目停车设计规划案例　张远平　虎　量　蔡琳玲 /225

北京大学国际医院停车规划设计案例　杨　帆 /232

南京天印山国际医院　郭　良　万　励 /238

淮南市山南新区综合医院交通组织规划　苏黎明　袁恺星　张　玢 /244

河南驻马店市中心医院智能停车场综合体项目方案　王　潇 /250

中日友好医院停机坪规划设计案例　张雨思 /256

附录二　全国城市停车政策评述　程世东　王淑伟 /261
附录三　现代医院停车库智慧解决方案 /291

第1章 绪论

程世东　赵奇侠　王淑伟　赵方博　包海峰

为引导和推动城市停车健康发展，2015年8月，国家发改委等七部委联合发布了《关于加强城市停车设施建设的指导意见》，其中，医院停车是建设重点之一，主要是基于其供需矛盾的突出性和服务人群的特殊性。本章作为全书的绪论和理论基础，首先阐述医院停车的基本属性，进而明确了医院停车供给策略和政府职责；基于医院停车供给现状、问题，提出针对性改善思路；同时，结合城市交通领域新发展趋势，简单分析未来对医院停车可能的影响和新要求。

1.1 医院停车基本属性与供给策略

1.1.1 基本属性

（1）停车是城市交通的组成部分，应"动静结合"，引导形成合理出行结构。停车是城市交通系统的有机组成部分，停车供给、定价与汽车出行以及整个城市出行结构密切相关。政府在制定城市停车发展战略时，应充分考虑城市交通现实情况，把握好"动静结合""以静制动"的基本原则，引导形成合理的出行结构。

当前，我国城市，尤其是大城市，在城市交通规划时，应综合考虑我国私人汽车的一些基本现实。

第一，与国外发达国家相比，我国城市的私家车拥有率虽然不高，但使用率远高于国外。就我国城市高强度开发和有限的道路资源状况而言，难以承受大量的私家车拥有率和高强度使用，日益严峻的城市交通拥堵形势，迫切需要通过严格的停车需求管理进行抑制和引导。

第二，与既有车辆相比，我国停车泊位尤其是配建停车泊位严重不足，不规范停车现象较为普遍，占用了大量道路和绿地等其他公共空间，影响车辆正常通行和自行车、步行出行环境，降低了城市居民生活品质。

（2）停车服务总体不是基本公共服务，是具有公共服务性质的商品。政府应为居民提供基本公共服务，交通方面的基本公共服务主要是公共交通以及良好的非机动化出行环境，而不是私家车出行，私家车出行的全部成本应当由使用者承担。停车是汽车拥有和使用过程中不可缺少的一个环节，与购买车辆和燃油性质相同，都是个人的事情（公共汽车、消防车、救护车等公益性车辆除外）。个人承担的停车费用，应是停车泊位建设、运营管理各环节的所有市场化成本费用，其中，停车设施用地应市场化购买。政府在停车方面的职责应该是治理"乱停车"，维护良好的停车秩序，保障停车不影响其他公共利益，如公共绿地不受侵占、道路正常通行、自行车和行人出行不受影响等。

（3）医院停车是具有较强特殊性的出行停车。停车泊位可分为基本停车位和出行停车位（非基本停车位）两类：基本停车位是居住区附近，为满足居民拥有车辆后所需要的停放场地；出行停车位是居住区以外，办公、商业、休闲场所等附近停车泊位，主要满足私家车出行后，到达目的地后的停放场所。两种停车的需求特征存在明显差别，其中基本停车需求主要集中在夜间，停车时间较长；出行停车主要集中在白天，因出行目的不同而呈现不同特点。基本停车很大程度上影响着私家车的拥有率，出行停车决定着私家车的使用。医院停车本质上属于出行停车，需求主要集中在白天，其中工作人员停车属于上下班通勤出行停车，停车时间较长；门诊病人停车则具有一定随机性，到达时间同预约就诊时间高度相关，停车时长与候诊时长高度相关；住院区的接送病人停车同门诊病人停车需求类似，探病停车一般集中于非工作时间，且停车时间较短（陪护人员除外）。

（4）医院停车以商业性为主，兼具一定的公益性。停车服务整体属于具有公共服务性质的商品，医院停车作为其中一类，尤其是出行停车的一种，总体属性没有改变。停车设施属于商业地产，在很大程度上可市场化经营，且在合理的环境下具备盈利条件。但从医院的角度看，公立医院的医疗具有一定的基本公共服务属性和较强的公益性，医院停车作为其组成部分，与医疗相关，可认为具备一定公益性；但作为医院的附属支撑，与医疗主业有本质区别，公益性弱化很多。综合停车和医疗两个视角，医院停车以商业性为主，兼具一定的公益性。

1.1.2 供给策略

医院停车是出行停车中需要优先保障的类型。我国城市总体上应适度满足居住区基本停车和从严控制出行停车，但办公、上学、商业、医疗、娱乐等不同类型的出行停车也有所不同。办公、商业、娱乐等出行需求对小汽车的依赖程度较低，可以引导通过高水平的公共交通来替代；而医疗出行，特别是门急诊病人和住出院患者的接送出行，由于病人身体不方便，对小汽车出行依赖程度较高，相应的停车需求刚性程度也较高。

不同类型医院应采取差别化供给策略。医院类型和规模不同，医疗水平相差较大，病人的分布范围也存在较大区别。大型综合性医院医疗水平较高，就医病人覆盖范围较大，对汽车出行的依赖程度较高，停车需求也相应较大。规模较小的综合性医院、社区医院等，医院性质决定就医病人以周边居民为主，由于出行距离较短，对汽车出行的依赖程度相对较低，停车需求相对较小。另外，不同类型的专科医院，病人状况、对汽车的依赖性也不同，如骨科专科医院因大部分患者行动不便，在停车方面应该适当增加供给。因此，在制定医院停车供给策略时，应根据实际停车需求，采用差别化思路。

医院停车应对不同人群实施差别化供给。一般来说，医院中有门急诊患者、住院患者、医护人员、行政管理服务人员、探视陪护人员等多种人群，不同人群对停车的要求与需求差别较大。其中，门急诊患者（包括陪同人员）、住院患者身体不适，停车需求最大、刚性最强，应优先满足。医护人员出行是上下班通勤交通，停车供给理应与其他职业类似，从严控制，但由于其上下班的便利性、舒适性与医疗工作质量密切相关，应尽量予以满足，尤其是核心医疗骨干，以保障有更好的精力和心情为病人做好医疗服务。行政管理服务人员与其他单位的工作人员性质类似，可不必全面满足。探视陪护人员出行与探亲访友出行相近，也可不作为考虑重点。

1.1.3 政府职责

政府在医院停车中的职责主要有两方面：一是保证停车设施供给水平，以使合理的停车需求得到有效满足；二是治理"乱停车"，即维护良好的停车秩序，使停车不影响其他公共利益，如医院周边和内部道路的正常通行，自行车和行人出行环境不受侵犯等。

在供给方式和手段方面，政府（医院作为代表）可自己筹建，也可运用产业化、市场化手段，通过与社会资本合作的方式，共同建设停车设施。合作方式包括医院出地、社会资本出资、BOT、购买服务、特许经营等。对于社会资本进入意愿较低的情况，政府可以通过一定的财政补贴引导社会资本进入。停车设施运营若能产生收益，医院所得部分应全部用于反哺医疗，做到"取之于民，用之于民"。

在维护停车秩序方面，政府应通过制定并完善相应法律法规，加强停车执法的方式来实现。当前，停车执法由交警负责，无论是执法主体还是执法范围均限于城市道路，对医院内部等路外区域的乱停车行为缺乏有效约束力。各城市可制定并完善相关法规，明确医院等路外区域的执法主体、处罚标准等，规范医院停车秩序。

1.2 我国医院停车建设现状分析

1.2.1 规划建设方面

中心城区的大型医院停车问题突出，高端医疗资源向外疏解是战略性举措。近年来，虽然我国各级医院数量快速增加，诊疗体系逐渐完善，医疗资源的稀缺性已经得到明显缓解，但因各种因素的多年积累，大城市的大型医院在医疗水平等方面具有明显优势，不但服务本市居民，还会吸引大量的外地患者前来就医，就诊人数居高不下，而周边中小医院就医人数却寥寥无几。这些就医需求高度集中的大型医院，基本都位于城市中心区域，医院内部及其周边停车资源非常稀缺，停车问题突出。

为改变医疗资源利用不均衡现象，同时缓解中心城区大型医院，特别是区域性大型医院内部及其周边严峻的停车压力，建议将其迁往市郊区域。迁往郊区后，由于交通区位优势的降低，本市市民常见、轻微疾病前往就诊的人数将大幅减少；同时，由于郊区用地资源相对宽裕，也有利于提供更加充足的停车设施，缓解停车压力。

医院停车配建指标不合理、不规范，应尽快予以修订和明确。我国目前医院建筑物配建停车场执行的标准是《停车场规划设计规则（试行）》（公安部、建设部于1988年10月3日发布），其中对机动车停车位的配建要求为每$100m^2$营业面积不少于0.2个Ⅰ型小型汽车泊位和1.5个非机动车泊位（国家标准将营业面积限定在门诊和住院部面积之和）。由于制定时机动车保有量较低，配建标准整体水平偏低。目前大部分城市都制定并不断修订本地配建标准，一般为每$100m^2$建筑面积0.8个小型汽车泊位和2.7

个非机动车泊位，但绝大多数都未将"建筑面积"明确为"营业面积"，导致部分医院在停车设施配建数量计算过程中，"停车设施"也作为建筑面积，配建了"停车设施"，总体规模偏大。因此，应尽快明确计算的依据为营业面积而非总体建筑面积。更重要的是，以建筑面积或营业面积为基准确定停车泊位数量也不够科学，应依据床位数、就诊人数以及其他人员规模等来确定停车位配建数量，国家层面可尽快修订医院停车设施配建标准加以指导。

1.2.2 设施设备方面

机械式立体停车设施是增加医院停车泊位的有效方式。目前，大多数医院以地面停车为主，虽然部分医院近年来陆续修建了地下立体停车场，但由于数量较少，远远不能满足快速增长的停车需求，停车难问题愈演愈烈。机械式立体停车设施具有空间要求小、建设成本低、施工简单等特点，可作为医院集约用地、增加停车泊位的重要方式。在近两年出台的相关政策文件中，大多明确提到了鼓励发展机械式立体停车设施，部分城市甚至出台了专门性政策，如沈阳市建委《关于鼓励利用自有用地设置机械式立体停车设备的办法》、济南市《关于加强机械式停车设施建设管理的实施意见》等。一般来说，各地对其审批手续、用地条件等方面都给予便利，如"机械式立体停车设备属于临时停车资源，按照机械设备进行安装管理，免予办理建设工程规划、用地、环评、施工等许可手续"，"利用自有用地设置机械式立体停车设备的，建筑面积不纳入容积率计算范围，不再办理土地供应手续，免缴相关土地费用"，"机械式立体停车设备投资可纳入固定资产进行管理，并依据固定资产管理有关规定，按照设备使用年限计提折旧"等。

智能化设备与管理是提升医院停车运营服务水平的有效手段。随着车牌自动识别、不停车支付、移动支付、室内定位导航等技术的进步，智能化停车设备在大型商场、高档小区等场所的普及程度已经越来越高，改善停车服务水平的同时，大大提升了停车资源利用效率；而从对全国主要医院的调查情况看，当前停车场智能化设备与管理技术的应用推广情况并不理想，导致停车设施运营的效率和规范化程度难以提高。究其原因，当前多数医院的停车设施均以医院物业自营为主，停车资源运营效果不属于院方对物业的主要考核内容，物业方缺乏引进智能化设备与管理技术的主动性和积极性。因此，建议各大医院结合自身条件，将停车物业与其他物业区别对待，引进专业化的停车场运营团队和智能化管理设备，有效提高稀缺停车资源的利用效率和服务水平。

1.2.3 收费管理方面

合理确定收费标准，以市场定价为主，兼顾公益性。目前，对于医院停车收费定价，大多数城市为政府定价或政府指导价，个别城市实施了市场化定价（如北京市规定：

除驻车换乘停车场和占道停车场以外，其他各类停车场停车收费均实行市场调节价）。另外，也有少数地方医院，考虑到医疗服务的公益性，医院停车实施低标准收费，甚至免费政策。医院停车低价或免费，会导致更多到医院就诊的人选择私家车出行，甚至一些周边单位的职工、商场顾客等都到医院停车，本该需要停车的医生、患者却没有车位，不符合稀缺资源的配置原则。由于医院停车需求旺盛、刚性较强，而供给往往不足，如果完全放开市场定价，很可能导致停车价格过高而被老百姓诟病，因此政府指导价较为合适，建议各地价格主管部门会同医院制定符合本地实际的医院停车收费标准。标准制定应坚持市场化和公益性两大原则，以市场化为主：综合参考周边路内停车、公共停车场等收费水平确定特定医院的停车收费价格，避免出现明显差距，一定程度上体现市场化定价；同时，可给予住院、就诊病人等需求刚性较高人群一定次数或一定时间的收费优惠，体现其公益性。

加强与周边区域统筹协调，共享停车资源。医院停车位具有"上午不够用、下午不饱和、晚上多闲置"的特点，而医院周边的住宅区、休闲娱乐场所等停车需求则正好相反，往往在白天上班时间闲置，夜间基本过饱和。这种互补性的停车资源之间分时共享，是缓解停车难问题的有效途径之一。城市停车管理部门可引导推进建立区域停车资源共享机制，医院周边社会停车资源满足医院日间停车需求、夜间医院停车资源向周边居民开放。在这方面，上海市交通委出台了《关于促进本市停车资源共享利用的指导意见》并开展共享停车资源示范项目建设。其中，推动黄浦区文化广场与瑞金医院签订了共享协议，提供236个共享停车位，使用时间为8:00~17:00，有效缓解了瑞金医院工作日白天停车紧张的难题；江川地区碧江商业广场停车场错时共享给第五人民医院，错峰时段设定为工作日9:30~17:30。

1.3 医院停车新业态与新要求

近年来，城市交通领域出现了一系列新业态、新技术，包括共享单车、共享汽车、新能源汽车以及正在加速推进的自动驾驶汽车等，很大程度上影响着交通出行的变革，也对医院停车提出了新的要求。

（1）共享单车。从2015年开始，共享单车如雨后春笋般迅猛发展，已经成为城市居民短距离出行的重要方式。以共享单车为代表的自行车出行，既能优化城市交通结构，缓解交通拥堵，同时作为绿色出行方式，有利于环保，是重点鼓励的对象。然而，很多医院担心乱停乱放、增加管理难度等原因，对共享单车采取了禁入措施。其实，乱停乱放的主要原因是缺乏足够的自行车停放设施，医院从方便不同层次人员出行、减少小型汽车停车等的角度考虑，不应对共享单车简单一禁了之，而应该增加非机动车停车设施、联合共享单车企业加强管理等，鼓励、引导、规范其合理使用。

（2）共享汽车。自2015年兴起以来，共享汽车在国内多个城市不断升温。共享汽车有其存在的合理市场空间，未来使用规模可能会扩大，在医院内同样存在一定的需求。未来医院停车也要顺应这一发展趋势，积极与相关企业合作，制定合理化管理措施，通过划定专用停车区等方式为共享汽车进入医院提供便利。

（3）新能源汽车。自新能源汽车产业2010年被列为国家战略性新兴产业以来，在国家政策大力鼓励推动下快速增长，2017年销售量已达到77万辆，保有量超过160万辆，均占全世界的一半左右。在国家众多鼓励政策措施中，明确要求各地、各类停车场积极配建充电设施设备，并进行一定收费优惠等。医院停车设施建设管理也应该积极落实国家要求，尽可能配备充电设施，保障电动车有位停车充电，并可以从收费标准上给予一定优惠。

（4）自动驾驶汽车。近年来自动驾驶技术蓬勃发展，商业量产进入家庭的时间节点已经越来越近。自动驾驶汽车的无人停放对医院停车资源的动态联网、车位的视频可识别性、车位与车辆之间的通讯等都有较高要求，同时也对停车场布局、排列形式等都有很大影响，在当前停车设施的规划建设和管理过程中，应要充分考虑相关要求和影响，做好预留。

参考文献

[1] 黄锡璆. 中国医院建设指南（第三版）[M]. 北京：中国质检出版社、中国标准出版社，2015：1101-1212.

[2] 赵奇侠. 我国医院建筑物停车场配建指标的研究[J]. 中国医院建筑与装备，2009（1）：15-17.

[3] 赵奇侠，董苏华，刘军民，等."十三五"期间医院停车设施建设的机遇与挑战[J]. 中国医院建筑与装备，2017（4）：68-70.

[4] 赵奇侠. 医院停车建设行业共识[J]. 城市停车，2016（4）：48-52.

[5] 赵奇侠. 关于医院停车行业的几点共识[J]. 城市停车，2017（5）：44-46.

第 2 章　医院交通组织与分析

董苏华　李　维　温向阳　刘士翠　周晨静　王岗　戴冀峰

　　医院交通是否顺畅，直接关系到医疗行为和就医流线的便捷和效率。宏观上来说，医院交通流线包含医院机动车进出流线、医院非机动车及行人流线、医疗建筑内部行人组织流线等综合交通组织。本章内容聚焦医院机动车进出组织流线，研究从医院外部市政路网到医院内部停车空间的机动车出行过程，内容包括医院交通需求构成及特征分析、医院机动车交通需求预测方法、医院内外部机动车交通组织原则及方法和具体案例分析。

2.1 医院交通需求特征

2.1.1 交通需求构成

由于长期以来医疗资源配置集中在大中城市和省会中心城市的大型医院，造成这些大型医院就诊人数长期居高不下。医疗卫生体制改革模式的变化、社区医疗服务和医疗保险制度的配套完善，在减少大型医院的门诊就医人数方面的效果并不明显。随着诊疗技术手段的发展，传统意义上需要住院治疗的病种会在门诊接受日间治疗，住院患者的平均住院日下降，床位利用率提高，加之人们生活水平的提高、城市间交通的便捷，大型医院特色专科会吸引大量的外地患者前来就医，导致医院总需求量大，"人多"的问题很难解决。

医院的交通需求包括就诊患者、探视人员、医院职工三大类。

①就诊患者包括门诊患者、急诊患者、住出院患者、就医陪同人员。该部分人员是医院交通需求的主要构成人员，出行规律性相对较强。

②探视人员包括探视陪护人员和其他访者。该部分人员是医院交通需求的次要构成人员，其出行与医院各科室探视要求及规定有关，出行随机性较强。

③医院职工包括医护人员、行政管理服务人员、医学生等。此部分人员是医院交通需求的固定构成人员，该部分人员出行属于上下班通勤出行，出行规律性较强。

2.1.2 交通方式选择特征

影响交通方式选择的因素有多种，主要包括交通特性、个人属性、家庭属性、地区属性和时间属性等。

交通特性：交通特性的影响主要是在一次出行的固有特性中，对交通方式选择影响的部分，主要有出行目的、运行时间和出行距离、费用、舒适性、安全性、准时性、换乘次数和候车时间等因素。

个人属性：包括个人属性和家庭属性。人是交通方式选择的主体，因此交通方式的选择理所当然因出行者属性的不同而异。出行者个人属性包括出行者职业、性别、年龄、收入、驾照持有与否、汽车保有量属性等。

家庭属性：出行者来自各有的家庭，因此应该受家庭的行为约束。家庭属性主要包括家庭支出额的多少、家用轿车的保有、家庭构成、家族数、驾驶人员数、居住结构形式等。

地区属性：地区特性与交通方式选择有着较强的关系，地区特性指标主要包括居住人口密度、人口规模、交通设施水平、地形、气候、停车场和停车费用等。

时间属性：包括出行的平日、节假日、早高峰上班时间段、平峰时段、晚高峰下班时间段、交通管制时段等。

就诊患者作为医院交通需求的主要构成人员，由于受病痛的困扰，往往具有焦虑、急躁的心理，在出行方式上会选择舒适性、快捷性较强的交通工具。目前，医院就医人群使用的个体交通工具，如小型汽车所占比例有逐步增高的趋势，如天津市妇产医院、天津市肿瘤医院、天津市第一中心医院、天津医院等各大型医院小型汽车比例占25%~45%，出租车比例占15%~30%，公交（含地铁）比例占15%~30%。

2.1.3 时间、距离分布特征

2.1.3.1 出行时间特征

根据调查，医院就诊患者就医时间较为集中，特别是每星期一、二为看病高峰期，人流量是平时的两倍以上。就医时间往往集中在上午 8:00~10:00、下午 14:00~16:00。其中，7:00~8:00、13:00~14:00 为进入医院峰值时段，11:00~12:00、16:00~17:00 为离开医院峰值时段。由此形成看病高峰时段人车混杂拥挤、交通不畅、人车均不能迅速抵达目的地等问题。

图 2-1 所示为北京儿童医院内部停车场全天占用状况图。早上高峰从 6:00 开始，停放量急剧增加，到早 8:00 达到高峰，并持续到中午 12:00，车位占有率达 103.9%；下午 16:00 以后停放量逐渐减少，凌晨 4:00~5:00 停放量最少。

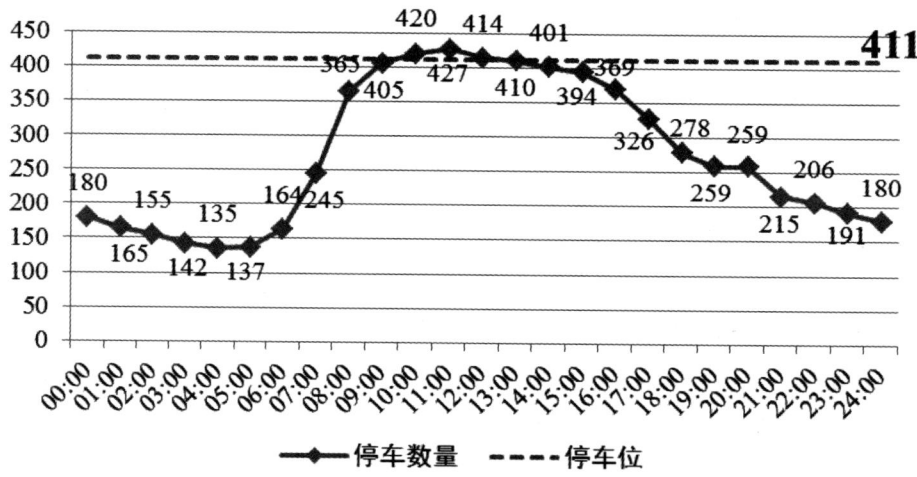

图 2-1 北京儿童医院停车场停车数量时间分布图

北京儿童医院停车场的车位周转率如表 2-1 所示，上午 09:00~13:00 周转率最大，为 1.2。白天工作时间车位小时周转率基本大于 1.0，晚上休息时间车位小时周转率小于 1.0，全天周转率为 3.9。

表 2-1　北京儿童医院停车场停车周转率表

时间	00:00~01:00	01:00~02:00	02:00~03:00	03:00~04:00	04:00~05:00	05:00~06:00
小时周转率	0.5	0.4	0.4	0.4	0.4	0.4
时间	06:00~07:00	07:00~08:00	08:00~09:00	09:00~10:00	10:00~11:00	11:00~12:00
小时周转率	0.1	0.9	1.1	1.2	1.2	1.2
时间	12:00~13:00	13:00~14:00	14:00~15:00	15:00~16:00	16:00~17:00	17:00~18:00
小时周转率	1.2	1.1	1.1	1.1	1.1	1.0
时间	18:00~19:00	19:00~20:00	20:00~21:00	21:00~22:00	22:00~23:00	23:00~24:00
小时周转率	0.9	0.8	0.8	0.7	0.6	0.6

图 2-2 为北京积水潭医院停车数量时间分布图，展现出另外一种车辆到达特征，全天停放呈现双峰形态，早上高峰从 6:00 开始，上午停放量急剧增加，直到 10:00，停放量达到上午时段最高值；10:00 以后停放量出现回落，直至在 12:00 回落至中午平峰时段最低值，12:00 以后停放量出现反弹，直至 14:00 停放量达到全天第二峰值。14:00 以后停放量依次回落。

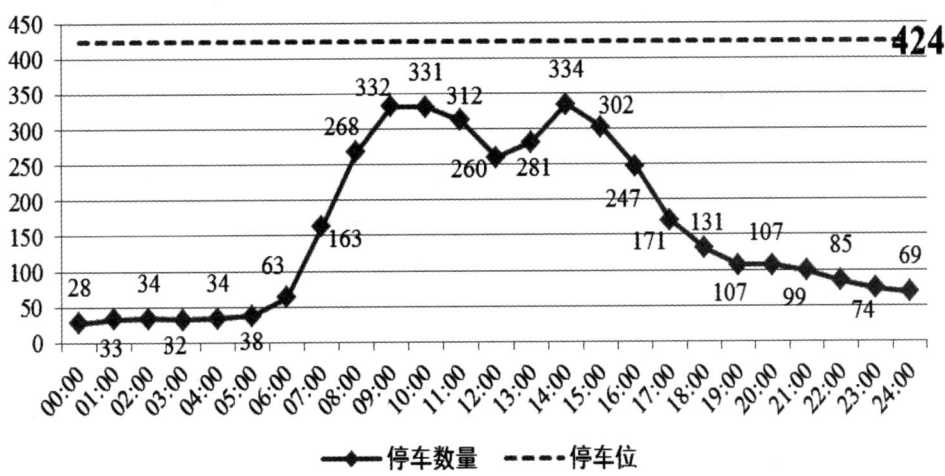

图 2-2　北京积水潭医院停车场停车数量时间分布图

北京积水潭医院停车场的车位周转率如表 2-2 所示，上午 09:00~11:00、下午 14:00~15:00 周转率最大，为 1.1；白天工作时间车位小时周转率基本大于 1.0，晚上休息时间车位小时周转率基本小于 1.0，全天车位小时周转率为 4.2。全天平均停放时长为 1:45:05。

表 2-2 北京积水潭医院停车场停车周转率表

时间	00:00~01:00	01:00~02:00	02:00~03:00	03:00~04:00	04:00~05:00	05:00~06:00
小时周转率	0.1	0.1	0.1	0.1	0.1	0.2
时间	06:00~07:00	07:00~08:00	08:00~09:00	09:00~10:00	10:00~11:00	11:00~12:00
小时周转率	0.1	0.7	1.0	1.1	1.1	1.0
时间	12:00~13:00	13:00~14:00	14:00~15:00	15:00~16:00	16:00~17:00	17:00~18:00
小时周转率	0.6	1.0	1.1	1.0	0.8	0.5
时间	18:00~19:00	19:00~20:00	20:00~21:00	21:00~22:00	22:00~23:00	23:00~24:00
小时周转率	0.5	0.4	0.4	0.3	0.3	0.2

2.1.3.2 停放时间特征

医院车辆停放时间与就医属性直接相关，不同医院服务对象不同，车辆停放时长有所区别。以北京儿童医院为例，停车场车辆停放时间统计如图 2-3、2-4 所示，停放时间在 0~1h 的比例最高，为 41%；其次是 1h~2h 和 2h~3h 的比例，共为 28%。平均停放时长为 2:59:05。

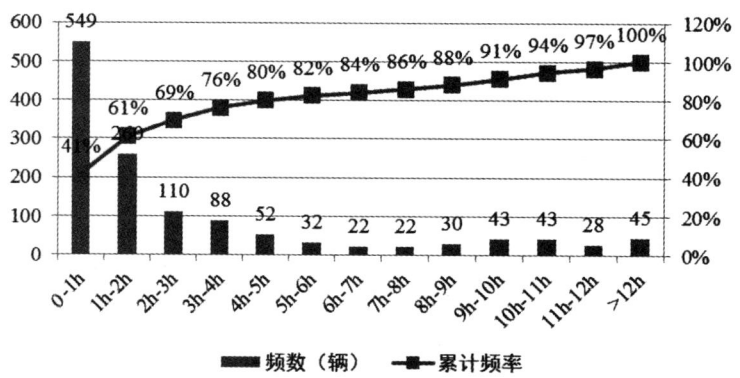

图 2-3 北京儿童医院停车场停放时间统计分布图

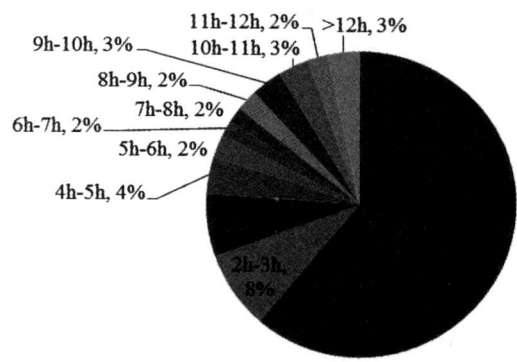

图 2-4 北京儿童医院停车场停放时间统计比例分布图

北京积水潭医院停车场车辆停放时间统计如图 2-5、2-6 所示，停放时间在 0~1h 的比例最高，达到了 47%，其次是 1h~2h 和 2h~3h 的比例，共为 35%。长时间停放（3h 以上）所占比例较少，共占 18%。所有车辆平均停放时长为 1:45:05。

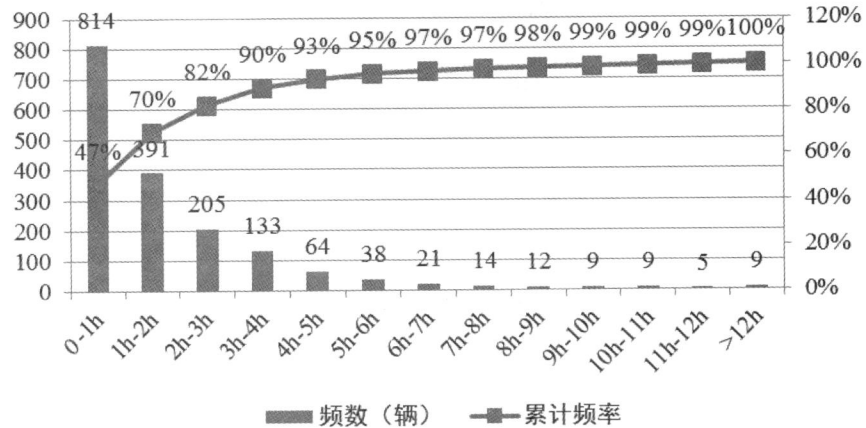

图 2-5　北京积水潭医院停车场停放时间统计分布图

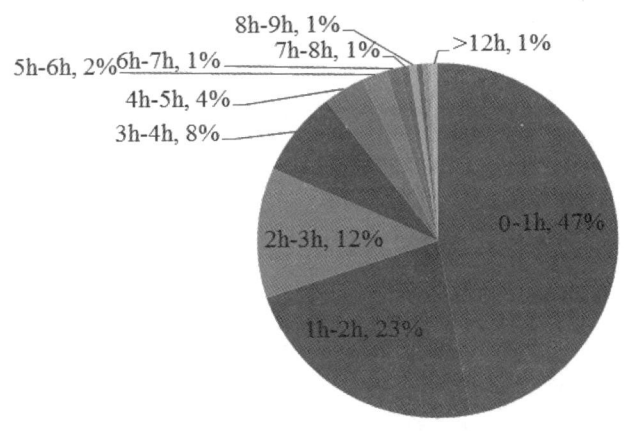

图 2-6　北京积水潭医院停车场停放时间统计比例分布图

2.1.3.3 出行距离分布特征

出行距离特征与医院的服务范围、定位、周边业态分布等因素有关。大型综合医院科室齐全、设备先进，医疗功能完善，因此就医出行距离也呈现远近结合、多样化的特征。社区门诊主要服务于周边片区，就医出行距离普遍较短。如图 2-7 所示，北京儿童医院受访停车位使用者中，大部分受访者前来医院的出行距离为 10~20km 之间，占比 32.5%，此部分受访者多为北京周边区县人员；出行距离达 50km 以上的受访者占比其次，为 25%，该部分人员多为其他城市病患；出行距离为 20~30km 的占比 17.5%，该部分用户多为北京远郊区县用户；出行距离为 5~10km 的用户占比 12.5%，该部分用户多来自北京城区；出行距离为 5km 以内和 30~50km 的用户占比较少，分别为 7.5% 和 5%。

-13-

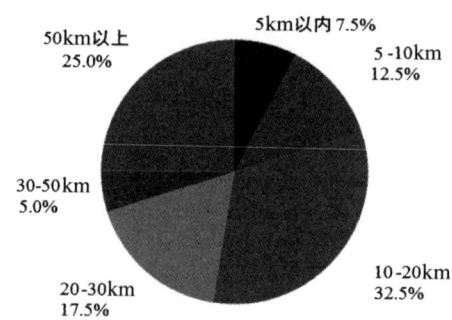

图 2-7 北京儿童医院抽样调查出行距离比例分布图

2.2 医院停车需求预测方法

由于医院自身等级规模、科室类别、诊病类型等不同,医院自身停车需求差异很大。截止到当前仍然没有成熟的医院停车需求预测体系,在既有医院设施性能提升工作中更多以实际调研停放量作为服务对象,新规划医院往往以同规模、同类型或相似规模、相似类型医院作为类比对象,来确定机动车停放量。本书对传统停车需求预测方法进行简要介绍,为医院停车需求预测提供参考。

2.2.1 停车需求分析的基本原理

按照停车规划的要求,不同规划阶段停车需求分析的内容也不相同。如果仅考虑停车用地在总用地分配中的比例,停车的需求分析就相对简单,因停车的具体管理政策无从考虑,停车的需求分析仅根据车辆出行端的分布估计各交通分区的停车需求即可。

如果在停车规划中,要对停车设施的详细用地分配和停车管理政策进行规划（如确定停车用地的详细规模）,在规划中就应当考虑用地的利用率（停车场形式）,相应地,停车需求分析就要对车辆的不同停放方式进行估计；如果在停车规划中,要求对不同停车用地形式内部的用地和停车管理的具体措施进行规划（不同泊位的数量）,在停车分析中就相应地要求对不同车型的停车需求进行比较精确的估计。

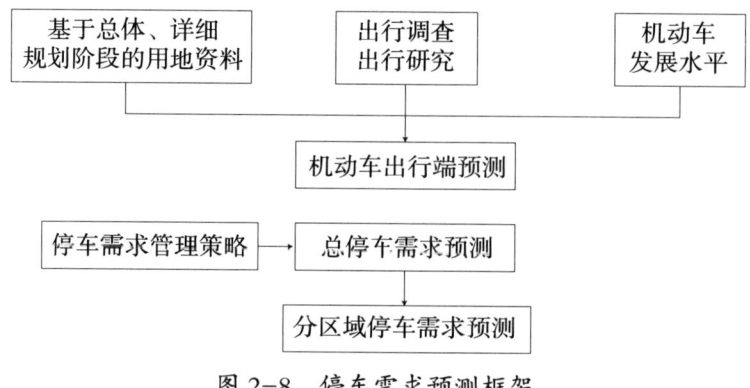

图 2-8 停车需求预测框架

2.2.2 影响停车需求预测的主要因素

2.2.2.1 土地开发和利用强度

城市中任何一种土地利用均可以视为产生停车需求的源点。不同区位（中央商务区、市区和郊区）、不同的土地使用功能其停车吸引率是不同的。土地利用的不同往往会引起停车设施空间以及强度的变化。事实上，城市中土地利用集约程度最高的中心商务区所产生的停车强度要远远超过城市的其他区位，市区的停车需求要远胜过市郊。同样，土地的不同使用功能(如行政、商业、居住等)所产生的停车吸引率也存在很大差异。本文在对停车情况的调查中发现，在国内各种土地使用功能中，商业金融、行政办公的停车吸引率往往最高，而居住、学校的停车吸引率往往最低。

2.2.2.2 机动车拥有量

汽车增长是导致停车需求增长的最重要因素。统计资料显示，每增加一辆车，起码要增加一个夜间停车位。事实上，每增加一辆注册汽车，将增加 1.2~1.5 个停车泊位需求。我国近年来的情况是：经济增长年均 8~10%，机动车增长每年超过 14~15%，而城市道路的增长却只有 2~3%，停车设施增长速度更慢。

2.2.2.3 人口规模及工作岗位数

人口规模及工作岗位对停车设施需求量的影响主要体现在：停车需求随着人口规模的增长而增长。根据美国联邦公路局对美国 67 个城市所作的调查研究表明：人口超过百万的城市停车需求量是 50 万~100 万人口城市的 18 倍，是 25 万~50 万人口城市的 22 倍，是 10 万~25 万人口城市的 58 倍。

2.2.2.4 车辆出行水平

机动车出行水平是导致停车需求增长的另一个重要原因。进入停车规划区内的日平均机动车流量的大小，不仅影响该地区停车设施的总需求量，而且影响停车设施的高峰小时需求量。

从本质上讲，某区域的人口规模、职工岗位数以及所吸引的日平均交通量与该区域内土地开发利用情况密切相关。土地开发的强度越高，提供的职工岗位数就越多，商业、服务等功能也越强，该区域自然而然地将成为人流和车流的主要吸引点，从而产生大量的车辆停放需求。因此，人口规模、职工岗位数以及交通吸引量对停车需求的影响可以通过土地的开发利用特征来体现，土地使用性质与开发强度是诱导停车需求的决定因素。

2.2.2.5 交通政策和其他因素

交通政策和其他因素对停车需求的影响主要通过对交通出行（包括停车）的决策产生影响而起作用。这些影响因素构成了停车需求分析的主要特征参数，也是停车需求分析模型的构成基础。

2.2.3 停车需求预测方法

2.2.3.1 停车生成率模型

美国的停车需求研究一直以停车生成率作为估计停车需求的依据,停车生成率(Parking Generation Rates)是指单位土地利用指标所需的停车泊位数。停车生成率模型是建立在土地利用性质与停车需求生成率之间关系的基础上。

$$(j=1,2,……n)$$

式中:P_{dj}——第 d 年 i 区高峰时间停车需求量(车位数);

R_{dj}——第 d 年 i 区 j 类土地使用单位停车需求产生率;

L_{dj}——第 d 年 i 区 j 类土地使用量(面积或雇员数)。

2.2.3.2 用地与交通影响分析模型

用地与交通影响分析模型是建立在城市区域的停车需求与该区域的经济活动特性和交通特性密切相关的基础之上。通过对停车特性和土地利用性质的调查,从机动车保有量、土地利用等现状及其变化趋势入手,确定它们与停车需求的关系,进而分析停车需求现状及预测未来的停车需求。

$$P(t)=f(x_i) \cdot f(r_q)$$

式中:$P(t)$——规划区域内 t 年度的日需求停车量(标准泊位);

$f(x_i)$——停车需求的地区特征函数。

2.2.3.3 相关分析模型

该模型主要认为,停车需求与城市经济活动、土地利用等许多因素之间存在某种关系,通过采用回归分析的方法,从历史资料中找寻存在的关系。

$$P_{di}=K_0+K_1(E_{Pdi})+K_2(PO_{di})+K_3(FA_{di})$$
$$+K_4(DU_{di})+K_5(RS_{di})+K6(AO_{di})+……$$

式中:P_{di}——第 d 年 i 区的高峰停车需求;

E_{Pdi}——第 d 年 i 区的就业岗位数;

PO_{di}——第 d 年 i 区的人口数;

FA_{di}——第 d 年 i 区的建筑面积;

DU_{di}——第 d 年 i 区的企业数;

RS_{di}——第 d 年 i 区的零售服务业数;

AO_{di}——第 d 年 i 区的小型汽车保有量;

K_i——回归系数。

2.2.3.4 出行产生 OD 法

停车需求的生成与地区的经济社会强度有关,而社会经济强度又与该地区吸引的出行车次多少有密切关系。出行吸引模型的原理是建立高峰小时停车需求泊位数与区域机动车出行吸引量之间的关系。

模型建立的基础条件是开展城市综合交通规划调查，根据各小区的车辆出行分布模型和各小区的停放吸引量建立数学模型，由此推算获得停车车次的预测资料。出行产生 OD 法是指通过交通出行产生分布量求得停车需求及分布，可用于近期和远期停车需求预测，有交通规划的城市，其计算较为简便。

2.3 医院交通影响评价

医院新建、改扩建项目在立项阶段需进行交通影响评价，新建医院可在土地储备时介入交评（无方案），改扩建项目可具体到设计方案阶段介入交评，以达到评价建设项目新增交通量对区域交通的影响程度，并对医院及周边交通组织提出建议的目的。上报交通主管部门审批通过后，方可办理相关立项手续。具体内容包括：背景情况、现状及问题、规划条件分析、医院停车需求预测等。

① 背景情况介绍：掌握医院建设背景、必要性、功能定位，对医院建设项目指标进行分析，评价医院建设规模与规划指标的偏差。

② 现状及问题分析：包括医院周边的用地、道路交通及设施、现状道路情况、交叉口及周边道路现状调查、现状公交交通、轨道设施、停车设施等，以及存在问题分析。

③ 规划条件分析：包括医院及周边用地规划、道路交通及设施规划、交叉口及周边路网规划、公交交通、轨道交通规划、停车设施规划等。

④ 医院停车需求预测：包括医院交通出行特征分析、现状停车调查及问题分析、交通需求预测、停车需求分析、项目建设前后或改扩建前后交通量对比分析。

⑤ 交通组织评价及建议：包括医院内部交通组织评价及建议、医院周边交通组织规划及建议。

⑥ 综合评价及改善措施：包括路段及交叉口负荷度评价、项目改扩建后新增交通量所占比重的合理性评价、公共交通评价、停车设施评价、交通需求管理措施建议。

⑦ 评价结论及建议。

2.4 医院停车组织体系及原则

交通组织工作是如何在区域的各个设施之间建立交通联系，构建各部分之间以及它们与外界之间的交通联系形式。医院停车组织是构建医院与外部城市道路设施及医院内部设施之间的机动交通联系形式。

2.4.1 医院停车组织体系要素及特点分析

与其他类型公共建筑相比，医院建筑不论是自身内部交通流线，还是其外部交通系统，都有其独特的复杂性，具体有以下体现。

（1）对外机动车流服务种类多、交通流线繁杂。出入口是医院对外联系的通道，其功能设置是医院外部服务与流线设计的管制点，通常包括主要出入口、传染病出入口、污物尸体出口、后勤供应出入口等。对应出入口功能不同，外部交通流可分为车流（包括一般就诊车辆、职工车辆、出租车、救护车、货车、冷冻车、公交车、医院内部车辆等）、人流（包括患者、陪同人员、医务工作人员、后勤保障人员、安保人员和其他人员等）、洁净物流、污染物流等。医院的外部交通系统设计不仅要保证各种流线高效流畅运行，并且使其相互之间尽可能不发生干扰和交错。

（2）内部停车组织人性化和景观性要求更为突出。医院内部停车交通组织应更注重无障碍设计和空间环境的人性化设计，这与医疗建筑的自身功能紧密相关，医院所有的空间环境设计都要保证患者得到及时有效的救治，同时保证其舒适宜人的康复治疗环境。同时，医院停车组织是外部景观环境的一个组成部分，并对环境景观产生着巨大的影响，对于病人的康复治疗有着一定的影响，交通设计和景观生态两者需要有机结合。

（3）医院整体停车需求量大且特征稳定。伴随着我国城市机动化进程，驾车就医成为一种广泛存在且被认可的出行心理和行为。医院地区尤其是大型医院，停车难的问题十分突出，不但延误患者就诊时间，而且影响人们的就医心理；并且，医院地区停车基本全天候处于高峰时期，具有与就诊时间相符的稳定高低峰态势；同时医院的停车类型、停车目的较为稳定。医院的停车类型一般包括就诊停车、职工（内部）停车、公共停车、少量的救护停车及货车等，停车目的基本分为就医、探病、工作三种类型。

通过对以上特征的分析，可以初步确定医院停车组织（包括医院外部交通流线）基本要点：需要功能清晰明确、运行高效有序；与景观设计进行整体设计、人性化和无障碍设计在停车组织设计中应得到加强。为保证以上基本要点，医院停车组织需要周围道路交通及医院整体功能布局等。

（1）医院周围道路交通通行与组织分析。《综合医院建筑设计规范》中对综合医院基地选择的规定是：交通方便，宜面临两条城市道路。所以，良好的周围道路状况对于设计出流线清晰、便捷高效的外部交通和停车系统十分重要。周围道路状况与医院出入口的设置、交通流线的排布有着密切关系。具体分析内容包括医院周围道路的性质、等级、几何特征、通车流量、畅通情况、交通组织等内容，分析医院停车组织与周边道路交通组织的契合程度，尽量避免交织，减少交通冲突点。

医院周边信号交叉口与医院出入口间距、车道功能布局及信号配时等特征决定医院机动车流进出院是否顺畅便利，是医院停车组织关注的必要内容。通常医院进入车辆需求较大、排队较多，往往占用外部道路空间资源，需要协同信号交叉口组织与周边道路整体组织，最大程度减少医院停车影响。医院驶出车辆具有一定转向需求，若距交叉口过近，无法及时完成换道行为，极易引起节点性交通拥堵，需要对交叉口车道布置、引导标识及信号配时及时调整。

（2）医院整体功能布局及场地资源特征分析。不同的综合医院，其平面布局是不同的，即门诊、急诊、住院、医技各大功能分区的建筑布局方式不同，由此产生的出入口布置及功能截然不同，从而影响医院停车交通组织流线设计。无论是医院建筑内部流线还是外部流线，都需尽量做到医患分流、洁污分流、人车分流，整体的流线设计要清晰便捷，尽量避免交叉。此外，不同年代建设的综合医院的布局也有其时代特色，综合医院经历了从分散式布局到集中式布局的发展演变，很多早年建造的医院在设计时不曾考虑停车问题，致使现在改扩建过程中停车问题难以合理解决。新建或既有医院改造的医院交通组织及流线设计应与建筑布局同步，与院区功能分区设计、建筑布局配置相协调，可为停车组织、停车管理带来极大便利性。

医院场地出入口是医院内外交通的衔接点，其设置受医院功能布局的影响，直接影响着停车流线组织。医院出入口及与之相关的交通集散空间的设置，是分析停车组织流线的关键点。

综合来说，医院出入口一般包括传染病诊疗出入口、后勤供应出入口等。

① 主要出入口：供门诊、急诊病人，入院、探视和其他工作人员出入的主要出入口，设置在医院较明显的位置。

② 传染病诊疗出入口。对于具有传染性的肠道感染疾病以及发热门诊等科室，宜设置单独的出入口，不应该影响正常门诊病人的就医流程，并应设置在医院相对较为隐蔽位置，从心理方面照顾病人的隐私权。

③ 污物尸体出口。该出口应远离医疗区与生活区，最好邻近太平间后院，直接开门对外，并应与主体建筑有适当隔离，尸体运送路线应避免与出入院路线交叉，垃圾车也由此进出，该处平时上锁，由专人管理。

④ 后勤供应出入口。供医疗器械、药品、敷料、食品出入的货运出入口，如与主要出入口在同一道路布置时，则保持两者之间的距离，以免相互影响。在出入口附近设置足够的车辆停放场地。出入口是医院对外联系的通道，不仅要便于管理和内外交通，也不能破坏院内安静、清洁的环境，尽量减少来自外部的干扰。

（3）医院停车需求量及交通组成分析。医院停车需求量大小与交通组成类别决定交通组织需要的道路空间资源。在停车需要量分析上需要开展的工作内容有以下三项。

① 地理区位分析。由于出行方式可选择性的影响，位于城市不同区位医院停车需求有明显差别。通常来说，因为城市郊区的公共交通系统往往不够便利，需要开车就医，所以郊区医院对比相同的位于城市中心区的医院，停车需求更为旺盛。位于城市中心的医院，人们往往会考虑到市中心停车需求很大但停车位有限，加上公共交通十分便

利，在身体允许的条件下，人们更愿意选择搭乘公交或地铁，减轻医院的停车压力。

②医院性质和规模分析。根据我国最新的《综合医院分级管理标准》，根据任务、功能、技术水平、质量水平和管理水平，将我国医院划分为三级十等。不同的医院性质和规模等级，停车需求有较大差距；由于一般市区医院级别和水平较高，对患者所产生的集聚效应，造成就医需求旺盛，进而使得市区医院呈现出停车需求旺盛的现象，有时其影响力甚至明显超过地理区位的影响力。

③停车需求现状调研与分析（对于已经运营的医院）。医院停车需求最能直观体现当前医院停车供应与需求所处状态，并通过流线组织分析发现当前存在的问题。

在交通组成分析上，需要关注内容有以下五个方面。

一是就诊患者来车组织。短时停车与长时停车是就诊患者常见停车特征。出租车就诊、网约车就诊和部分私家车就诊需要3~5分钟落客时长，快速通过不需要占用医院内部静态停车资源，是医院短时停车交通，需要给予快速通过流线与通道设计。多数私家车就诊、探望病人等车辆需要30分钟以上停车时长，需要进入院区内部，占用静态停车资源。

二是医院员工停车组织。医院员工停车与就诊患者停车最大不同在于停靠时长和管理方便程度两个方面。在停靠时长上，医院员工停车通常为8小时以上，具有较高的稳定性，也便于医院统一管理。

三是急诊、消防车辆通行组织。急诊、消防车辆不需要占用静态停车资源，但是对于通道的畅通性要求极高，建议有条件区域设置专用通道。

四是医院后勤车辆组织。药品器械、餐饮食品供应车辆停靠时间介于短时停车与长时停车之间，也是医院良好运转的必要环节。

五是医院特殊车辆通行组织。医疗垃圾运送、病人尸体运输、传染性疾病病人运输等特殊车辆不需要长时停车需求，但其通行需要一定隐蔽与隔离性，需要开展专门流线设计。

（4）停车设施类型分析。若将医院出入口作为停车组织的一个端点，那么医院停车设施将是停车组织的另外一端。停车设施一般包括地面停车场和停车建筑两大类。停车建筑又分为坡道式自走停车库（包括地上和地下）、机械停车库（包括地上和地下）等。不同的停车设施有不同的优缺点，包括占地面积、提供车位数、造价、停车效率、生态性、景观设计等很多方面，选择不同的停车设施应因地制宜。停车设施的选择会对医院交通产生直接影响，体现在停车容量、车辆周转率、整体布局和流线设计等诸多方面。例如：随着建造技术的发展，智能立体机械停车设施得到广泛使用，与传统地面停车场或地下停车库相比，立体机械停车设施具有占地面积少、造价低等显著特征。但是从当前实际运营情况来看，立体机械停车设施在入库环节对驾驶人驾驶技术要求较高，停车延误较长，容易产生院内交通阻塞点。由此，本书建议立体机械停车设施尽量布置在医院主要功能区、在交通主流线之外，减少因停车延误而引起的流线不畅。

（5）医院停车组织与医院景观设计融合。医院的停车组织不仅仅要解决医院停车的行与停，还要考虑行停过程中的医院景观问题，因为医院有责任提供给病人一个舒适的就诊、治疗和康复的外部环境，所以整个停车系统需要与医院景观设计相融合，停车组织要考虑医院整体景观设计，将医院整体景观性优先于停车便利性开展考虑。

在与医院景观融合的过程中，通常有"外环式"和"独立式"停车组织两种模式。"外环式"组织形式的特点是在医院院区内部紧靠院墙区域形成机动车交通主要通道环廊，把场地的各个部分和院区各个出入口都联系起来，次要道路用于连接各分栋建筑，可以最大程度避免医院景观的割裂。在一些集中式布局的医院中，常使用该种交通组织方式，将环通路设置在集中布置的建筑群外围，各个建筑出入口与环通路直接相连，减少彼此的干扰。同时将人流、车流性质相近的交通流汇合，并合用某个可以直接对外的出入口。医院用地规模比较大，或者地块可开口的临街面较长的时候，住院区、门急诊、医技区、后勤区形成各自相对集中的建筑组群，在各区有将各主要出入口连接的道路，各区有直接对外的出入口，各区之间有道路相连，通常采取"独立式"组织形式，各个区域独自开展景观设计与交通组织。

2.4.2 国内外医院停车组织体系现状

停车组织隶属区域交通组织与管理，传统常将区域交通组织管理的思路方法应用于医院停车组织。道路交通组织，通常是指道路交通管理部门根据国家有关法律、法规，综合运用交通工程技术、智能交通技术、交通法规、行政管理等综合措施，对道路上运行的交通流实施疏导、指挥和控制等工作。国内外在道路交通组织工作开展上没有过多差距，只在路网节点的控制模式和精细化程度上有些区别。

对于国内外交通工程实践工作，交通组织有较多常用方法，如单行组织、禁行与限行、信号组织等，但是如何选取恰当的方法开展实际应用，需要结合具体的道路条件、交通需求、路网交通状态，灵活运用交通工程理论和不同的交通组织方法来实现。

① 单向交通组织。单向交通组织即为单向通行组织，是指道路车辆只能按照一个方向行驶的交通组织模式。单向交通组织在世界各国均得到广泛应用，可以按照管控时间、管控车辆等要素细分为固定式全时段单向组织、定时式阶段性单向组织、可逆性单向组织、车种单向管控组织等形式。

② 潮汐交通组织。潮汐交通组织也称变向交通组织，是指在不同的时间内变化某些车道上的行车方向或行车种类的交通组织方法。由于城市空间布局而引起交通流在一时间段过度集中，而反方向却很少，即存在一定"潮汐式"交通需求。然而在道路通常采用对称均衡建设方法，上下向车道分布相对均衡。为合理利用道路资源，均衡"潮汐式"需求与对称平衡车道数量的矛盾，通常借助信号控制设施进行分时分向的交通组织。

③ 信号灯控路口渠化交通组织。为最大限度发挥信号交叉口空间资源效用，通常应用入口拓宽、增加导向标线、匹配进出口车道数量、停车线提前、规范车辆行驶空间等措施进行信号交叉口内部空间渠化组织，同时也包括信号交叉口外围标线设计，保证驾驶员及时变道、明确行驶方向等内容。

④ 信号单点及联动控制。交通信号控制是信号交叉口不同行驶方向车流以时间分离管控达到空间路权转换的手段。通常是在停车让行控制模式的基础上，根据交叉口流量、交通冲突、行人安全、交叉口区位等因素进行综合控制设计，组织车流顺利通行。同时在有限空间范围内，连续单点控制存在因控制信息不协调而产生的交通运行不畅现象，可开展多个信号交叉口的联动控制，在系统最优的原则下，保证某些道路主要通行方向车流的通行效率及行车安全。

在交通组织具体工作中，通常遵循交通工程中的基本技术原则。

① 交通分离原则，减少交通冲突点，保障交通安全。采用科学的交通组织手段，对不同方向、不同车种、不同特点的交通流在时间或空间上进行分离，使道路上的各种车辆、行人各行其道，按顺序行驶。交通分离在具体应用中有时间分离和空间分离两种形式。时间分离是指在同一道路空间，各种交通形态利用不同的时间通行，以减少道路上集中的交通负荷和冲突。空间分离是指各种不同的交通形态在不同道路平面或同一道路平面内利用工程设施进行分割，减少相互干扰。

② 交通连续原则。在交通流通行过程中，交通流线尽量在时间、空间、交通方式上不产生间断。例如在信号交叉口渠化上，要保证路段行车道尽可能对应路口直行导向车道，避免车辆频繁换道；路口进口方向车道数量不多于出道方向车道数量，避免车辆抢道行为的产生；公交车站与地铁站协同建设时，保证行人流线的连续不间断，可以高效、有序换乘。

③ 交通负荷均分原则。充分利用现有的道路条件，控制和调节交通流量，对交通流进行科学调节、引导，使整个区域路网交通流在时间或空间上均衡分布，带有一定目的性地均衡路网各节点交通压力，避免路网某一节点交通压力过于集中而造成交通拥堵。实际应用过程中可以从时间和空间两方面进行管控。

④ 总量控制与效率优先原则。应用行政、经济手段，对交通行为进行管控，最大限度减少不必要交通需求，减少区域交通压力；缩短交通参与者的运行时间，提升道路资源服务效率。

⑤ 优先原则。为保证交通设施整体秩序或最大交通运行效益，交通组织中通常给予某一种车辆或方向优先通行的权利，如公交专用道公交优先通行，分合流区直行车流优先，环形交叉口主线优先等组织形式。

2.4.3 医院停车组织工作原则

医院停车交通组织往往是指与医院具有一定功能联系的机动车流，由院外公共道路网进入院内并在完成其出行目的后驶出医院的流线设计工作，需要在对外围道路、医院功能布局等分析的基础上，在不影响周边道路交通或者影响较小的情况下提出交通组织设计方案。设计方案应遵循的原则包括：统筹协同、空间固化、快慢分离等。

① 统筹协同原则。当前医院停车组织工作往往滞后于医院功能分区、建筑、景观设计等工作，导致医院停车流线不畅通、停车效率低、占用道路空间资源等现象难以有效解决。前面已详细分析了停车组织与医院功能分区、出入口设置、景观设计等之间的关系，由此医院组织设计工作开展时机上应遵循与医院整体设计工作协同开展，统筹考虑区域路网交通特征、医院建筑功能布局、医院出入口设置、医院停车设施布局、医院景观设计等事项。

② 右进右出原则。数量巨大是无可置疑的医院机动车停车需求特征。由于我国驾驶违章成本低、驾驶员让行意识差，在交通流量较大时，违规变道、行车加塞、争夺路权现象普遍发生，致使医院周边交通拥堵频发，甚至发生恶性琐死拥堵现象，需要应用交通设施强制性减少不良驾驶现象的产生，与我国靠右行驶规则相匹配，右进右出交通组织可以避免转向交通冲突。

③ 空间固化原则。在右进右出的基础上，尽量使用硬隔离设施规范行车空间，将进院车辆与社会其他车辆通行空间进行一定程度分离，固化进院车辆通行空间，压缩加塞插队的不良驾驶行为的产生空间。

④ 快慢分离原则。提高医院停车周转率是缓解医院停车需求压力的重要环节。按照医院停车行为特征分析，有进院－落客－出院（出租车、网约车等快进快出车辆）、进院－落客－停车－出院（就诊送人车辆）、进院－停车－出院（医院员工车辆）等类型，不同类型在医院停车行为特征不同，最优方案是进行快慢分离，设计快进快出不停车流线、短时停车流线、长时停车流线等分类组织方案，减少相互之间干扰冲突，提升运转效率。同时，医院内部机动车行驶应尽量与行人通行空间进行分离。

⑤ 功能清分原则。医院还有医疗用品运输、传染性疾病病人出入、尸体运输等需求，需要进行流线功能细化，专门设置特殊车辆进出路线。

⑥ 景观结合、宁静化原则。与医院整体景观相结合，最大程度构建无车区域，限制机动车运行速度，减少机动车通行及噪声干扰，保证医院良好的医疗环境。

在保证上述原则基础上，医院交通组织的有效解决可需考虑以下几个方面。

① 内部道路尽量设环形车道，可设单行车道以方便进出，且人行道与车行道应单独设置；

② 出入口尽量根据使用功能划分为社会人员出入口、后勤出入口、员工出入口、物流出入口等，出入口较少时可错峰使用，各个出入口应功能明确，使用时段划分清晰，以便于组织交通和停车场管理；

③ 停车场应根据功能划分为员工停车场、社会停车场等，划分时应优先满足就诊患者的停车需求，同时应设置出租车、外来车辆的快速进出通道和出租车停靠港；

④ 医院内部应设置清晰的标识标线和引导标识，使进入医院的人流、车流能够快速找到目的地，达到快速疏散的目的。

2.4.4 医院停车组织实施步骤

医院停车组织工作最优开展时间为医院总体设计阶段，配合医院功能布局设计、建筑设计、出入口位置设计、停车设施规划、院内景观设计等工作共同开展，具体实施可划分为以下几项。

① 医院周边道路空间资源及交通通行与组织现状调研与分析。对医院所处区位进行分析，对医院周边交通资源（外围停车场、公共交通资源等）和道路的性质、等级、几何特征等进行现场勘测，对周边道路交通资源的利用现状进行现场实测，包括周边道路及信号交叉口车流量、畅通情况、交通组织等内容；确定周边道路空间可利用模式及限制条件。

② 医院整体功能布局及场地资源资料收集与分析。收集医院整体建设（设计）资料，对医院功能定位、医院建筑功能分区、整体景观设计、停车设施建设类型、停车设施布置、医院出入口设置等进行分析，确定医院内部机动车通行可用空间及限制性要求。

③ 医院停车需求预测及交通组成分析。对医院进出车流量、车流种类进行调研（规划阶段可采用类比分析方法），对医院整体停靠特征、医院停车行为特征等进行分析，应用相关预测方法，预测医院机动车停车需求总量，并与医院座谈，明晰停车交通组成，明确停车组织服务对象。

④ 医院停车组织流线方案设计。按照右进右出、固化空间、快慢分离、功能清分、景观结合、宁静化等工作原则，开展医院停车流线方案设计工作；充分利用医院内外空间资源，通常可有两种以上设计方案供甄选。

⑤ 医院停车组织方案评价与优化。构建医院停车组织评价方案，应用交通仿真技术对不同组织方案进行模拟评价，并根据仿真模拟过程中产生的问题进行整体或局部优化。

2.5 医院交通组织案例分析

2.5.1 中国医学科学院整形外科医院交通组织设计

2.5.1.1 医院概况

（1）功能定位

中国医学科学院整形外科医院是新中国成立后的第一所整形外科专科医院，医院系中国医学科学院和北京协和医学院的直属单位，是集医疗、教学、科研于一体的整形外科三级甲等专科医院。该院是北京协和医学院硕士和博士生培养点，是中国整形外科事业的摇篮,为全国各地培养了大量优秀的整形外科专业人才。医院在整形方面拥有强大的技术力量,开设普通整形外科、现代美容外科以及其他15个特色诊疗中心。

(2)基本配置

医院现有职工499名,其中技术人员300多名,正、副高级职称人员近70名。设有328张床位,年诊治来自国内外的整形患者50000余人次,实施各种整形手术20000余例。

(3)建筑现状

医院内医疗区域共有建筑物24幢,布局凌乱,与医院流程不符,给患者就诊带来诸多不便。整个院区虽是仿古建筑群,但独栋房屋过多,也给患者和医疗工作者带来极大不便。建筑平面如下图所示。

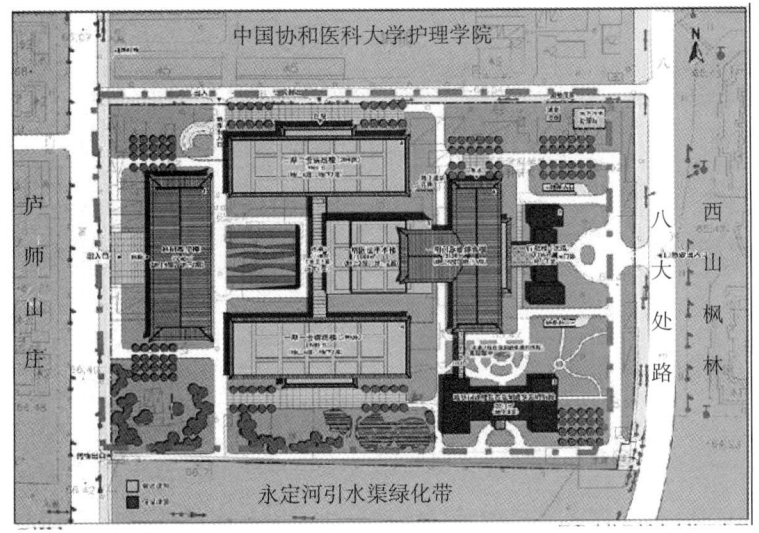

图 2-9　医院建筑规划平面图

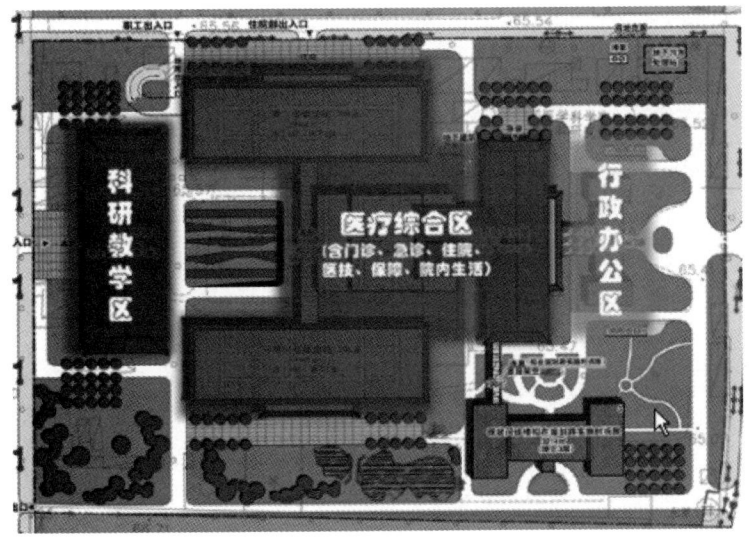

图 2-10　医院规划功能分区图

2.5.1.2 周边用地现状

中国医学科学院整形外科医院改扩建工程项目位于石景山区八大处地区，项目周边的地块以居住、科研、工业为主；项目西侧刘娘府东路附近现状为绿地，项目东侧现状为西山枫林居住小区，项目北侧为北京协和医学院护理学院，再往北为军事用地及八大处公园，项目南侧为永定河引水渠北侧绿化带。

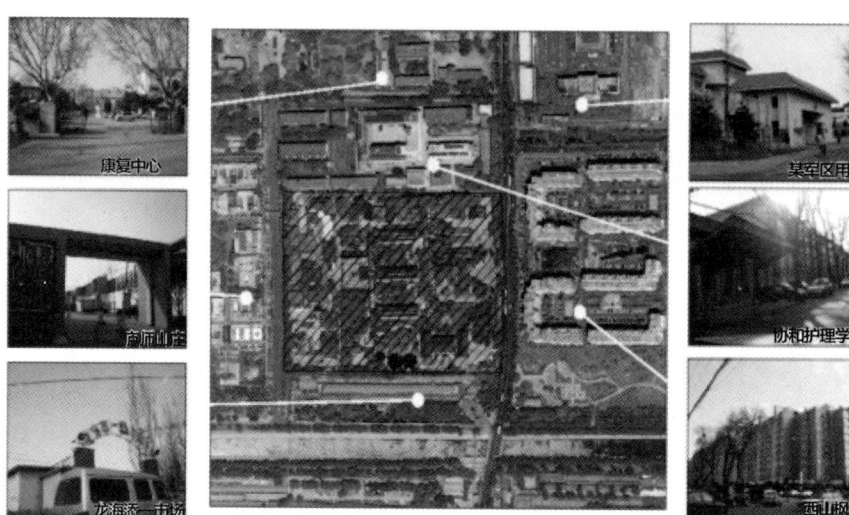

图 2-11 周边现状情况

2.5.1.3 规划条件分析

本项目所在街区为北京中心城16片区05街区，项目周边北侧、东侧居住用地基本实现规划；西侧教育科研用地还未实现规划；南侧的规划永引渠绿化带还未实现规划；永引渠以南，主要为工业用地和居住用地，工业用地基本实现规划，居住用地部分实现规划。

2.5.1.4 交通需求预测

表 2-3 现状各人员结构高峰出行量调查汇总表

人员结构	核算基数	高峰小时	产生（人次）	吸引（人次）	生成（人次）	产生（pcu）	吸引（pcu）	生成（pcu）
医生、职工	500（人）	8:30~9:30	84	241	325	17	49	66
就诊患者及家属	240（例）	8:30~9:30	39	138	177	10	37	47
住院人员	324（床）	8:30~9:30	32	148	170	10	38	48
在院学生	160人	8:30~9:30	32	95	127	6	18	24
合计			187	622	809	42	142	184

（1）交通流向

本项目位于北京西部石景山区八大处地区，就诊者主要是从全国各地首先到达北京市区，进而到达项目位置。所以其交通主要的联络方向为市中心，其次是石景山区。

（2）出行高峰

通过现状的出行时间调查发现，整形外科医院早高峰基本在8:30~9:30之间，考虑其原因主要是整形外科医院为专科性医院，其门诊时间为8:00~17:00，加上其离市区约1个小时的车程，其早高峰基本在8:30~9:30之间，与背景交通的早高峰时段基本上错开。

表2-4 规划年项目高峰小时出行量

建筑名称	人员结构	核算基数	产生量（人次）	吸引量（人次）	生成量（人次）
整形外科医院	医生、职工	621（人）	106	298	404
	就诊患者及家属	400（例/天）	72	236	308
	住院人员	500（床）	60	240	300
	在院学生	210人	71	130	201
	合计		309	904	1213

表2-5 规划年各种用地性质高峰小时各种出行方式的出行量

产生吸引 \ 出行方式	步行	自行车	公共交通	小客车	出租车	其他
高峰小时出行产生人次	43	50	103	78	19	15
高峰小时出行产生车次（pcu）	—	—	—	62	13	—
高峰小时出行吸引人次	119	145	300	235	61	45
高峰小时出行吸引车次（pcu）	—	—	—	187	40	—

2.5.1.5 停车需求预测

日吸引人次：结合评价年的各种出行人员预测，医院日吸引人次约2103人次。

交通方式划分：由于项目位于石景山区，西五环外，小型汽车出行比例相对较高，按照30%计算，乘载率平均为1.3，则粗略核算出日小型汽车的出行量为485pcu。

停车时间：停车时间超过2小时的车辆占到80%以上，且医生和职工停车基本上是一整天，因此，停车位需求量按照日小型汽车吸引量的80%核算。

预测结果：按照日吸引出行人次预测，需配建388个。

2.5.1.6 内部交通组织方案

方案一：院区共设六个出入口：保留院区东侧八大处路出入口作为门急诊出入口；院区北侧路上开设住院部出入口及职工出入口；西侧疗养院东侧路上开设科研教学出

入口及污物出口；并结合五个集散广场使院内交通流线得到有效组织、合理安排。各单体之间联系顺畅，为病患提供了便捷的就医线路。地下车库共设置三个出入口，以方便驾车来的患者及探访人员使用。各单体建筑周边设有环形消防车道,满足消防要求。

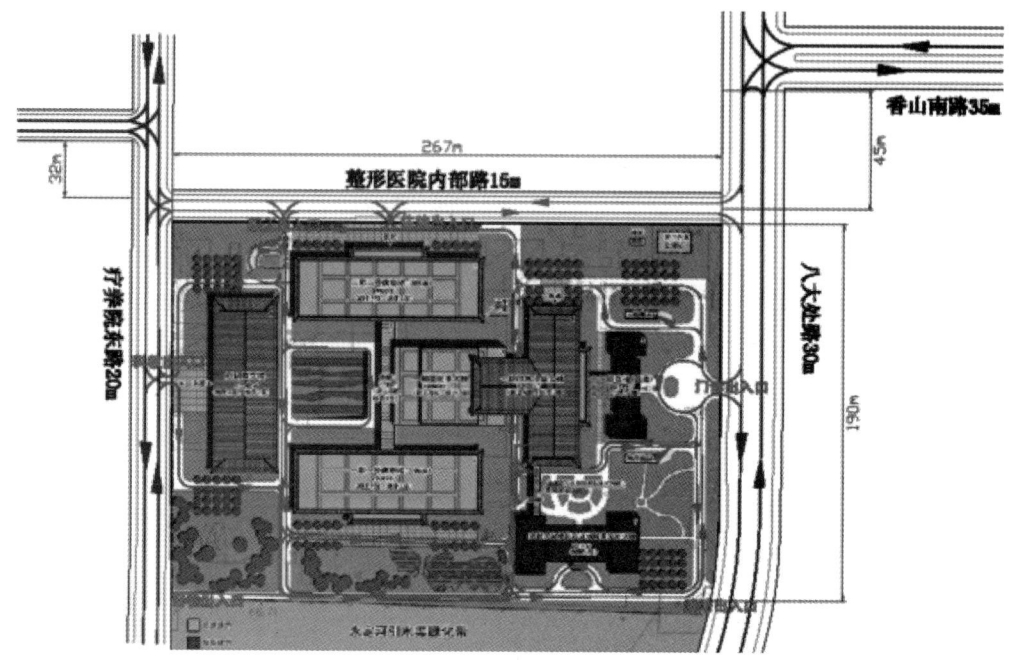

图 2-12 内部交通组织方案一

方案二：对于消防车道和污物出入口，在规划永定河引水渠北路未实现规划时，按照甲方提供的方案，将消防应急出入口开设在东侧八大处路上，污物出入口开设在西侧疗养院东路上，待规划永定河引水渠北路实现规划后，可实时调整这两个出入口的位置，将其开设在永定河引水渠北路。规划永定河引水渠北路实施后具体的内部交通组织形式。

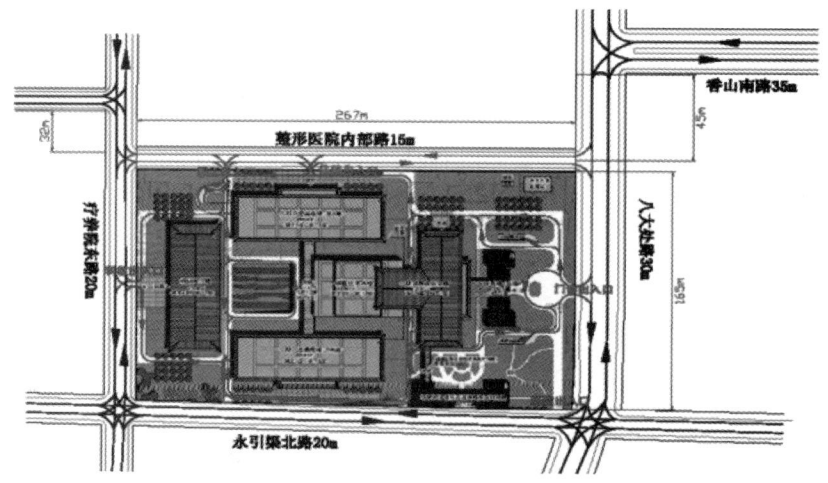

图 2-13 内部交通组织方案二

2.5.1.7 外部交通组织方案

外部交通组织解决方案，如图 2-14 所示。

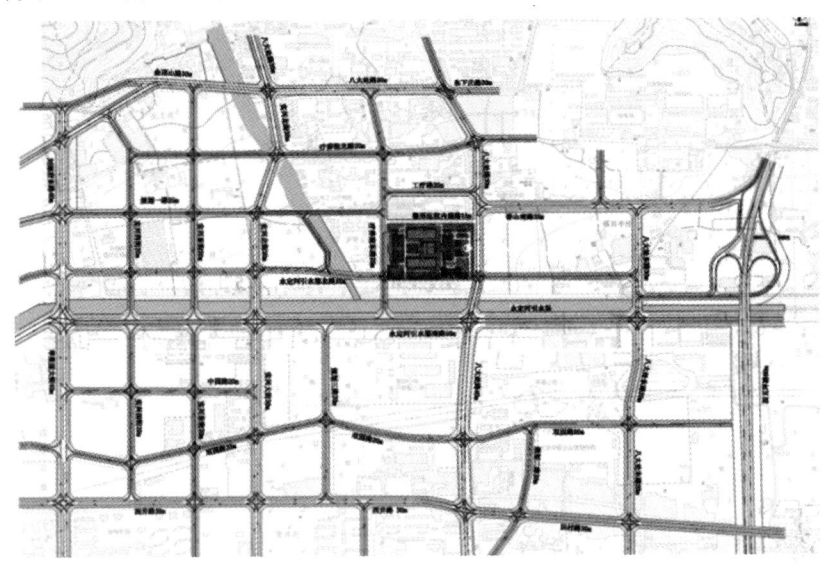

图 2-14 外部交通组织方案

2.5.2 解放军 301 医院周边交通组织规划及交通改善措施

2.5.2.1 医院概况

（1）停车设施配置情况

医院总停车位数共计 1498 个。其中，医院院内地上车位 608 个、地下车库车位 420 个；五棵松立交桥下停车位 270 个；五棵松体育馆地上停车位 200 个。

医院主要以地上停车位供应为主（72%），地下停车位供应为辅（28%），反映出地下空间利用不够，独立的立体停车库资源为零。

表 2-6 停车供给情况

车位位置	车位属性	车位数量（个）	比例（%）	备注
医院院内	地上	608	41	设置分散
医院院内	地下	420	28	三处地库
立交桥下	地上	270	18	长期租用
体育馆	地上	200	13	车主缴费
合 计		1498	100	—

医院自用车位 688 个，占停车位总数的 46%；医院院内对社会提供车位 610 个，占停车位总数的 41%。五棵松体育馆向社会开放车位 200 个，占停车位总数的 13%。统计反映，医院自用停车位所占比例较大。

（2）医院机动车数量

经统计发现：医院拥有机动车总数共计2422辆（见表2-7）。其中，医院办公机动车数量210辆，占医院机动车总数的8.7%；医院员工车辆2212辆，占医院机动车总数的91.3%。医院为员工办理进院停车证2212个。

表2-7 医院机动车数量

机动车分类	数量（辆）	比例（%）	备注
办公车辆	210	8.7	—
员工车辆	2212	91.3	—
合计	2422	100	—

（3）医院出入口情况

医院出入口共有5个：分别是南门、西大门、西小门、北门、东北小门。其中，全天24小时开放的有3个（南门、西大门、北门），晚间21:30以后关闭的有2个（西小门、东北小门）。

南门（24小时开放）：基本功能是供医院工作人员车辆进出，出入通畅、无拥堵现象、利用率较低。南门是直通肿瘤大楼、内科大楼方向的主要通道，承担着南部行政区与北部就诊区的连接，如能发挥南门的车辆分流作用，将更有利于院区的车辆循环。

西大门（24小时开放）：基本功能是供医院工作人员车辆、部队车辆等进出，有少量社会车辆在此处驶出。此门也是直通西院病房的主要连接通道，出入基本通畅、无拥堵现象，利用率不高。西大门是南部行政区与北部就诊区的分界线，又是连接医院东侧两条纵向通道的主干道，贯通后车辆分流作用非常重要。

西小门（6:00~21:30开放）：西小门目前是医院停车场主要出口，社会车辆60%在此处驶出。高峰时段车辆行驶缓慢，当受市政道路拥堵影响时，极易造成院内车辆堵死出口、疏堵困难、出口压力极大，不宜承担主要出口或主要入口功能。

北门（24小时开放）：医院社会车辆主要出入口，社会车辆95%以上的比例在此排队等候进院；约30%的社会和部队车辆在此驶出。同时，也是行人及就医人员进出医院的必经之路，出入口通行压力极大，常常发生拥堵，适宜设置为以行人入口、应急车辆入口为主，以车辆出口分流功能为主，发挥其疏堵分流作用。

东北小门（6:00~21:30开放）：基本功能是医院工作人员车辆出入口，有极少部分社会车辆在此驶出，出入基本通畅、无拥堵现象，利用率不高，宜设置为内部车辆入口，社会车辆出口。

2.5.2.2 交通现状

（1）拥堵路段之一

四环路东辅路。西四环东辅路原本车流量较大，加之进站公交车与驶出医院的车辆交互作用，从而使辅路交通长时间陷入拥堵状态，给过往的车辆、行人造成延误。

医院车辆由西小门驶出后右行,与西四环南向北辅路进站的公交车交叉;与辅路的非机动车交叉,又与辅路的直行车辆交叉,造成医院西小门至五棵松桥下红绿灯之间交通拥堵现象严重,早晚高峰时交通几乎瘫痪。

(2)拥堵路段之二

复兴路五棵松立交桥桥东路段。医院北门是社会车辆进院的必经之路,大约有95%以上的社会车辆在此排队入院。每天近1.3万辆车次庞大的车流,尤其在早晨和午后就诊高峰时段,潮汐式的车流造成了复兴路自西向东方向的交通拥堵。

2.5.2.3 医院停车需求特性

经医院统计:每日进出医院的机动车车次平均多达1.1万~1.3万辆,从进院车辆的时间分布峰值看,全部集中在白天。

从早晨7:00开始至上午10:00,下午13:00开始至下午16:00,为机动车进入医院的峰值时段。

上午11:00开始至午后13:00,下午16:00开始至下午18:00,为机动车驶离医院的峰值时段。

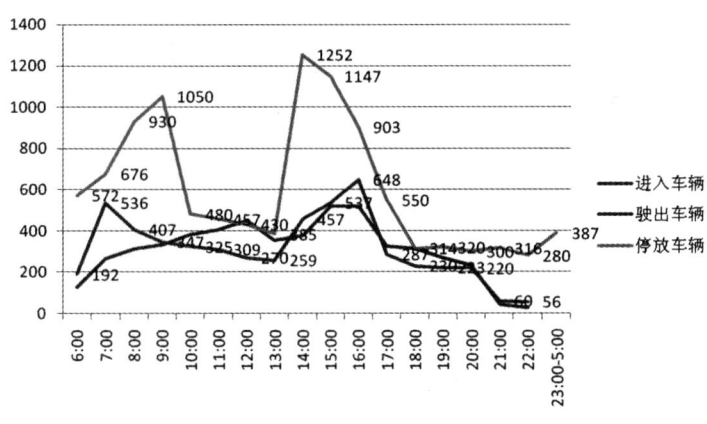

图2-15 医院进出口流量图

2.5.2.4 现状问题分析

(1)停车位不足

医院的停车问题主要是供给不足形成的问题。

医院停车位总数1498个,其中医院自用车位688个。调查结果:医院自有车辆数量多,自用停车位严重紧缺。

医院向社会提供的停车位仅610个,且有大量部队车辆以及医院工作人员的车辆,长时间占用向社会开放的车位。调查结果:供社会车辆停放的停车位严重不足。

五棵松体育馆车位200个,主要用于被疏散的社会车辆停放,由于停车后人员往返不方便,其利用率较低。

（2）出入口设置不合理

医院仅把北门作为主要出入口、西小门作为主要出口使用，远远不能承担医院每日1.3万辆次的车流量，造成了进出车辆的不通畅；而其他三个出入口仅以内部车辆出入为主，利用率较低，形成了出入口利用率极不均衡的现象。

（3）内部交通指示标识不够系统

调查发现，医院内部交通标识安装不清晰、不系统。如果是第一次进院停车只能选择住院部门前，或盲从地跟随车流停放在急诊楼的西侧、北侧，而医院的其他停车位不知如何前往停放，包括地下车库的入口也不易找到。

（4）停车服务引导不够

尽管医院停车引导、收费总人数达到131人，按照四班三运转进行分配后，每班次的人员也仅有30人左右，同时还要兼顾南北两个区域的车辆引导、收费工作，所以，在人员配置上需要加强。

（5）医院的功能分区尚需完善

调查发现，从医院西大门进入后连接的是一条院区主要通道，把医院分为南区和北区。南区为医院办公、员工宿舍、医院各类配套设施等，是禁止社会车辆进入的区域；北区则是医院的就诊区，供就诊人员进入的区域。

目前，北区的东部区域尚禁止机动车通行，没有形成与东侧二条纵向通道的连接分流，行政区、就诊区的划分也比较模糊。

（6）对周边交通的影响问题

西四环辅路由南向北接近五棵松路口处，目前设置8条公交车线路。公交车站的设置，本意是方便患者就近下车，但医院车辆从西小门驶出后，正好与进站的公交车交叉行驶。在这里汇集了进站公交车、医院驶出车辆、直行的社会车辆、直行的非机动车，形成早晚高峰和平常时段的交通拥堵，直接影响了辅路机动车、非机动车、行人的正常交通，也影响到了医院西小门车辆的驶离。

（7）停车收费价格低，未起到价格杠杆作用

医院现在执行的是X元/每小时的收费标准，而且没有超时递增的收费规定，就医车辆未有采取任何限制措施而大量涌入。所以，较低的停车收费价格，使大多数前往医院看病的人员选择了自驾，这样就给不堪重负的医院停车造成了雪上加霜的严重后果。

2.5.2.5 交通组织规划方案

医院的交通组织规划方案，如图2-16、2-17所示。

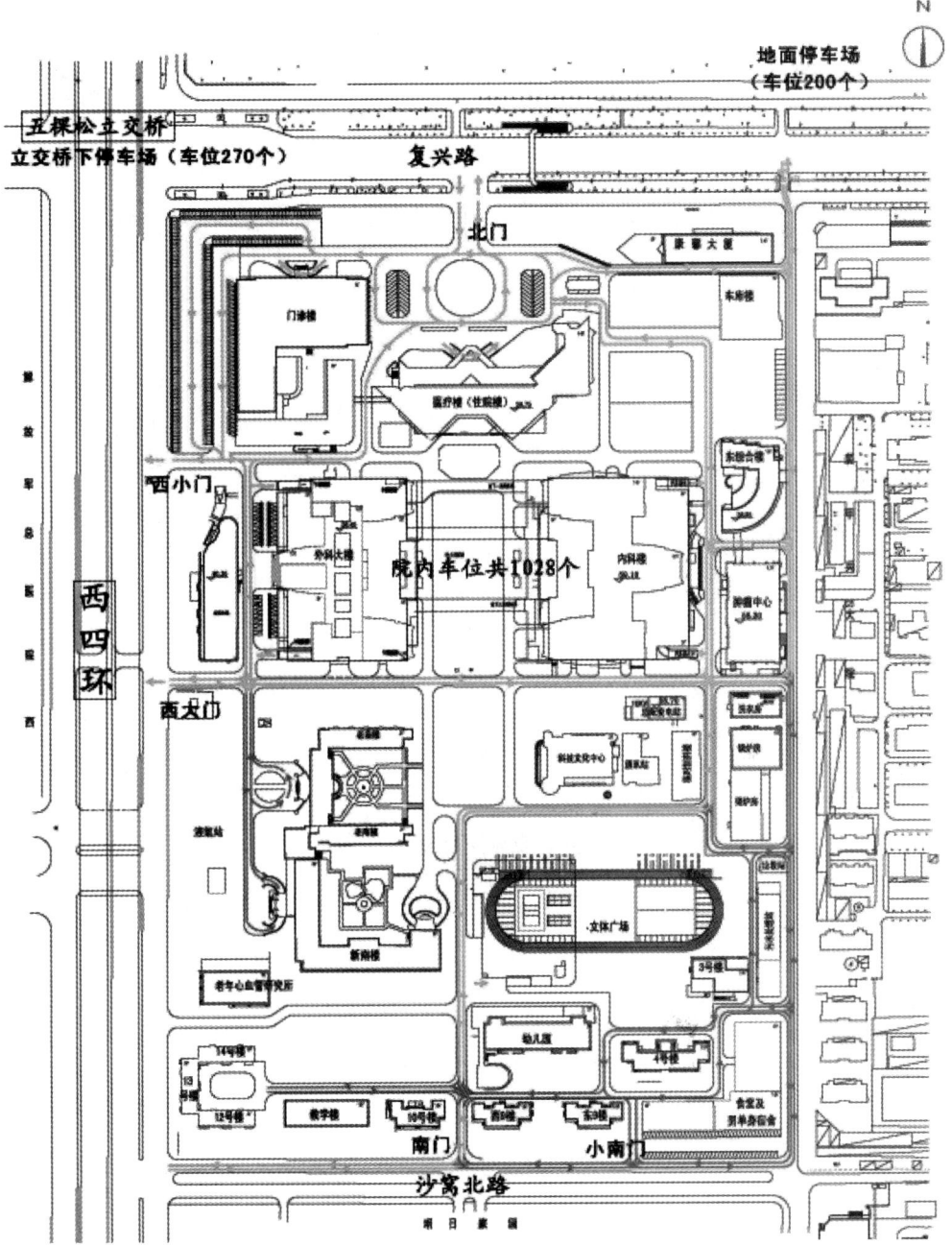

图 2-16 交通组织规划方案

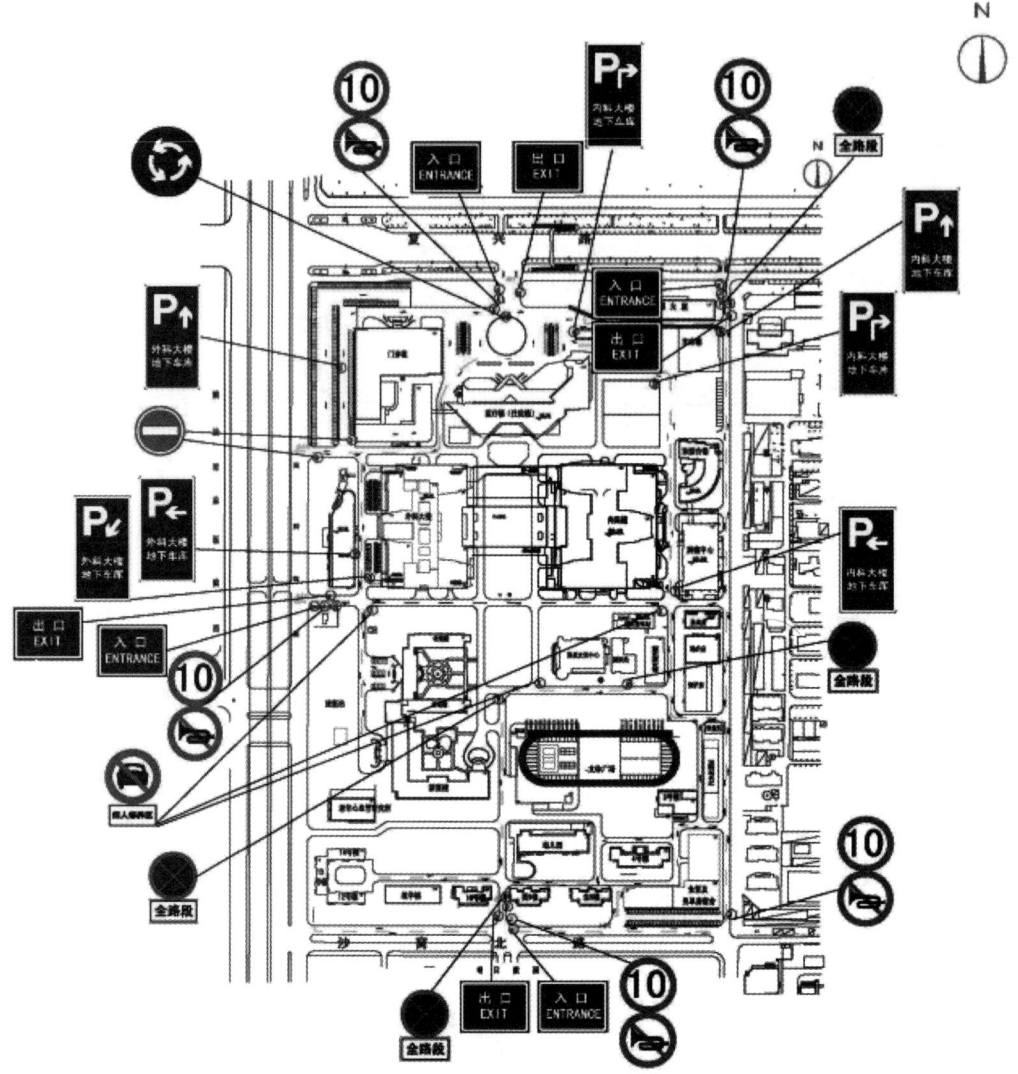

图 2-17 地下车库指示牌

2.5.2.6 交通改善措施及停车治理对策建议

① 调整停车区域功能,增加停车位供给。

② 打通院内循环通道,增加临时出入口。

③ 完善交通标识,加大对车辆的引导。

④ 充分利用周边停车资源渠化分流。

⑤ 加大周边整治力度,建议公交站分散设置。

⑥ 发挥价格杠杆调节作用。

2.5.3 深圳大学总医院交通组织规划

2.5.3.1 项目概况

（1）医院概况

基地位于深圳大学城东侧，学苑大道以北，规划用地面积：89828.24m²，总建筑面积：135000m²。住院病床一期800床，二期500床，合计1300床。

基地周围有规划城市道路，东侧规划路已建成，南侧有保留的南科大教学楼和行政楼各一幢，北侧为规划的深圳大学新校区，南侧为长岭皮河，西侧为西丽高尔夫球场，地势呈不规则多边形且地势平坦。

基地位于学苑大道北侧，南侧为景观河长岭皮河，通过两座市政桥梁与学苑大道连接；北侧通过校区道路与深圳大学新校区连通。

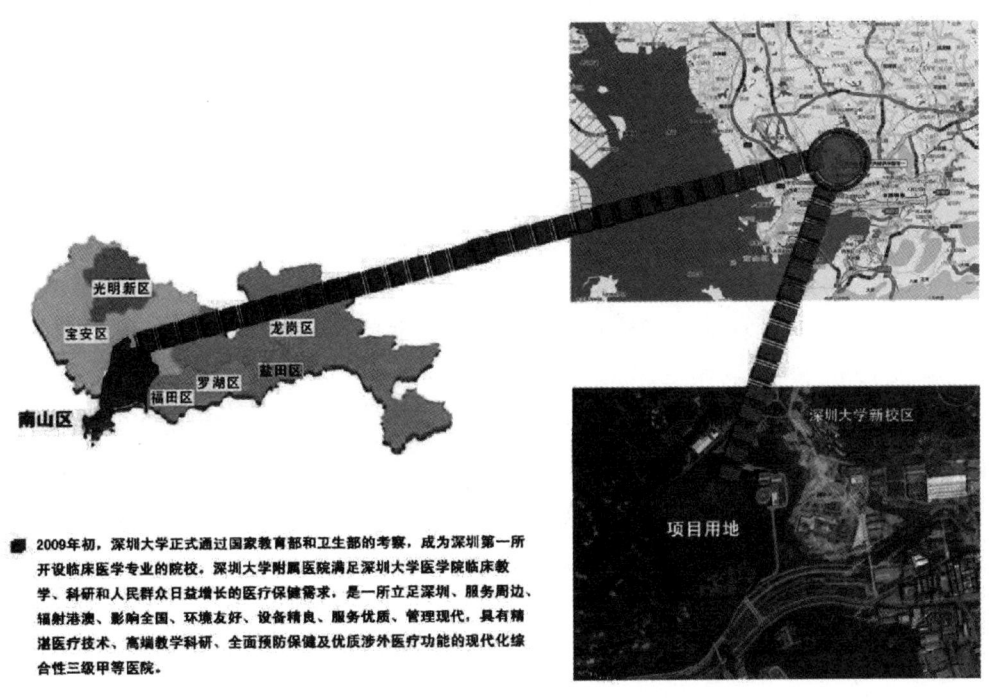

图 2-18 区位分析图

（2）交通现状分析

① 项目选址距离地铁 5 号线大学城站约 1~2km 左右，距离塘朗地铁站约 0.5~1km 左右，距离南坪快速出入口不到 2km，距离留仙居住区约 5km，距离龙华新城不足 10km，对外交通非常便捷。

② 南侧学苑大道以及东侧城市规划道路已建成。

③ 南侧学苑大道有多路公交车在本基地内均设有公交站点，交通十分便捷。

④ 基地距离深圳北站十余公里，交通换乘方便。

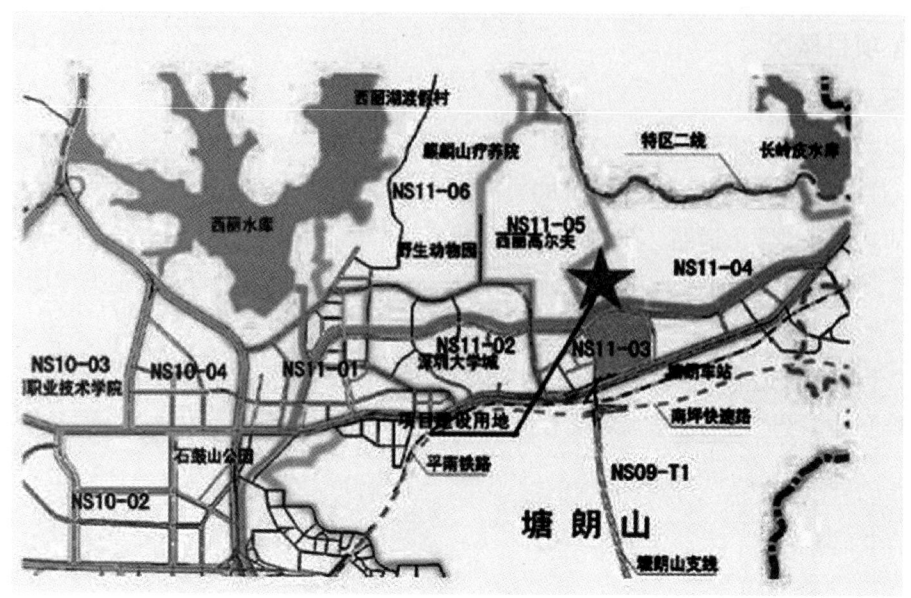

图 2-19 医院区域位置及交通示例图

（3）建设规模与目标

新建医疗区由门诊区、医技区、住院区、行政科研办公区、院内生活、高压氧治疗中心、连廊、门卫传达室、配电房、污水处理站、垃圾站、后勤保障综合楼等相关配套组成。规划总建筑面积 135000m^2，其中新建地上建筑物 96720m^2，新建地下室建筑面积 28520m^2。

深圳大学总医院住院病床一期 800 张，二期 500 张，一次整体规划、分期建成。根据现有国家相关规范、深圳市现有医疗卫生机构现状和发展需要以及本项目地块实际状况，拟保留并改造现有地块内教学楼（建筑面积 5284.03m^2）、行政楼（建筑面积 4498.34m^2），保留改造的两栋建筑面积为 9782.37m^2。

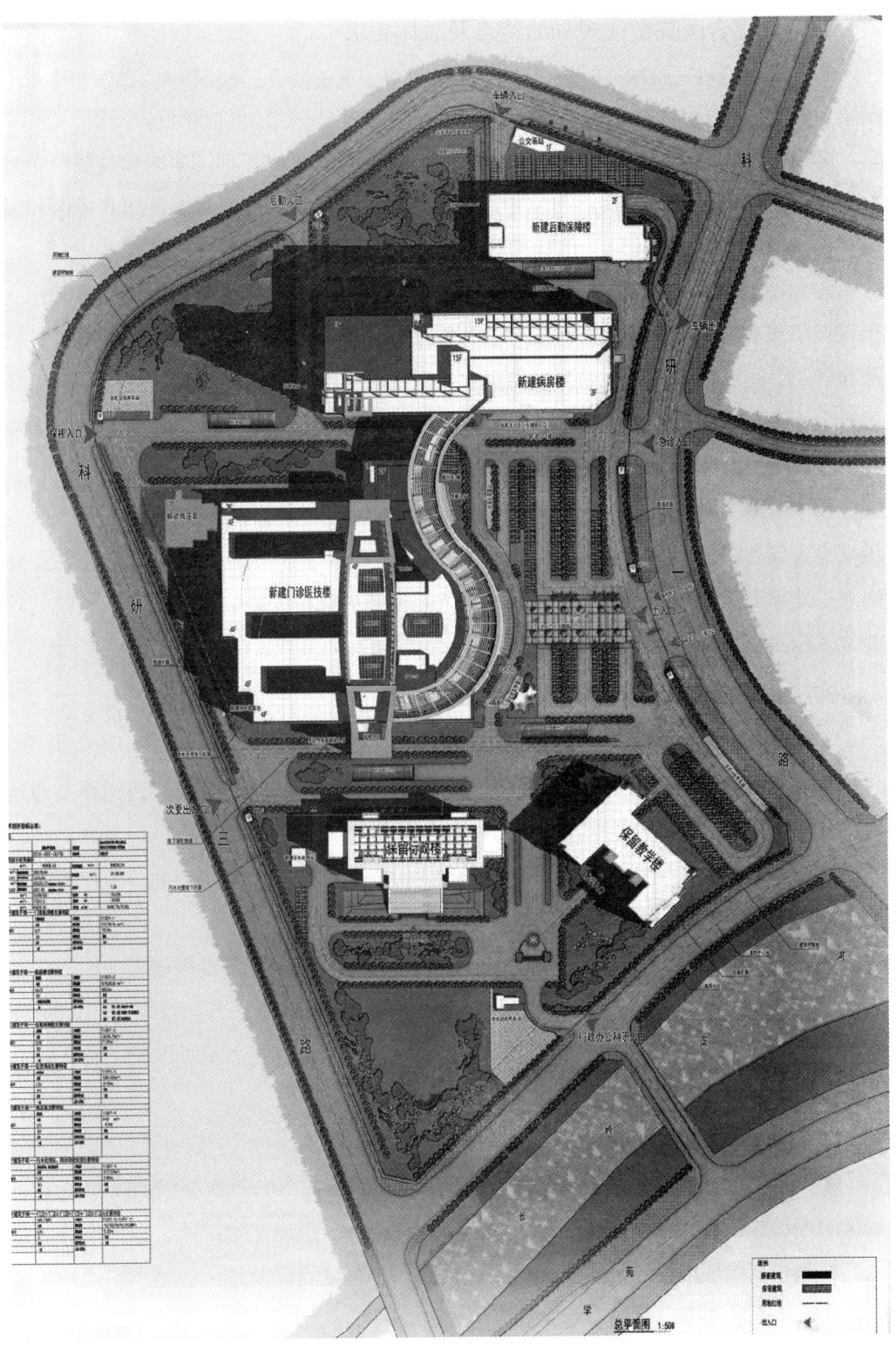

图 2-20 项目总平面图

2.5.3.2 综合医院交通规划的特点及总体要求

① 大型综合性医院往往就是一个小社会的缩影，人流量大、物流量大、车流量密集。科学有机地组织医院交通流线直接关系到医疗安全和就医流线的便捷和效率。

② 随着社会经济的发展，人们生活水平的不断提高，就目前国家医疗体制而言，综合医院因其雄厚的医疗技术力量和先进的医疗设备将吸引越来越多的患者就医和保健体检，给医院交通带来巨大的压力。

③ 综合医院内人流构成有病人、探视人员、医护工作人员、行政后勤保障工作人员等；车流有急救车、探视人员用车、医院单位用车、职工用车及医疗垃圾车等；物流有药品、医疗用品设备、后勤物资供应、医疗和生活垃圾等。如果医院在交通流线设计上不合理，势必造成患者拥挤、秩序混乱、交通堵塞、停车紧张，在改扩建中的综合性医院目前都面临着这种局面，应全力改善。

④ 根据医院整体规划，院区合理规划设置各人流出入口、物流出入口，最大限度地减少人流和车流的交叉，出入口均为无障碍出入口。门诊、急诊、急救和住院主要出入口处须有机动车停靠的平台及雨棚。人行坡道坡度按无障碍坡道设计，医院的功能分区和医疗用房应设置明显的导向标识。

2.5.3.3 综合医院交通系统优化的规划构想

（1）基地交通组织的总体规划思考

不同功能的出入口采用分散布置模式，结合医院建筑功能布局及周边道路交通条件，分散布局的出入口设置如下。

车行入口：在东侧规划路上设两个车行入口，一在医院主入口南北分设车行入口及出口；二为主入口北侧的急救急诊入口、人流入口。

人行入口：设两个人行主要出入口：一为结合急救急诊入口设探视人流出入口；二为医院主出入口处。

① 医院工作人员车辆主要从西入口及南入口进出，分别进入地面及地下停车场。

② 在北侧规划路上设1个车行后勤污物入口。

③ 在西侧规划路上设病房探视车行出入口。

④ 东出入口是深圳大学总医院的主出入口，可承担约70%~80%的交通集散任务，大量的人员和车辆将会在这里汇集。为避免人车混行、进出车辆排队，提供宁静、舒适的就医和工作环境，医院主出入口采用人行、车行分流以及地上、地下交通相结合的方式，从基地外围疏散入口处实现人车分流。

通过分散入口的规划措施使人流、车流在基地周围就实现分流，大大减少基地内部的交通压力。

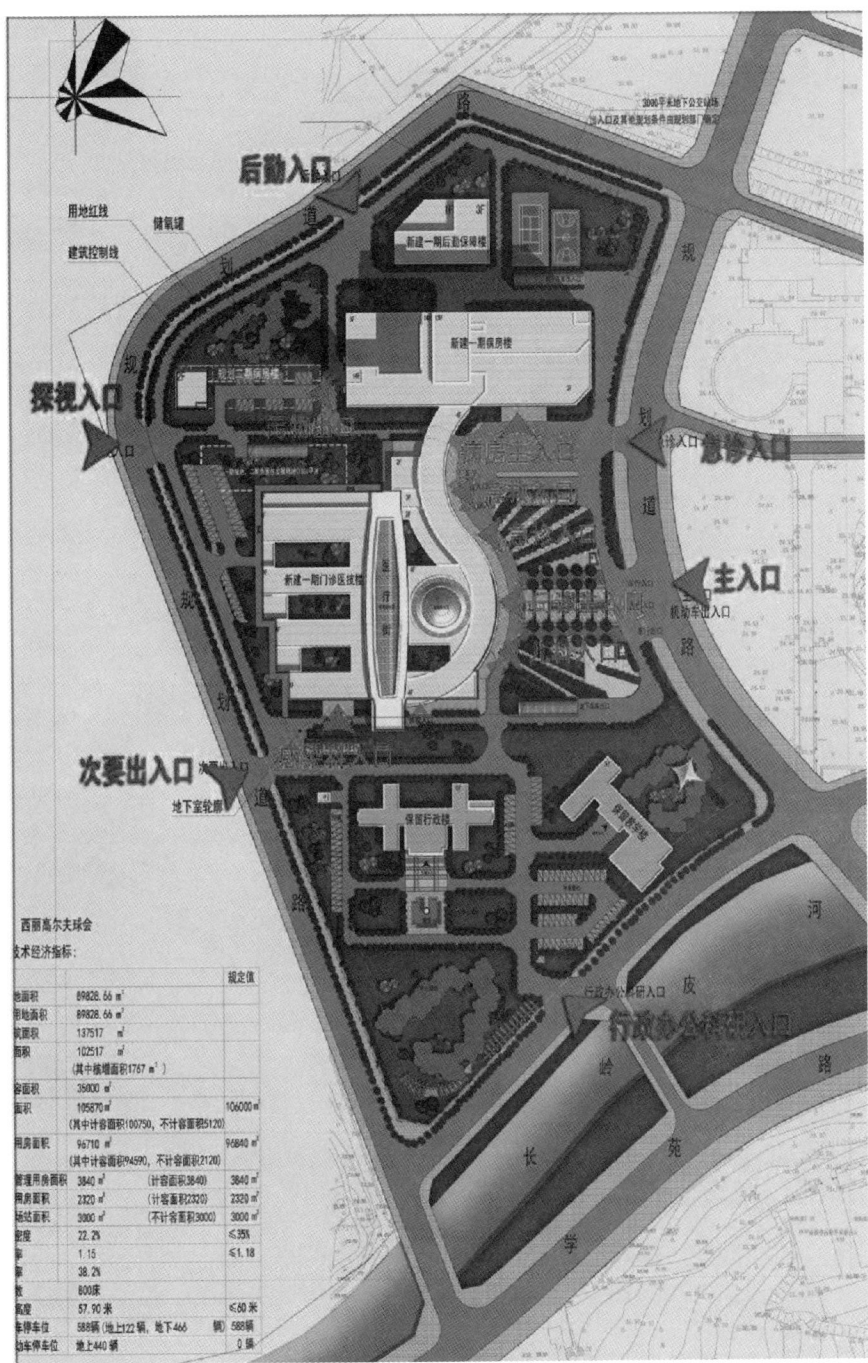

图 2-21 交通规划出入口设置图

（2）医院内部交通规划构想

① 内部道路系统环绕建筑布置，既分隔各功能区，又构成相互间的地面地下交通联系，并结合消防环行通道由各出入口疏散，与医院外部城市交通道路系统相连接。

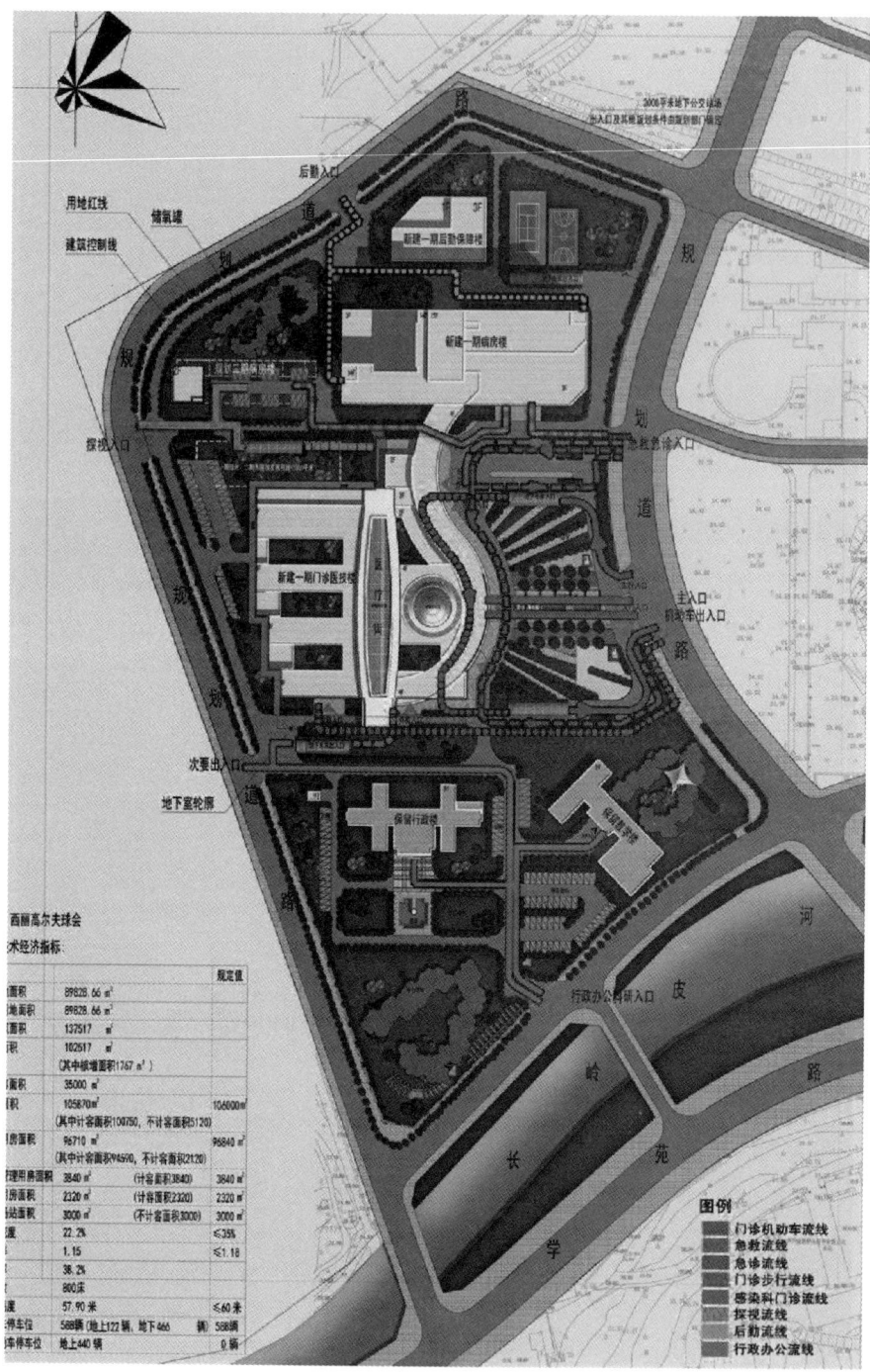

图 2-22 交通规划流线图

② 充分考虑院内交通系统与城市公交系统无缝接轨的可能性，最终实现区内人车分流，即外来就医的社会车辆、内部医护人员办公车辆主要通过各个地下出入口分流进入地下停车场；地面车辆围绕院区外围的环形车道作为疏散车道，用于救护、消防车辆及特殊情况下机动车疏散使用；主要的地面空间留给医护人员、行政办公人员、

患者及其家属使用。

③ 根据医院整体规划，院内停车主要采取地面与地下停车场相结合的方式，并以地下停车为主。

④ 科学管理医院内部交通环境，提高运行效率：

a. 医院内部交通管理直接影响到内外交通衔接和医院的整体交通环境；

b. 医院在内部交通管理中，入口道闸尽量远离市政道路设置（按规范应大于7.5m），避免因进院车辆排队而影响城市交通畅通；

c. 引入停车场管理和诱导系统，引导车辆停放，减少绕行；

d. 采用预交费的停车收费模式，减少车辆在出口道闸处的停驻时间；

e. 在条件允许的情况下，采取员工车辆单双号限行措施，削减了约50%的员工车辆院内停放需求；

f. 建立安全的残疾人无障碍交通体系，体现人性化关怀；

g. 以患者为中心，构建安全方便的交通等候体系；

h. 构建医院物流交通体系；

i. 建立院区标牌导向系统：户外设置急救车行通道、门诊区车辆停放区、探视病人车辆停放区、行政办公车辆停放区、职工车辆停放区，将大量的车辆控制在一个相对范围内；设置医院总平面示意图、门诊部、住院部、急诊科等单体建筑物标识牌，设置落地式交通分流标识牌、立地式或带顶棚宣传栏方便使用；

j. 建立智能化车辆引导及车主反向寻车系统。

综上所述，之前因为车流、人流量巨大，道路狭窄，停车泊位严重不足的原因，造成医院停车难，环境差的现象，现在通过引进以上系统将会得到很大的改善。

（3）医院出租车专用通行路线及专用候客区布置模式

① 地上地下均设置了专门的出租车通行路线，出租车专用候客区即设在专用通道上。

② 在医院前广场设计地上地下分流的交通组织方案，为了方便患者，在地上地下均设置了出租车专用候客区。地上部分：在急诊、门诊入口处提供出租车专用候客区，方便患者乘车。地下部分：在地下一层大厅东侧设出租车专用候客区，患者出院、离院均在此换乘，体现了人性化关怀的设计理念。

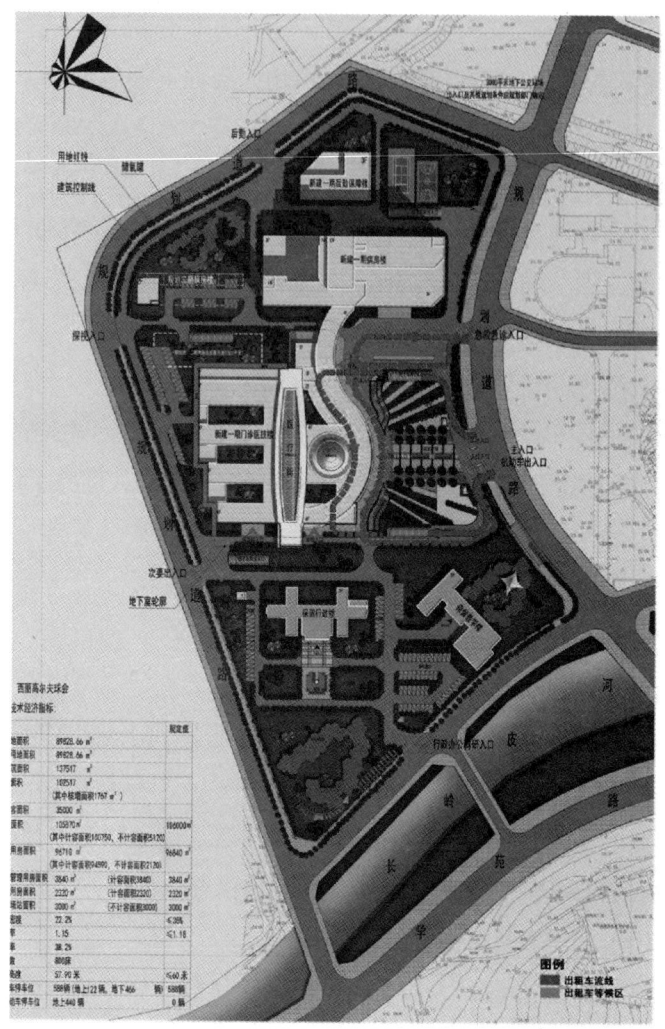

图 2-23　交通规划出租车专用候客区布置图

（4）地下交通组织的思考

① 地下车库的停车思考。根据建设部 2000 年《关于城市建筑物（居住区）配建停车位指标征求意见的通知》（建规综函字第 062 号）的有关规定，一类医院为 25~40 辆 /10000m²，国外发达国家医院停车位配置一般为每床 1.2 辆。综合以上情况，并考虑目前的实际状况，建议停车位近期设置按 0.8 辆 / 床考虑，停车位为 800 辆，地下停车 466 辆，地上停车 140 辆。

本工程地下室面积约 30000m²，病房楼下面为二层地下室，门诊部分下面为一层地下室，除人防设备用房外，其余皆为地下停车库。总停车位：863 辆。

②地下空间交通的关联。主入口进入地下的车库出入口与地下车库各区有方便的交通联系。基地东北角 3000m² 的公交站场与地下车库各区有方便的交通联系。

各种不同性质的地下空间之间的交通关联模式：地上交通通过地下坡道与地下交通相连；地下一层交通通过地下一层共享大厅与出租车等候区相连。

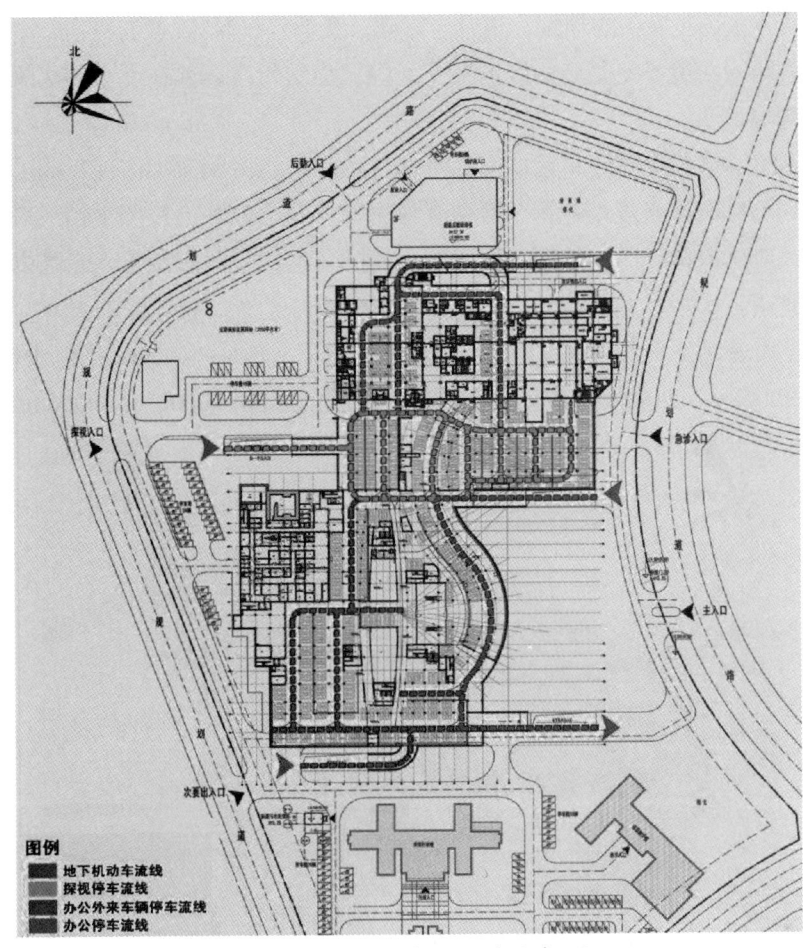

图 2-24　地下车行流线分析图

（5）完善周边公交设施，改善步行环境

完善医院周边的公交设施。在医院东北侧规划的公交场站用地建设深圳大学总医院公交站场，在东侧规划路上增设公交停靠站。

为了改善医院周边步行环境，结合医院围墙建设全天候步行通道，联系主要公交站点和医院各人员出入口，改善进入医院的步行环境。

全面改善步行交通和自行车交通的通行条件，为步行者及自行车使用者创造安全、便捷、舒适的交通环境。加强步行交通、自行车交通与公共交通的接泊换乘，引导"步行＋公交""自行车＋公交"的出行方式。

（6）优化医院外部交通组织，改善医院交通集散条件

① 南山区分区规划中的交通规划理念

a. 理顺道路系统，提高部分道路等级，重点完善次干路、支路，建立与城市布局和土地利用相适应、等级明确、快速畅通的城市道路网络系统。

b. 积极优先发展公共交通，进一步加强公交网络，优先发展常规地面公共交通，远期发展大运量客运轨道交通。

c. 加强停车场（库）的规划、建设与管理，缓解停车紧张问题。

d. 支路路网密度不足是南山区内部交通问题症结所在，须在下一层次规划中大力提高支路路网密度。

e. 明确配建停车场在停车设施中的主体地位，严格按照深圳市现行的《配建停车场配置准则与标准》来规划配置全区配套停车场停车泊位数。按照主辅线来布设公交线网：主线应确保南山区与特区其他组团之间的通达；辅线应满足南山区内部各片区间公交的通达。

f. 全区共规划公交首末站13处，每处用地面积2000～4000m²；枢纽站22处，每处用地3000～6000m²；综合车场3处，每处用地面积20000～30000m²。

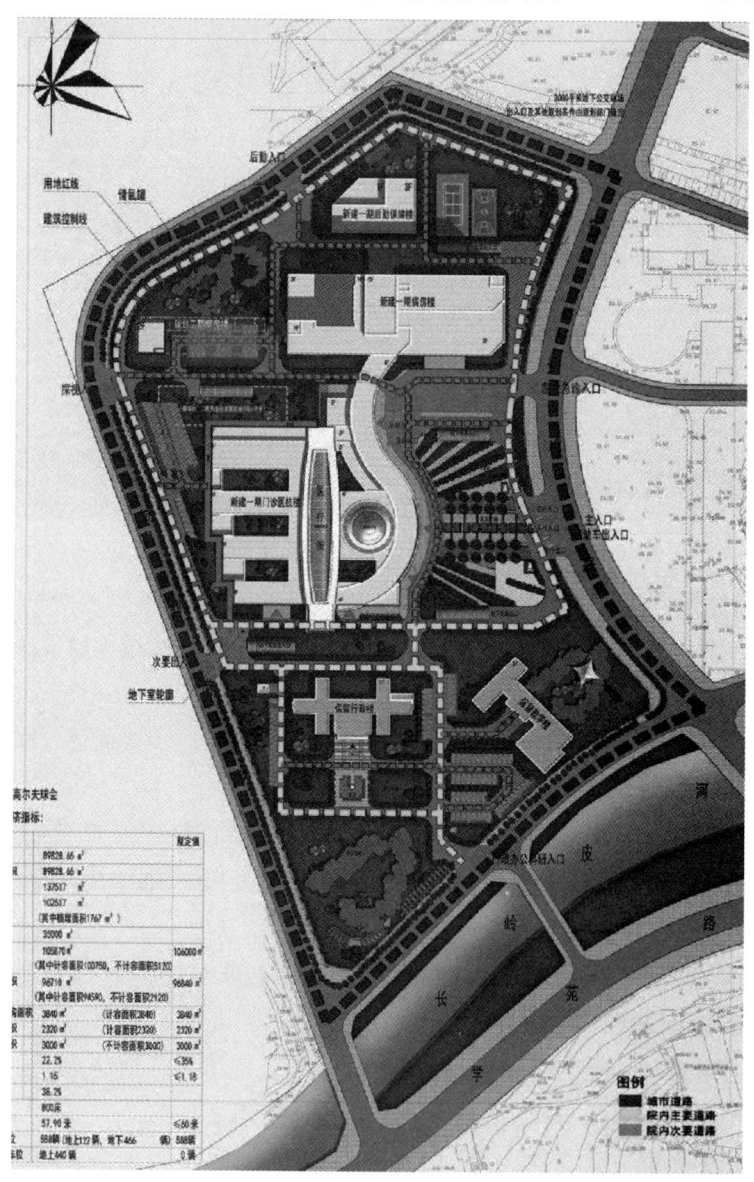

图2-25 道路与停车场布局图

② 外部交通规划的对策以及发展思路

a. 深圳地铁 5 号、7 号、15 号线还将在西丽形成"三线交汇"的壮观场面，这就使得西丽的交通更加立体化，其综合交通体系得到了进一步的完善。

b. 项目选址距离地铁 5 号线大学城站约 1~2km，（地铁 5 号线起点位于前海湾站，终点为黄贝岭站，线路全长约 40km，共设车站 26 座。沿途经过宝安中心区、西丽、龙华、布吉、罗湖等片区）。在城市交通规划中，应充分利用这一快速交通优势，做好地铁与公交的换乘设计，解决基地西部人流的交通就医问题。

c. 亟待建立智能停车系统：在智能交通系统框架下，建立集收费管理、车位信息采集、停车诱导服务等功能于一体的智能化停车管理系统。

d. 系统的最大优势是为驾车出行者提供全方位、实时的停车信息，同时也能够为交通疏导提供区域停车诱导预案管理的具体措施。此外，停车诱导系统还能为停车规划和交通规划提供停车资源静、动态数据，供规划部门分析参考。

e. 停车治理措施：一是停车治理措施的制定首先要对医院内部及周边区域进行详细的交通调查，找出问题的症结所在，有针对性地进行治理；二是停车治理不是只针对内部停车，而应与周边道路及交通组织相结合，从区域交通的角度考虑，统筹制定方案；三是因地制宜地选用机械式立体停车设备，但停车位的供应量不能无限增加，也要考虑到周边路网的承受能力以及路网容量限制。

f. 交通应对措施：综合医院包含人流、物流、信息流三大基本流程，总体规划及单体方案设计中应针对医院建设的难点，侧重从全院总体规划的宏观角度入手，针对不同类型的人流、物流进行具体分析，进而进行优化与整合，使其成为交通功能设施一流的现代化医院。

结合深圳大学总医院面临的交通问题和交通需求预测，从以下几方面提出交通应对措施：

a. 依托基地周围的城市规划道路，实现基地内部交通对外交通快速集散，以适应深圳大学总医院进一步增长的交通需求；

b. 在基地之外设出租车专用停车区，在医院主入口南侧，结合城市道路设出租车专用停车区，方便患者使用；

c. 在基地之外利用港湾式设公交车站点，港湾式停车布置方案不影响城市道路的正常通行，给患者提供了安全可靠的换乘空间；

d. 按照深圳市交通发展战略中关于缓和小型汽车交通增长的要求。通过提高停车收费调控拥挤区域以及拥挤时段小型汽车使用，加强对外地车的管理，严格控制本地车的车牌管理，逐步控制汽车总量的增长。

第3章 医院停车场(库)规划与设计

董苏华　刘士翠　李　维　戴冀峰　周晨静　何嘉欣
杨振宇　何于江　刘军民　巨　睦　杨　帆　张爱国

要解决医院停车难问题,对于停车场的规划设计就必须高度重视,有计划地建设停车场,争取从根本上解决问题。

本章内容包含医院建筑物配建停车场所执行的国家标准、医院停车场的布局形式和停车设备类型及选择等。

3.1 我国医院建筑配建停车场标准

3.1.1 我国医院建筑物配建停车场标准现状分析

3.1.1.1 基本概念

配建停车场（Building's parking requirement）是指在各类公共建筑或设施附属建设，为与之相关的出行者提供停车服务的停车场（库）。

民用建筑（Civil building）（《民用建筑设计通则》GB 50352—2005）按使用功能可分为居住建筑和公共建筑两大类。

公共建筑（Public building）是供人们进行各种公共活动的建筑。医院建筑属于公共建筑。在执行城市规划管理中，配建停车场泊位标准属于城市规划管理中的强制性指标。

停车泊位（Parking space）是为停放汽车而划分的停车空间或机械设备中停放汽车的部位，它由车辆本身的尺寸加四周必需的距离组成。

停车库（Garage）是停放和储存汽车的建筑物。

3.1.1.2 现行标准

国家标准：我国医院建筑物配建停车场执行的国家标准是《停车场规划设计规则（试行）》（1988年版），见表 3-1。

表 3-1 医院停车位指标

项目	机动车	自行车
停车指标（车位 /100m² 营业面积）	0.20	1.50

注：表中所称建筑面积为门诊和住院部建筑面积之和。

《全国民用建筑工程设计技术措施：规划·建筑·景观》（2009年版）。为公共建筑服务的停车场，当停车数大于50辆时，应在主体人流出入口附近设置专用的出租车候客车道。大中型公共建筑及住宅停车位标准参数以小型车位计算，见表3-2所列。

表 3-2 医院停车位指标

序号	建筑类型		计算单位	机动车停车位	非机动车停车位		备注
					内	外	
6	医院	市级	每1000 m²	6.5			
		区级	每1000 m²	4.5			

注：如当地规划部门有规定时，按当地规定执行。

地方标准：通过对全国163个地级以上城市（其中包括31个省会城市）的现行的

医院建筑物配建停车场（库）标准进行汇总和分析得出的结果见表 3-3。

表 3-3　163 个城市医院建筑配建停车场（库）标准计算单位和分类

名称\数量	计算单位		类别划分			
	泊位/100 m²建筑面积	泊位/床位	划分级别	划分城市区位	独立门诊	住院部
31 个省会城市	31	3	20	10	5	5
132 个地级城市	130	8	54	12	24	6

注：不包括台湾、香港、澳门。

表 3-4　163 个城市医院建筑配建停车场（库）标准平均值

分类	计算单位	配建机动车位数	配建非机动车车位数
医院	停车指标（车位/100 m²建筑面积）	0.8	2.7

注：不包括台湾、香港、澳门。

表 3-5　163 个城市医院建筑配建停车场（库）标准平均值

单位名称	类别划分	计算单位						执行时间
		泊位/100 m²建筑面积			停车位/每床			
		机动车	非机动车	摩托车	机动车	非机动车		
公安部建设部	停车场规划设计规则表十四：医院停车位指标	0.2	1.5	注：表中所称建筑面积为门诊和住院部建筑面积之和				1989
全国民用建筑工程设计技术措施	医院 市级	每1000 m² 6.5	内	外				2009
	医院 区级	每1000 m² 4.5						
北京市	医院 综合医院 专科医院	旧城地区上限 1.2 / 一类地区下限 1.2 / 二类地区下限 1.3 / 三类地区下限 1.4	旧城地区 3 / 一类地区 3 / 二类地区 2.5 / 三类地区 2					2014
北京市	医院 社区卫生服务中心	1.5 1.5 1.5 1.7	2.5 2.5 2 1.5					2014
上海市	综合性医院	一类区域 0.6 / 二类区域 0.8 / 三类区域 1.0	内部 0.7 / 外部 1.0					2014
	社区卫生服务中心	0.2 0.3 0.5	0.3 0.5					
	疗养院	0.4 0.6 0.8	0.3					

续表

单位名称	类别划分		计算单位			停车位/每床		执行时间
			泊位/100 m² 建筑面积					
			机动车	非机动车	摩托车	机动车	非机动车	
天津市	综合医院 专科医院	住院部				0.3	0.5	2010
		其他部分	1.0	0.5				
	疗养院		0.3	0.5				
	社区卫生服务中心		0.4	3.0				
	独立门诊		1.5	1.5				
兰州市	医院		0.5	1.5				
哈尔滨市	一类医院		3.0					
	二类医院		2.0					
	独立门诊部		1.0					
昆明市	医院		1.0	1.5				
重庆市	办公、商业、医院 五星级酒店		1.0					
西安市	医院		0.5					
长沙市	市级及市级以上医院		0.8	3				
	其他医院		0.6	4				
武汉市	医院	综合医院 专科医院	二环线内 1.0	二环线外 1.2	3			
		疗养院	0.4	0.5	—			
贵阳市	医院		1.0	2.5				2013
南昌市	综合医院 专科医院		一类区域 0.7	二类区域 0.6	三类区域 0.9	一类区域 2.5	二类区域 1.5	三类区域 1.5
	区以下医院 社区医疗设施		0.4	0.5	0.6	2.5	1.5	1.5

执行时间 2012（南昌市）

单位名称	类别划分							执行时间
长春市	省、市级中心医院 专科医院	门诊部分	Ⅰ区 1.2	Ⅱ区 1.5	Ⅰ区	Ⅱ区		2013
		住院部分	0.6	0.8	4.0			
	区级综合医院 专科医院		0.5	0.8				
南京市	综合医院、专科医院	三级医院	一类区域 上限 0.8	一类区域 下限 1.2	二类区域 1.5	三类区域 1.5		2012
		二级及以下医院	0.8	1.2	1.5	1.5		
	社区卫生防疫设施		0.2	0.3	0.3	0.5		
	独立门诊		2.0	2.0	2.0	2.0		

续表

单位名称	类别划分	计算单位					执行时间
		泊位/100 ㎡建筑面积			停车位/每床		
		机动车	非机动车	摩托车	机动车	非机动车	
广州市	综合医院专科医院	A区 0.5-0.7	B区 0.8	3	2		2007
	独立诊所	0.6-0.8	1.0	3	2		
	疗养院	0.3-0.5	0.5	3	1		
郑州市	医院（社区卫生服务中心）	1.0-1.5	6				2013
成都市	医院 二环路以内	≧0.5	≧3.0				2014
	二环路以外	≧0.8	≧3.0				
合肥市	医院	1.2	0.8				2008
银川市	医院	0.65	2.5				2011
太原市	医院 门诊部/诊所	0.6					2011
	住院部				0.12		
	疗养院				0.08		
沈阳市	综合医院 二环内	0.6					2011
	二环至三环	0.8					
	三环外	1.0					
	独立门诊 二环内	1.0					
	二环至三环	1.5					
	三环外	2.0					
呼和浩特市	市级医院	0.65					2009
	区级医院	0.45					
南宁市	省级医院	1.2-2.0	4				2008
	市级以下医院	1.0-1.5	3				
西宁市	医院	0.5	2.0				2014
乌鲁木齐市	医院	0.5					2009
拉萨市	医院	0.5-0.8	1.5				实际执行
海口市	区级以上医院	0.2-0.4	3.0				2011
	区级以下医院	0.4-0.8	1.5				

续表

单位名称	类别划分		计算单位						执行时间
			泊位/100 ㎡建筑面积				停车位/每床		
			机动车			非机动车	摩托车	机动车	非机动车	
石家庄市	三甲医院		中心区	二环内	其他地区	中心区 / 二环内 / 其他地区				2014
			下限 / 上限	下限	下限					
		门诊部	1.0 / 1.5	1.5	2					
		住院部	0.4 / 0.6	0.8	1	1.5				
	普通医院	门诊部								
		住院部	0.2 / 0.2	0.2	0.2					
	社区卫生服务中心		0.2 / 0.3	0.3	0.5					
	疗养院		— / —	0.3	0.3					
福州市	市级及市级以上医院		0.2-0.3			4				2000
	其他医院		0.4			4				
济南市	市级及市级以上医院专科医院		一类区域	二类区域		4				2012
			1.0-1.2	0.9-1.1						
	区级综合医院、专科医院		0.8-0.9	0.7-0.8		4				
	社区卫生服务中心		0.4-0.5	0.3-0.4		4				
杭州市	综合医院专科医院		Ⅰ	Ⅱ	Ⅲ			Ⅰ Ⅱ Ⅲ		2013
		门诊部	1.0	1.3	1.5					
		住院部						0.3		
		其他配套设施	0.5	0.7	0.7					
	社区卫生站		0.4	0.4	0.4					
	疗养院		0.4	0.4	0.4					

注：不包括台湾、香港、澳门。

表3-6 部分地级城市医院建筑配建停车泊位标准汇总表

单位名称	类别划分	计算单位					执行时间
		泊位/100 ㎡建筑面积			停车位/每床		
		机动车	非机动车	摩托车	机动车	非机动车	
秦皇岛市	市区级综合医院专科医院	1.0	5.0				2012
	休疗养院	0.5	1.5				
唐山市	医院	1.5	5				2008

续表

单位名称	类别划分		计算单位					执行时间
			泊位/100 ㎡建筑面积			停车位/每床		
			机动车	非机动车	摩托车	机动车	非机动车	
邯郸市	省市级综合医院专科医院	门诊部	1.0	1.2				2012
		住院部	0.5	0.7				
	区级综合医院专科医院	门诊部	0.5	0.6				2012
		住院部	0.3	0.5				
	社区医院社区卫生服务中心	门诊部	0.4	0.4				
		住院部	0.3	0.3				
	疗养院		0.4	0.4				
邢台市	市级及市级以上医院		0.4	4				2006
	其他医院		0.3	4				
沧州市	医院		1.5	5.0				2009
包头市	医院		1.0	5				2011
巴彦淖尔市	医院、门诊所		≥1.5	≥0.30				2007
鄂尔多斯市	医院		0.5	1.5				2011
乌兰察布市	医疗卫生设施		0.65	0.4				2013
大同市	市级医院		1.0	5				2012
	社区卫生服务中心（卫生院）		0.5	5				
长治市	市级医院		1.0					2014
	社区卫生服务中心（卫生院）		0.5					
临汾市	市级及以上医院		0.5					2008
	市级以下医院		0.4					
晋中市	医院		0.4	5				2010
忻州市	门诊部/诊所		0.4	1.8				2014
	住院部					0.12	0.3	
	疗养院					0.08	0.24	
晋城市	医院		0.6	3.0				2014
吕梁市	医院		0.4	5				2004
青岛市	医院		2.0-3.0					2003
烟台市	医院		2.0-4.0					2004
威海市	医院		1.0					2008
潍坊市	市级及以上医院		1.0-1.5					2008
	其他医院		0.8-1.0					
枣庄市	市区级综合医院		2.0	2.0				2006
	其他医院诊疗所		0.3	1.5				
	疗养院		2.0	1.0				

续表

单位名称	类别划分	计算单位					执行时间
		泊位/100 m²建筑面积			停车位/每床		
		机动车	非机动车	摩托车	机动车	非机动车	
济宁市	市级及以上医院	0.6	4.0				2008
	其他医院	0.4	5.0				
菏泽市	市级及以上医院	1.0	4.0				2012
	其他医院	0.6	5.0				
德州市	市级及以上医院	0.5-1.2					其他医院
	其他医院	0.2-0.6					
日照市	医院	1.0					2013
泰安市	市级及市级以上医院	1.0	4.0				2014
	其他医院	0.6	5.0				
滨州市		Ⅰ区 / Ⅱ区 / Ⅲ区					2014
	市级及以上医院	1.0 / 0.6 / 0.5	4.0				
	其他医院	0.6 / 0.4 / 0.2	5.0				
厦门市	市级医院	0.3-0.4					2010
	其他医院	0.2					
泉州市	市级及以上医院	1.0-1.5	5				2011
	独立诊所	2.0	5				
漳州市	市级以上医院	0.3-0.4	5				2004
	其他医院	0.2	4				
莆田市	市级医院	0.5	5				2009
	其他医院	0.3	5				
龙岩市	市级医院	0.6					2010
	其他医院	0.5					
新乡市	医院	2.0	4.0				2012
	休疗养院	2.0	1.0				
许昌市	市级及以上医院	1.0					2011
	市级以下医院	0.8					
鹤壁市	医院	0.3	2.0				2005
南阳市	市、区级医院						2013
	其他医院、诊疗所						
信阳市	市级医院						2014
	其他医院						
驻马店市	医院	0.5	5.0				2009
洛阳市	市级及以上医院	1.0					2012
	市级以下医院	0.8					
漯河市	市级医院	0.4	1.5				2011
	区级医院	0.2	1.5				
濮阳市	市、区级综合医院	2.0	2.0				2006
	其他医院、诊疗所	0.3	1.5				
	疗养院	2.0	1.0				

续表

单位名称	类别划分		计算单位					执行时间
			泊位/100 m²建筑面积			停车位/每床		
			机动车	非机动车	摩托车	机动车	非机动车	
蚌埠市	综合医院		0.25-0.5	2.0-3.0				2012
淮南市	医院		0.2-0.3	4.0				2009
马鞍山市	综合医院、专科医院		1.0	1.0				2014
	社区卫生防疫设施		0.5	1.0				
淮北市	医院		0.8	1.0				2011
亳州市	医院		1.0	1.5				2010
安庆市	医院					0.02	0.03	2012
铜陵市	综合医院		3.0	5.0				2015
	社区医院		1.0	5.0				
黄山市	医院		0.8	1.2				2014
安庆市	医院		0.8	1.2				2013
芜湖市	医院		0.6-1.0	5				2010
巢湖市	医院		0.8-1.0	1.5				2012
盐城市	医院		0.3	3.0				2007
滁州市	医院（不含门诊）		1.0	2.0				2010
	门诊		2.0	1.0				
六安市	医院		1.0-0.8	1.5	1.0			2013
宣城市	医院		0.8	1.2				2012
宿州市	医院		0.8	1.2				2014
池州市	综合医院专科医院		Ⅰ下限	Ⅱ下限				2014
		三级医院	0.8	1.5				
		二级及以下医院	0.5	0.7				
	社区卫生防疫设施		0.2	0.3				
	独立门诊		2.0	2.0				
宁波市	市、区级综合医院 专科医院		1.2					2014
	社区医院、独立诊疗所		0.5					
	疗养院		0.4					
	福利院、养老院		0.3					
温州市	区级综合医院	门诊楼	0.4	5.0				2007
		门诊楼	0.1	5.0				
宁波市	Ⅵ医院、福利院	Ⅵ-1 市、区级综合医院、专科医院	1.2	3.0				2014
		Ⅵ-2 社区医院、独立诊疗所						
		Ⅵ-3 疗养院	0.5	2.0				
		Ⅵ-4 福利院、养老院	0.4	1.0				
		Ⅵ-1 市、区级综合医院、专科医院	0.3	0.9				

续表

单位名称	类别划分		计算单位					执行时间
			泊位/100 ㎡建筑面积			停车位/每床		
			机动车	非机动车	摩托车	机动车	非机动车	
嘉兴市	区级及区级以上医院		1.0	4				2014
	其他医院		1.0以上	3				
	疗养院		0.6	1				
金华市	市、区级综合医院	门诊部	0.5					2008
		住院部				0.1/每床		
	区级综合医院、专科医院	门诊部	0.3					
		住院部				0.08/每床		
	疗养院		0.4					
舟山市	市级及市级以上医院		0.3	1.5				2005
	其他医院		0.3	1.5				
	疗养院		0.4	1.5				
常州市			一类区域		二类区			2013
			下限	上限				
	市、区级综合医院		1.0	1.5	1.5	1.0		
	社区医院		0.5	0.8	0.8	1.5		
	专科医院		1.0	1.5	1.5	1.5		
	卫生防疫站		0.4	0.6	0.6	3.0		
苏州市			一类区域		二类区域	三类区域		2015
			下限	上限	下限	下限		2015
	综合医院		1.5	1.7	1.5	1.5	1.0	
	专科医院		1.0	1.1	1.0	1.0	1.0	
	社区医疗		0.8	0.9	0.8	0.8	2.0	
	其他医疗用地		0.8	0.9	0.8	0.8	1.0	
连云港市	综合医院		1.5	1.0				2012
	社区医院		1.0	1.5				
	专科医院		0.6	2.0				
	卫生防疫站		0.6	3.0				
扬州市	市级综合医院		0.5	5				2010
	区级综合医院、专科医院、社区医院、诊所疗养院		0.3	3				
南通市	医院		0.25—0.3	3				2012

续表

单位名称	类别划分	计算单位					执行时间
		泊位/100 m²建筑面积			停车位/每床		
		机动车	非机动车	摩托车	机动车	非机动车	
淮南市	综合医院	1.5	1.0				2013
	社区卫生服务中心	1.0	1.5				
	专科医院	1.2	1.5				
	其他卫生医疗	0.8	3.0				2013
陇南市	医院	0.5	1.5				2014
定西市	医院(公共建筑)	不小于0.67					2013
庆阳市	医院	0.8	1.5				2014
天水市		一类区域下限	一类区域上限	二类区域下限	三类区域下限	Ⅰ	Ⅱ	Ⅲ		2014
	综合医院、专科医院	0.5	0.7	0.7	1.0	4	3	2		
	社区卫生防疫设施	0.2	0.3	0.3	0.5	5	3	2		
	独立门诊	2.0	2.0	2.0	2.0	2	2	2		
大连市	医疗设施	Ⅰ区 0.5-2.0	Ⅱ区 0.7-2.5	Ⅲ区 0.8-2.5			2013
鞍山市	三级医院	1.0					2014
	二级医院	0.8					
	一级医院、独立门诊及专科医院	0.6					
十堰市	医院	0.3-3.0					2007
荆州市	医院	1.0-3.0	1.0-2.0				2008
	独立门诊	0.5-0.6	1.0-2.0				
襄樊市	医院	2.0	3.0				2008
荆门市	医院	2.0	3.0				2012
随州市	医院	1.0-2.0					2012
	独立门诊部	0.5-0.6					
宜昌市	公共建筑	不小于0.8					2014
咸宁市	市级医院	0.3-0.4					2011
	其他医院	0.2					
黄石市	综合、专科医院	1.0	3.0				2011
	疗养院	0.5					
汕头市	市级医院	0.5	0.2-0.3				2014
	市级以下医院 社区医疗设施	0.3-0.4	1.5-2.5				

续表

单位名称	类别划分	计算单位					执行时间
		泊位/100 m²建筑面积			停车位/每床		
		机动车	非机动车	摩托车	机动车	非机动车	
深圳市	独立门诊	一类区域：0.6-0.7					2014
		二类区域：0.8-1.0					
		三类区域：1.0-1.3					
	综合医院、中医院、妇儿医院				一类：0.8-1.2/病床		2014
					二类：1.0-1.4/病床		
					三类：1.2-1.8/病床		
	其他专科医院				一类：0.5-0.8/病床		
					二类：0.6-1.0/病床		
					三类：0.8-1.3/病床		
	疗养院				0.3-0.6/病床		
珠海市	区级以下医院	每个诊室设1-2个车位 2.0-2.5	1.5		每个诊室设1-2个车位 2.0-2.5		2014
	区级以上医院	2.0-2.5	1.2		0.4-0.8/病床		
佛山市	综合性医院	≥1.0	≥4				2011
	独立门诊	≥1.0	≥4				
中山市	医院	镇区 1.5 / 中心城区 2.5					2010
	门诊部	1.0	2.0				
汕尾市	医院	2.0-2.5					2013
湛江市	综合性医院						2010
	独立门诊						
东莞市	>300床的医院				≥0.6	10	2012
	100-300床的医院				0.5-0.8	15	
	<100床的医院				0.3-0.6	10	
	独立门诊	2.0-3.0				15	

续表

单位名称	类别划分	计算单位					执行时间
		泊位/100 m² 建筑面积			停车位/每床		
		机动车	非机动车	摩托车	机动车	非机动车	
肇庆市	综合性医院	≥1.0	≥4.0				2011
	独立门诊	≥1.0	≥4.0				
清远市	市级医院、综合医院	1.5					2014
	社区医院、门诊部	1.0					
茂名市	区级及以上级别医院	0.4-0.8			2.0-2.5		2013
	区级以下医院	2.0-2.5			1.0-2.0/诊室		
汉中市	办公建筑	0.5	2.5				2005
榆林市	医院	0.5	1.5				2009
安康市	医院	0.5	1.5				2010
六盘水市	医院	1.0	3.0				2012
安顺市	医治、住院楼	0.5					2009
	独立门诊	1.0					
	综合楼	0.8					
自贡市	医院	中心城区以内 ≥0.5	中心城区以外 ≥0.3				2009
眉山市	医院	0.8	1.5				2012
绵阳市	医院	1.0	1.5				2013
达州市	医院	0.5					2009
广元市	医院	0.8	1.5				2014
资阳市	市级	0.65					2013
	区级	0.45					
乐山市	市级及以上医院	老城区 1.0	新城区 1.0	3.0			2012
	市级以下医院 社区医疗设施	0.5	0.5	3.0			
德阳市	医院	旧城核心区域 0.6	其他区域 0.8				2011
南充市	医院	1.0	5.0				2013
雅安市	医院	0.5	1.5				2007
桂林市	医院	0.4	1.0				2011
柳州市	社区卫生服务中心	0.5	0.5				2014
	综合医院	1.0	1.5				
北海市	医院用地		1.0	0.8			2012
	卫生防疫用地	0.4	0.8				
	特殊医疗用地	0.3	0.5				
	其他医疗用地	0.3	0.5				

续表

单位名称	类别划分	计算单位					执行时间
		泊位/100 m²建筑面积			停车位/每床		
		机动车	非机动车	摩托车	机动车	非机动车	
防城港市	综合医院	≥0.5	≥4				2012
	独立门诊	≥1.0	≥4				
百色市	综合医院	0.5	1.5-2.0				2011
	独立门诊	1.0	3-5				
益阳市	县、区级以上医院	0.7	3.0				2010
	其他医院	0.5	4.0				
岳阳市	市级及以上医院	0.8					2009
	其他医院	0.6					
湘潭市	市、区级综合医院	0.3-0.5	5.0				2010
	其他医院、诊疗所	0.2	3.0				
	疗养院	1.0	1.0				
常德市		Ⅰ区下限 / Ⅱ区下限 / Ⅲ区下限	下限				2012
	综合医院、专科医院	0.5 / 0.8 / 1.0	4.0				
	社区卫生防疫设施	0.2 / 0.3 / 0.5	3.0				
	独立门诊	2.0 / 2.0 / 2.0	2.0				
郴州市	市级及市级以上医院	1.0					2013
	其他医院	0.8					
娄底市	区级以上医院	1.0					2014
	其他医院	0.5					
邵阳市	市级及市级以上医院	0.5	4.0				2004
	其他医院	0.4	5.0				
	独立门诊部	0.3	5.0				
株洲市		一类区域 / 二类区域 / 三类区域					2010
	市、区级综合医院	0.5 / 0.6 / 1.0					
	其他医院、诊疗所	0.3 / 0.4 / 0.5					
	疗养院	1.0 / 1.5 / 2.0					
衡阳市	市级及市级以上医院	1.5	3.0				2011
	其他医院	0.5	4.0				
湘西自治州	医院	0.5-0.8	4.0				2014
		1.5	5.0				
曲靖市	医院	0.8	1.5				2012
丽江市	医疗设施				0.6/病床		2013
克拉玛依市	医院	0.5	5.0				2010

续表

单位名称	类别划分	计算单位 泊位/100 m²建筑面积 机动车	非机动车	摩托车	停车位/每床 机动车	非机动车	执行时间
齐齐哈尔市	医院	0.5					2013
牡丹江市	公共建筑	≥0.5					2013

3.1.1.3 国家现行标准存在的问题

一是配建标准较低，地方标准高于国家标准。由于国家制定标准的时间早，当时我国城市机动车保有量较低，医院就医人群选择机动车出行方式的比例不大，配建标准整体水平偏低。经过对我国163个地级以上城市医院建筑物配建停车场指标的统计发现：医院建筑物配建停车场各地方标准平均值比2012年统计的76个地市以上城市的平均指标0.59泊位/100m²建筑面积提高到0.8泊位/100m²建筑面积。高于《全国民用建筑工程设计技术措施：规划·建筑·景观》2009年版，市级医院每1000m²建筑面积建议配置65个停车车位。

二是分类简单，计算标准单一。我国医院是分级别进行管理的，根据《综合医院建设标准》，综合医院各类用房占总建筑面积的比例见表3-7。

表3-7 部分地级城市医院建筑配建停车泊位标准汇总表

规模 部门	200床	300床	400床	500床	600床	700床	800床	900床	1000床
急诊部	3		3.1		3.2		3.3		3.4
门诊部	19		19.4		19.8		20.2		20.6
住院部	36		36.5		37		37.5		38
医技科室	24		23.5		23		22.5		22
保障系统	9		9		8.5		8		8
行政管理	4		4		4		4		4
院内生活	5		4.5		4.5		4.5		4

由此看来，国家标准将营业面积限定在门诊和住院部面积之和，同医院建筑物分类标准有不一致的地方，如表3-7中，门急诊和住院部营业面积占医院总建筑面积的58~62%，在执行中会造成标准的降低。在统计的163个城市医院建筑物配建停车场标准中，没有一个城市标准是严格按照国家标准将门诊和住院部面积之和作为计算单位的。163个地方标准中，有111个城市的医院建筑配建在数值上高于0.65泊位/100m²建筑面积；161个城市的医院建筑物配建标准采用100m²建筑面积作为计算单位，但没有限定营业面积指门诊和住院部面积；11个城市的医院建筑物采用病床数作为计算

单位，占统计城市的 6.7%。

64 个城市的医院建筑物配建标准将医院划分了级别，如省市级、区级，占统计城市的 39%；9 个城市医院建筑物配建标准将医院划分为门诊部和住院部，占统计城市的 6%。

三是没有考虑医院建筑物的区位因素和医院建筑物的特性。在同一个城市中，不同区域的土地使用和开发程度存在差异，使得各区域在城市经济结构、生产力布局中占有各自的地位，也使得各区域在停车需求的强度上有所不同。此外，不同的建筑物也有不同的需求特征。例如：医院建筑是开放的公共场所，存在门急诊就诊人群、医疗服务人群、教学科研人群、住院陪护探视人群等，医院规模和医疗技术水平决定了就医的人群数量；医院建设中的控制指标，如床位数、门急诊人数、医院的等级、医护人员的数量又决定着最大能够接纳的患者数量；国家医疗保障和改革政策、医院诊疗技术手段和流程的改进也会造成就医人群数量的波动。同时，医院土地利用规模的限制和周边交通环境条件制约着停车空间的建设。

3.1.2 我国医院建筑物停车场配建影响因素分析

3.1.2.1 机动车保有量区位因素

城市机动车保有量是影响停车需求的直接因素，通常的研究结果是每增加 1 辆机动车将增加 1.2~1.5 个停车泊位需求。从动态角度来看，区域内平均机动车流量的大小不但影响该区域停车设施的总需求量，而且影响停车设施高峰时的需求量，如果一味地满足停车需求，则会造成该区域动态交通的紊乱，应通过制订配建指标的底限值来人为控制停车需求总量，促使动态交通和静态交通停车场建设趋于平衡。按照我国各地城市规划技术规程的要求，医院建设和选址根据其服务半径的要求多在城市中心区域，且交通便捷。随着出行方式的变化，前来医院就诊的人群使用机动车的概率高于其他出行方式。就医时间的特点又会加剧停车高峰和低谷，门诊时间结束后医院停留的门诊就医人群会马上减少，停车需求量高峰随之趋于平稳。

3.1.2.2 医院建筑物功能特点

通过分析我国医疗卫生事业的行业特点和国外的停车场建设发展政策，在城市卫生资源规划编制中，医院床位数是最重要的指标。一般县级以上城市每千人口医院床位 4~6 张，县级以下地区每千人口医院床位 2~4 张。《综合医院建设标准》中，床位数指标又是确定医院建筑物总面积的重要指标，门急诊人次数量又限定床位数的上限指标。医院中医护人员数量同医院规模和床位数量设置也有相关规定。大型综合医院一般均承担医疗、教学、科研三大工作，在医院里工作和服务的人群在数量上比较多，其工作性质决定了医院停车场的使用特点与其他公共建筑有所不同。医院是 24 小时不间断运行的，门诊人群分时段出现，停车时间相对集中。研究数据表明，各类业务骨干和关键岗位的职工应占职工总人数的 30%~40%，以保证医院正常运转和应付突发情况的能力。要求职工的居住不能过于分散，而且要离医院较近。事实上，我国住房政策的改革、城市房地产中住宅的开发，使越来越多的医护人员远离医院居住，驾车上班的人员逐年增多。近年来，我国医院改扩建项目国家投入逐年增加，原址拆建后增加了医院建筑的总面积，同时也使医院原有的土地空间减少，医院建筑规模扩大，就医人数会急剧增多，停车泊位需求也会大大提高。

3.1.3 我国医院建筑物停车场配建对策分析

① 修订国家规范，落实地方技术规程。1988年公安部、建设部制定的《停车场规划设计规则（试行）》中关于公共建筑配建停车场的建设标准需要修订。根据目前全国31个省会城市的地方配建标准，医院建筑配建标准计算单位要考虑其他影响因素，如病床数、医院级别、门急诊人数、职工人数等指标，同时要考虑医院的区位因素和周边动态交通、静态交通环境情况，在执行配建标准时采用必要的相关因素修正系数。

② 我国省会城市综合医院采用不低于0.8泊位/100m^2建筑面积的标准比较合适。建议在土地和投资许可的前提下，可以将配建指标做到1.0~1.2泊位/100m^2建筑面积。事实上，如果没有停车方面的约束，其实际停车需求可能更高。在保障医院就医客流对停车位基本需求的同时，还要尽可能控制医院通勤出行的停车位供给，以便更充分发挥配建车位的作用。

3.2 医院路内、路外停车场（库）布局

3.2.1 路内停车场（库）的布局形式及相关规定

3.2.1.1 路内停车场（库）布局形式及特点

路内停车是指设置于城市道路红线之内的停车设施，通常称为道路停车。其中路内停车又分为路上停车和路边停车两种。通俗地讲，路内是指在一般的公众场合，停车场有一条白线，车必须停在里面。路内停车场和一般固定停车场不同，主要用于短时停车，起到周转作用。

医院路内停车场主要有平行式、斜列式、垂直式三种，平行式应用较多。路内停车库分平行式、垂直式，但都较少采用。

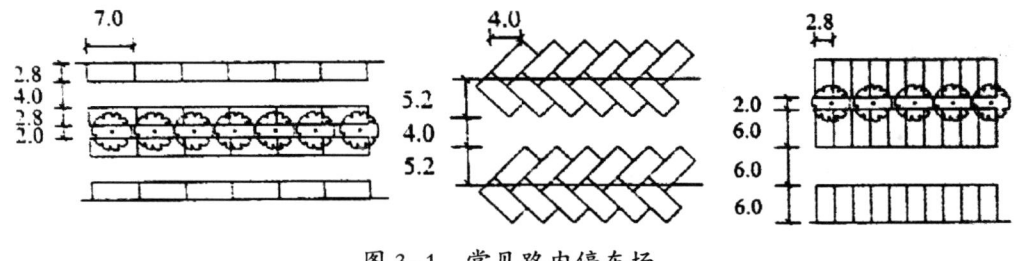

图3-1 常见路内停车场

平行式：即车辆平行于通道停放。采用这种形式，车辆驶出方便，适宜停放不同

类型、不同车长的车辆，但一定长度内停放车辆数最少。

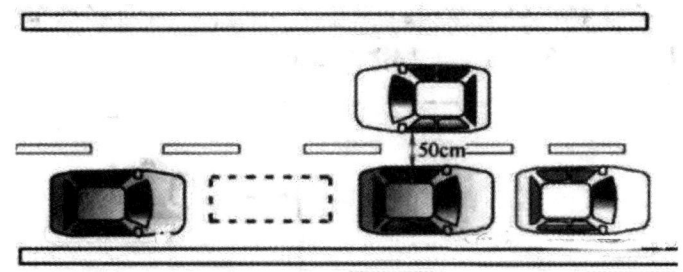

图 3-2　平行式路内停车场

斜列式：即车辆与通道成斜角停放，一般按 30°、45°、60° 三种角度停放，适用于场地宽度受到限制的地方。采用这种形式车辆驶入驶出方便，可迅速疏散。

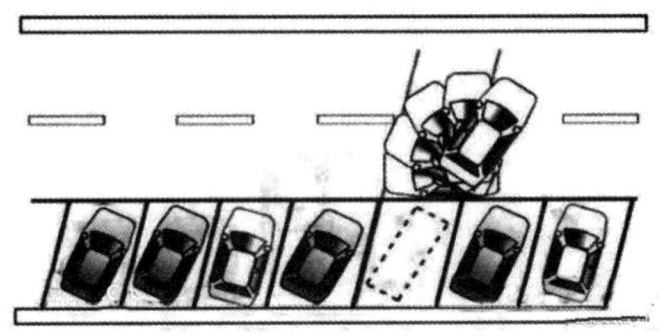

图 3-3　斜列式路内停车场

垂直式：即车辆垂直于通道停放。采用这种形式一定长度内停放车辆数最多，用地节省，但停车带较宽，车辆进出要倒一次，须留较宽的通道。

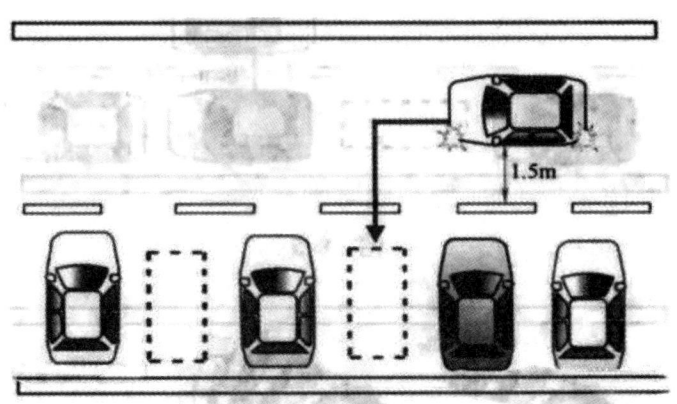

图 3-4　垂直式路内停车场

多个停车泊位相连组合时，每组长度宜在 60m，每组之间应留有不小于 4m 的间隔。路内停车泊位应考虑设置残疾人专用停车位，数量应不少于停车泊位总数的 2%。

3.2.1.2 路内停车场（库）布局的相关规定

《城市道路路内停车泊位设置规范》（GA/T 850—2009）规定了路内停车泊位设

置的一般要求和不宜设置的路段，可供参考。

（1）路内停车泊位设置一般要求

① 路内停车泊位的设置应遵循保障道路交通有序、安全、畅通的原则；

② 路内停车泊位的设置应当处理好与机动车、非机动车和行人交通的关系，保障各类车辆和行人的通行和交通安全；

③ 停放周转率应以停车需求调查和预测为基础，合理确定路内停车泊位数量，集约利用道路资源；

④ 路内停车泊位可依所在地区、道路编号，可建立相应的停车诱导系统，并可与路外停车诱导系统、城市的交通管理系统等进行有机衔接；

⑤ 人行道设置路内停车泊位，应满足承载要求；

⑥ 路内停车泊位的标志和标线设置应按 GB 5768—2009(《道路交通标识和标线》)的规定执行；

⑦ 路内停车泊位与服务对象目的地之间的距离，不应大于 200 m；

⑧ 距路外停车场出入口 200m 以内，不宜设置路内停车泊位。

（2）不应设置停车泊位的路段和区域

① 快速路和主干路的主道；

② 人行横道，人行道（依《道路交通安全法》第三十三条规定施划的停车泊位除外）；

③ 交叉路口、铁路道口、急弯路、宽度不足 4m 的窄路、桥梁、陡坡、隧道以及距离上述地点 50m 以内的路段；

④ 公共汽车站、急救站、加油站、消防栓或者消防队（站）门前以及距离上述地点 30m 以内的路段，除使用上述设施的；

⑤ 距路口渠化区域 20m 以内的路段；

⑥ 水、电、气等地下管道工作井以及距离上述地点 1.5m 以内的路段。

3.2.2 路外停车场（库）的布局原则及要求

路外停车是指设置于城市道路红线范围以外的各种停车设施，主要包括建筑物配建停车场（库）和社会停车场，是停车的主要方式。

医院路外停车场布局主要有平行式、斜列式、垂直式三种，垂直式应用较多。路外停车库分地上与地下两种。医院路外停车场（库）的规划及建设并无具体规范，此处借鉴路外公共停车场的选址及布局相关规定。

（1）布局原则

① 符合城市总体规划和城市综合交通规划的相关要求；

② 符合"就近、分散、方便"的原则；

③ 兼顾配建停车场，并注意结合轨道、商业中心等设置；

④ 远近结合原则，即停车场的建设既能满足近期需求，也能为未来发展提供预留空间；

⑤ 节约用地原则，尽量减少拆迁，在用地紧张的地区可思考立体停车设施。

（2）布局要求

① 需要考虑周边用地的规划和建设条件，要与周边土地利用协调布局；

② 考虑拟建停车场（库）土地的建筑改造可能性，提高土地利用效率；

③ 连接停车场（库）出入口的城市交通道路，通行能力满足建成后产生的新增加交通量；

④ 考虑到设施使用率和经济效益，容量应适当；

⑤ 避免产生人车冲突，造成安全隐患。

需要注意的是，医院路内、路外停车场及道路应满足车辆行驶和停放的要求，应平整、防滑、耐磨；最大纵坡小于8%；停车场及道路应满足雨水排放要求，道路纵坡不应小于0.2%，停车场纵坡不应小于0.3%。

3.3 医院停车场（库）设备应用及选型

3.3.1 机械式停车设备应用情况

3.3.1.1 机械式停车设备发展情况

世界上第一座机械式立体停车库1920年诞生于美国，至今已有90多年历史。随着汽车工业在全世界范围内的迅速发展，城市停车难成为大多数国家、地区共同面对且亟待解决的社会难题。在应对和破解城市停车难问题的过程中，欧洲和亚洲国家采取的措施虽有不同，但立体化停车是各个国家都积极采取的重要措施，尤其是全自动化的机械立体车库，在很多国家和地区都得到了快速发展。在亚洲国家和地区，机械式停车设备采用较早、应用较为普遍的是日本、韩国和我国台湾地区。目前，上述国家和地区机械式停车设备的生产市场已基本饱和，行业已经发展到成熟阶段。

在欧洲国家，开发和生产机械立体车库比较早的是德国和意大利，多数欧洲国家在现代城市发展进程中早已将停车规划纳入其中，已有的立体车库多为自走式车库及全自动仓储类机械停车设备，半自动简易式机械式停车设备应用量相对较少。

（1）邻近国家和地区机械式立体车库的发展情况

机械式停车设备在各国呈现出不同的发展阶段。亚洲的机械式停车设备技术起源于日本。日本从20世纪60年代初开始开发机械式停车设备，在90年代初得到了高速发展，品种也从相对单一发展为多种形式。目前日本国内机械式停车设备的生产市场已基本饱和，行业已经发展到成熟阶段，收入主要来源于为客户提供的设备更换、维修和保养等综合化服务。

邻近国家和地区机械式立体车库的发展情况	
日本	20世纪60年代，开始开发、推广应用机械式立体停车设备
	80年代，开始向韩国、中国台湾地区出口产品和技术
	90年代初，机械式立体停车设备得到高速发展，年增长率30%以上，品种从相对单一发展为多种形式
	90年代至今，开发生产出九大类近百个品种，包括停放自重不大于13t的大型客车、载货汽车、自卸车、工程车等的机械式立体停车设备。机械式立体停车场超越单纯的停车功能，与城市环境融为一体，成为具有较强实用性、观赏性和经济开发价值的城市建筑
韩国	20世纪70年代中期起步，开始发展机械式立体停车设备
	80年代为引进阶段，从日本引进机械式立体停车库相关技术和产品
	90年代为供应使用阶段，各种机械式立体停车设备得到了普遍的开发和利用，年增长速度达到30%
	2000年至今，各种自动化停车设备发展迅速，行业已经发展到成熟阶段
中国台湾地区	20世纪60和70年代，公共停车和民间停车场分别有80%和70%是地上和地下的平面停车场，机械式设备基本无发展
	80年代开始引进日本技术，进入起步阶段：1980年引进日本技术，建造了第一座立体停车库
	90年代初，快速发展阶段：进入起步进口开放，机械式立体停车设备得到快速发展，停车设备行业进入发展高峰期阶段
	90年代至今，行业进入稳步发展阶段

图 3-5 邻近国家和地区机械式立体车库的发展情况对比

（2）我国机械式停车设备行业发展历程

我国机械式停车设备的研发和使用始于 20 世纪 80 年代。我国从 1984 年开始研发机械式停车设备，1988 年在北京建成首座升降横移类机械式停车库。这一时期企业根据客户要求自行开发设计产品，市场上产品的种类较少且技术单一。90 年代起，国内外许多企业开始看好中国的停车行业，通过设立合资企业、技术引进等方式，将国内廉价的生产成本与国外成熟的技术相结合，参与停车行业的竞争。2003 年以后，各企业为增强自身的竞争力，开始对引进的技术进行充分消化，并根据国内的实际使用情况进行改造与创新，走上自主开发的道路。经过十余年的快速发展，目前我国立体停车设备的品种满足率达到 90% 左右，产品国产化率达到 90% 以上，并具备了向国外出口的能力。

我国机械式立体停车设备发展历程	
1984 年	开始研发机械式立体停车设备
1988 年	首座机械式停车库在北京建成,二层升降横移类,68 个泊位
1997 年	首座垂直循环类机械停车在北京建成,26 泊位
1997 年	首座垂直升降类停车库在上海黄河路建成(1994 年建成样库)
1998 年	首座多层循环类车库在天津建成,24 个泊位
1998 年	首座巷道堆垛类车库在深圳建成,186 个泊位
2001 年	首座平面移动类车库在大连建成,64 个泊位
2005 年	首座水平循环类车库在北京建成
2007 年	全国新增机械式停车泊位突破 10 万个
2008 年	全国机械式停车泊位累计突破 50 万个
2013 年	全国新增机械式停车泊位突破 50 万个,累计泊位总量突破 200 万个
2015 年	国家发改委、财政部、国土资源部、住建部、交通运输部、公安部、银监会等七部委联合发布了《关于加强城市停车设施建设的指导意见》等文件
2016 年	全国机械式停车泊位累计突破 400 万个

图 3-6 我国机械式立体停车设备发展历程图

截至 2016 年年底,中国机械式停车设备行业主要统计数据:

取证企业:停车设备属于特种设备,2016 年年底取证企业有 500 多家;

从业企业:2016 年有业绩企业 113 家,年生产安装 72.8 万个泊位;

出口数量:2016 年出口 38 个国家和地区,总计 2.3 万个泊位;

累计车位:国内历年生产 408 万个机械泊位;

产量分布:行业前 20 强企业,总泊位 47 万个,占行业的 66%。

3.3.1.2 机械车库迅猛发展带来的问题

根据《机械式停车设备分类》(GB/T 26559—2011)规定,我国停车设备分为九大类,但中国九大类停车设备使用率普遍不高。其中,升降横移类(PSH)、简易升降类(PJS),业内称为"铁架子车库",日本与韩国称为"多段式"车库,欧美称为"半自动类车库"。这类车库占比超过 80%,使用率仅为 30%。大部分业主选择在地下室安装二层或三层此类设备,一般多是地面层车板在使用中,二三层停车设备处于闲置状态。有些车库因长期不使用,导致生锈报废,成为死库或半死库,甚至有部分城市规划局还限制或禁止出现此类车库。

具体原因如下:一方面,中国五六百家设备生产商中,95% 的厂商能提供此类低端半自动停车设备;大部分设备厂商技术落后、不专业,导致在方案设计、产品生产、安装、维保等环节常出现问题；另一方面，司机或车主在使用此类车库时体验性差，比考驾照还难。业主对于9大类立体停车设备、几十种类型设备购买时选择困难，建筑设计师甚至是停车设备销售推广人员，对设备的性能、技术经济指标等表述不清晰，造成业主只采用造价最低的立体停车方案，选择最便宜的停车设备，最后导致客户对此类设备，甚至是对整个立体停车设备行业存在不好的印象，并对立体停车库予以否定。

平面移动类（PPY）、巷道堆垛类（PXD）和垂直升降类（PCS）停车设备平均使用率相对较高。选择此类高端全自动车库的业主多是一线城市、高端物业，尤其是持有经营的物业，对停车设施的质量和品质要求高，物业管理能力较强，车库的使用率较高。但从供给侧看，中国几十家高端全自动车库厂商中，PPY、PXD机器人全自动车库技术多源自欧洲，垂直升降技术来源于日本，大部分厂商没有引进最新的技术，车库使用率也不尽如人意。此类设备技术含量高，要求行业经验丰富，生产工艺及安装工艺先进，经过三十多年的发展，中国有十多家厂商实力较强，但这十多家厂商的技术水平相差也较大。

3.3.2 医院停车场（库）设备类型及选择

3.3.2.1 常见停车方式

根据车辆进出停放运行的状态，停车方式通常划分为自走式停车方式和机械式停车方式。

自走式停车方式：司机通过平面车道或多停车面衔接通道自己驶入（出）泊位，从而实现车辆停放的方式（运用钢结构建设的多层平面停车场也属于自走停车方式）；机械式停车方式：运用机械设备将车辆运送到指定泊位而实现车辆停放的方式。

自走式停车方式的缺点：存取车高峰时段，驾驶者不但花费大量时间寻找车位，还要多走路消耗体力。存车时驾驶者在寻找车位的过程中，汽车低速行驶增加了尾气排放，不环保；停车场的建设成本高，建设周期长。

对比内容	平面自走式停车方式	普通立体停车 PSH 与 PJS	自动立体停车 PPY 与 PXD
占用地表面积	34~45 平方米	30~35 平方米	16~20 平方米
占用空间体积	140 立方米	55 立方米	30 立方米
使用方便性	习惯	不习惯	很方便
车辆安全	不安全	很不安全	很安全
气温影响	能耗高、易影响	能耗高、易影响	能耗低、易恒温
通风照明能耗	高	高	无
设备运行能耗	无	低	较低
使用维护成本	无	高	较高
管理人员工资	较高	较高	较低
单车存取速度	2~5 分钟	3~6 分钟	2 分钟
连续存取车效率	驾驶水平与管理水平	驾驶水平与管理水平	与驾驶水平和车库管理关系不大
人影响存取效率	大	很大	很小
车位余量发布	困难	困难	容易
停车诱导	不方便	不方便	很方便
并入城市交通网	不方便	较方便	很方便
自动收藏管理	不方便	不方便	很方便
适合停车类型	商业与办公停车免费停车	住宅小区免费停车或包月停车	商业办公收费

图 3-7 停车方式对比

3.3.2.2 机械停车设备需求侧分类

根据《机械式停车设备分类》（GBT 26559—2011），机械停车设备共分 9 类，而最常用的有 5 类：PSH、PJS、PPY、PXD、PCS。

从客户与用户的角度，按照需求侧划分标准重新归类，便于使用推广。按需求侧划分标准：泊位是固定的还是可移动的；车辆是机器搬运到泊位上，还是司机驾驶到泊位上；设备构筑物或建筑物。

原来九大类停车设备可以从使用者角度按照车位固定或者可移动以及车辆是机器停放还司机自己倒车到车板上重新归类为 A、B、C 三类。

A 类：机器人搬运立体车库——2 类（PPY、PXD）；
B 类：多层机械立体停车库——6 类（PSH、PJS、PCX、PSX、PDX、PCS）；
C 类：传统多层平面停车场——1 类（PQS）。

（1）A 类对应设备：PPY 平面移动类、PXD 巷道堆垛类。

基本特征：车库整体形态为建筑物或构筑物。停车位是建筑楼板固定不动，车辆停放在停车位上，机器搬运车辆而非司机开车至泊位上。

主要优点：车辆停放在建筑楼板上更安全；车库内主要为建筑物（构筑物），停车设备数量少、日常保养部位少、设备故障率低；机器设备自动调转车头，进出口无须倒车；对用户驾驶技术要求低，设备对停偏车辆可自动纠偏等。

图 3-8　A 类设备示意图：PPY 平面移动类停车设备

图 3-9　A 类设备示意图：PXD 四立柱巷道堆垛式停车设备

图 3-10　A 类设备示意图：PXD 两立柱巷道堆垛式停车设备

（2）B类对应设备：PSH升降横移类、PJS简易升降类、PCX垂直循环类、PSX水平循环类、PDX多层水平循环类、PCS垂直升降类。

基本特征：纯设备、"金属鸟笼子"，整个车库是安装在一个建筑空间的设备，人员、车辆、停车设备共处一个建筑空间。停车位是金属载车板，载车板悬挂于钢丝绳（链条等）上，停车位可移动，存车时载车板移动至地面，司机将车辆倒至载车板上，设备将车辆停放至指定空间。

主要优点：与建筑物之间关系简单，一般安装于室外空间，二三层设备也可以安装于地下室。

图3-11 B类设备示意图：PSH升降横移类

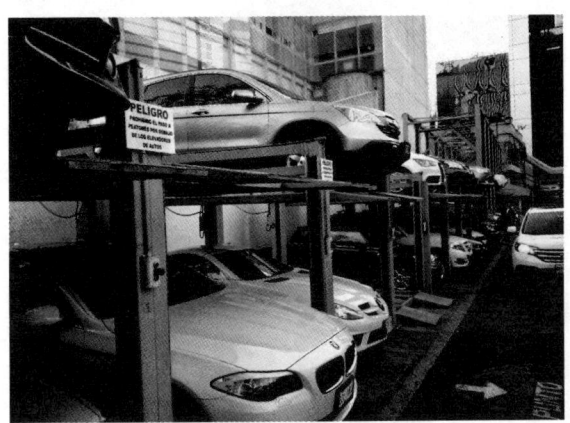

图3-12 B类设备示意图：PJS简易升降类

图3-13 B类设备示意图：PCX垂直循环类

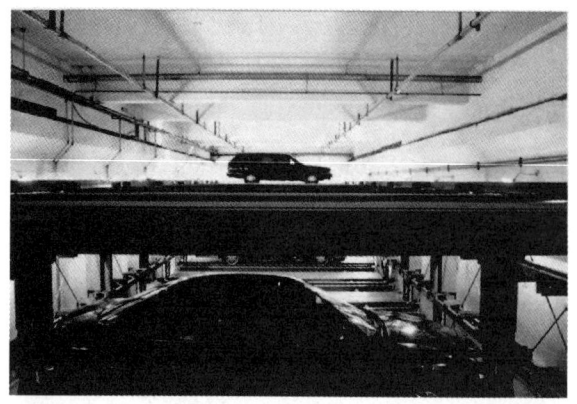

图 3-14　B 类设备示意图：PSX 水平循环类

图 3-15　B 类设备示意图：PDX 多层水平循环类

图 3-16　B 类设备示意图——PCS 垂直升降类

（3）C 类对应设备：PQS 汽车升降机。

基本特征：本质上就是传统地面停车场，只是建筑建成了多层，不同层之间设置坡道或者汽车升降机，基本特征是泊位为固定的建筑楼板，需要司机将车辆开至泊位上。

主要优点：最接近驾驶者的停车习惯。

图 3-17　C 类设备示意图

（4）9 类停车设备的其他形态。

近年来，机械式停车设备，特别是全自动停车设备获得了飞速的发展，不断出现新的产品和机型。从设备角度而言，目前市场上新增设备类型都可以归到 9 大类设备中。

① 大升降机或大轿箱或大平台类。此类设备又分为两种情况。一是不带汽车搬运器的大升降机类，其本质上属于垂直升降类设备，也就是常说的停车塔。与标准塔库相比，大升降机的成本相对标准塔略低，但升降机大多采用四吊点提升，平台重量相对标准塔库升降机要重得多，导致垂直提升速度下降；汽车直接开到主升降机上，人车共入库内，且刹车或汽车启动对升降机产生冲击，安全性相对有搬运器的车库要低一些，对于没有存取车高峰且成本相对敏感的情况下，可以考虑此类设备。

二是大升降机设备带有车辆搬运器，本质上是属于平面移动类，是平面移动类变形。与标准平面移动设备相比，此类设备的升降机提升速度较低，成本也相对较低。

图 3-18　设备示意图：大升降机类

②地上圆形塔库或者地下深井类。此类车库的本质也是平面移动类变形，平面移

动类车库就是三维运动+旋转调头机构+电控，车辆出入库是搬运器来搬运。

早期也有汽车直接开到升降机上，没有搬运器来搬运车辆，这类直接开到升降机上的车库，本质是垂直升降类车库。与标准垂直升降或平面移动相比，这类车库垂直速度是存取车瓶颈，效率略低，汽车直接驶上升降机，人车共入，安全性相对汽车不直接驶入库的平面移动略低一些。

图3-19 设备示意图：地上/地下圆形车库

③ AGV泊车。早期AGV应用于汽车生产线、仓储物流等柔性需求的环境中，AGV的发展也经历了三个阶段。

第一代是有板AGV。有板AGV用于停车时，每次存取车都必须送空板和取空板，同样环境参数和设备速度指标情况下，有板AGV的效率要打折扣。同时汽车必须停放到车板上，而车板面积很小，司机很难将汽车停放到车板的正中间，设备没有对车辆纠偏的功能。

图3-20 第一代有板AGV

第二代是梳齿AGV。为了克服有板AGV来回倒车板的不足，市场上出现了固定梳齿交换AGV。这类AGV虽然每次存取车时不需要送空板和取空板了，但是车辆必须停放到出入口固定的梳齿盒子中，AGV 不能直接从地上搬起车辆；而且每个停车位的地方，也必须全部安装与 AGV 耦合的梳齿，否则 AGV 不能将车辆直接停放到车位的地面上，总之每次交换都是在相互耦合的梳齿架上进行。梳齿交换 AGV 也没有增加有效泊位，也没有提高存取车效率，与传统平面停车场相比，司机将车辆停放到指定盒子中，降低了停车体验。AGV 对行走地面的平整度也要求很高，AGV 也不能爬坡度较大的坡。

图 3-21　第 2 代梳齿 AGV 停车位上的耦合梳齿架

第三代是直接搬运 AGV。第三代 AGV 没有载车板，也不需要在出入口和停车位上安装梳齿架，AGV 直接到汽车下面，通过 8 个折叠臂来挤压轮胎，把汽车抬起。第三代 AGV 弥补了第一代、第二代 AGV 的短板，但对地面平整度、行走通道坡度要求并没有降低，汽车轮胎没有气了或者方向机没有打正，也容易出现故障。

AGV 只是传统平面停车场的一个补充，如果道路非常平整也没有较大坡度的情况下，第三代 AGV 可以用于代替司机将车辆自动送到车库的出入口，有点类似自动驾驶汽车自动找车库出入口情况，第一代与第二代 AGV 都不能用于将车辆自动搬运到车库出入口的情况。

3.3.2.3 医院停车场（库）设备的选择

（1）医院宜大力推广机器人自动车库（A 类自动车库）

PPY 平面移动类为高端全自动车库，在高端全自动车库大类中，其凭借高可靠性、高停车密度、高进出库效率和高停车体验等特征，适合医院停车需求，宜大力推广。

《中国医院建设指南》（下文简称"指南"）（2015 年版）中，第二篇章医院专项工程建设指南—第 15 章医院停车场系统建设显示，机械式停车设备宜选择 PSH 升降横移和 PPY 平面移动类。PSH 属于 B 类立体停车方式，PPY 属于 A 类立体停车方式，指南建议小于 150 个泊位可选用 PSH，规模小主要便于医护人员固定停车，超过 150 个泊位建议选用 PPY 机器人自动停车，主要适合大规模、公共用途停车。

中国工程建设标准化协会标准——《医院建筑绿色改造技术规程》中，医院停车章节显示：鼓励采用立体停车、停车楼、地下停车库等多种节约用地的方式，提供更多车位便于使用。机械停车设备选型宜参考《中国医院建设指南》中有关医院停车场系统建设指南：机械立体停车泊位小于150个泊位时，可选择PSH升降横移类停车设备，超过150个泊位时，宜选用PPY平面移动类、PXD巷道堆垛类停车设备，因这些设备具备自动纠偏功能的搬运器，一定程度上降低了立体车库的停车难度。

（2）A类平面移动车库核心模块汽车——搬运器发展演变介绍

从全自动车库（主要指A类设备）发展演变过程看，可以将其分为两大类：早期有载车板交换车库和现代主流搬运器（无载车板车库）自动车库。履带交换式、滚轮交换式为中间过渡产品，界于有车板车库与无车板车库之间。

有载车板自动车库（没有搬运器），按照发展先后顺序有以下类型：单车板交换车库、双车板异步交换车库、双车板异步交换车库和出入口带车板库。

现代主流搬运器类车库（没有载车板），按照发展先后有以下类型：第一代折叠臂搬运器车库、第二代固定臂搬运器车库、第三代伸缩臂搬运器车库、第四代浮动伸缩臂搬运器车库和第五代AI浮动伸缩臂搬运器车库。

立体停车库种类繁多，根据自动化程度不同可简单地分为两大类：低端半自动车库和高端全自动车库。低端半自动车库中，司机自己将车倒至机械设备载车板上，是人车共入的开放式车库；而高端全自动车库，则是搬运器（搬车机器人）把车辆搬至停车位上，人却不入库。

3.3.2.4 医院选择机械立体停车方式应注意的问题

机械式停车设备是新事物，从国内短短十几年的发展过程来看，行业从业企业良莠不齐，而消费者在选择机械式停车设备时，也存在不同程度的倾向。

① 过度关注车库作为产品，而忽视其设施、构筑物和建筑物属性。机械式停车设备是光机电一体化技术密集型产品，尤其是高端产品，对方案规划、设备选型、设备设计、生产、安装、使用操作、维修保养等各环节均是专业性很强的工作，负责任的企业推出的合格产品成本也较高。但多数消费者认为，停车设备只要完成固定动作即可，有些企业缺乏经验，无长远发展规划，偷工减料，坑害消费者，甚至迎合一些单位仅满足建筑配建标准需要，不考虑车库使用效率及物业未来需求。

将立体车库看作设备，其实包含多种技术：机械、钢结构、自动控制、通信、软件等；将立体车库看作建筑物或构筑物或设施，其实涉及多个行业：建筑、结构、消防、通风、交通等。应该说车库既是设备，又不仅仅是设备。

② 过度车库产品买卖而忽视前期方案设计和后期售后保障。消费者在选择建设立体车库时，主要精力放在购买哪家厂商的产品，工期多长，车库性能和配置等，而忽视了售前和售后。好的售前做法是先研究需求并进行方案选型，静态地看立体车库是一座建筑物，车库的外形与大楼要和谐；动态地看立体车库是城市交通的一部分，不仅

要研究单位车辆类型和出行规律，还要研究周边道路，通过合理规划出入口，优化方案、定型等一系列的准备工作后，才能根据方案确定设备类型，进入到设备采购环节。车库建成后要使用几十年，备品备件储备和供应与企业寿命有关。企业寿命就是企业有没有核心竞争力，这些方面如果让车库消费者识别与判断是比较困难的。

③ 过度关注停车密度而忽视使用效率。部分缺乏经验的设备厂商，一味追求立体车库的车位数，以此在客户面前大表其功。其实车位数不一定越多越好，应该在高效率的基础上，追求车位数的最大化。例如有些车库减掉几个车位，运行效率却大幅度提升。对社会开放的公共车库来说，若每车位的日周转率越高则越好。要建设高密度车库，特别是在异形空间中建设高密度车库，需要厂家经验丰富，且需要有丰富的系列车库产品组合设计，才能满足高密度。

④ 过度关注产品生产条件，忽视车库方案设计能力和产品的技术水平。高端产品厂商主要比拼的是技术研发能力、编程能力、方案设计能力，而低端产品主要比拼的是生条件及生产资源，因为低端产品主要是钢材加工。机械式停车设备为非标产品，使用寿命达30~40年，而同样产品类型和技术档次的产品，一定要考虑生产厂商的生产安装能力，持续有效地专业维修、保养对设备运行的稳定性和使用寿命非常关键。只有竞争力强的企业才长寿，长寿的企业才能承诺有效的售后服务，持续提供备品备件。

⑤ 过度关注车库颜值而忽视车库实际使用中的稳定性和客户体验。评价立体车库的好坏，有五个基本要素：安全、密度、效率、成本和体验。首要是运行安全稳定，在设计、制造、安装等环节严格进行质量控制。每个零件的材质、每一道工序都应严格按照要求进行，即使每个零件都是合格的，没有按照安装工艺要求安装，最后的成品库也会不断出现故障，寿命会大打折扣。

⑥ 过度关注产品硬件配置而忽视软件编程。消费者比较容易注意到设备的立柱、横梁和纵梁的H型钢是不是够大，是不是知名厂商的产品，板材是不是够厚，焊接是不是符合要求，电器件是不是欧洲品牌等，但却对软件等软性、隐性指标提的很少。作为设备大脑的软件，对全自动化仓储式高端车库尤其重要。设备在任何情况下的动作，都是软件控制的，停车设备作为二次集成开发的成套设备，虽然材质和器件很重要，但更为关键的还是集成开发后成套设备的综合性能。

3.3.3 医院停车场（库）设备评价

医院停车是城市停车最难的地方之一，要保证医院停车设施的稳定运行，在不影响就医环境，提高医院社会窗口服务质量的同时，医院停车设施规划、设计、建设、设备造型必须考虑以下五个方面。

① 高可靠性——医院是窗口行业，停车多面向社会公众服务，大量车辆进出医院，首先要求车位的高可靠性，保证人车安全后，继而考虑较高的车位周转率。高可靠性

才能保证车辆安全、司机安全、日常检修人员的安全、周边闲杂人员和宠物误入的安全、停车设备安全、建筑物或构筑物的安全。

② 高密度——医院停车位缺口普遍较大，而可以用来建设停车设施的地上、地表或地下空间资源也很有限，医院扩建停车设施首推机器人全自动车库。高密度车库主要是从思想意识上提高对异形空间规划设计出高密度自动车库的能力，停车难的地方都是"边角料"地块，并不是方方正正的地块。

③ 高效率——医院停车位周转率要求很高，每天进出医院车次达成千上万，如果立体停车位的泊位使用效率不高，是对医院停车资源的浪费。仅有高密度停车是不够的，只有同时具有高效率的车库才是好的车库。人们评价高效率时，往往只关注单次进出库时间，而忽视了连续进出车时间。连续进出车时间包括了两个时间：设备动作时间、司机占用出口的时间，只有并行方式，才是高效率的立体车库。

④ 高性价比——单车位综合建设成本与运行保养成本要经济，医院停车与商业设施停车还有不同，医院带有公益性质，短期不宜采取市场化过高的收费方式。

⑤ 高舒适度——高质量的停车体验是永远的追求，特别是医院停车，有利于改善医患关系，提升医院环境。

3.4 我国医院停车规划设计与设备选型案例

3.4.1 山东省交通医院南院 PPY 机器人智能车库

3.4.1.1 项目简介

山东省交通医院始建于 1950 年，是集医疗、科研、教学、预防保健和康复为一体的省属三级综合性医院。医院位于山东省济南市无影山中路，东临济南市汽车站总站，具有复杂的交通人流关系，医院就诊、探视的人员车辆日益增多，医院的停车位紧缺、停车的设施滞后，急需解决停车难题。该院规划建设的智能车库位于该医院南院地下空间，分 A 库和 B 库，共计车位总数 308 个，以解决医院停车难问题。

3.4.1.2 设计方案

本次规划建设的智能机器人车库项目分 A 库与 B 库，共计车位数量 308 个。A、B 机械车库均采用地下 PPY 四层机械车库，出入口层为地面层，出入口 4 个。A 库出入口位于无影山路的一侧，B 库出入口位于西工商河路的一侧，交通组织流畅。南院区主要车行流线通过机械车库出入口直接进入地下，再通过机械车库出入口进入不同的城市道路。

图 3-22 车库位置

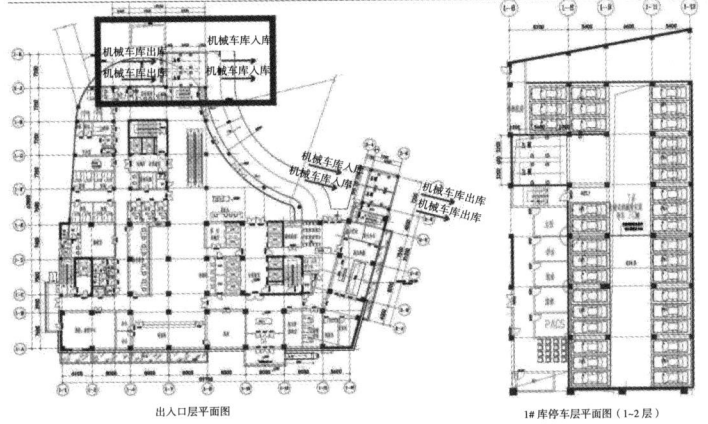

图 3-23 A 库 140 辆平面图

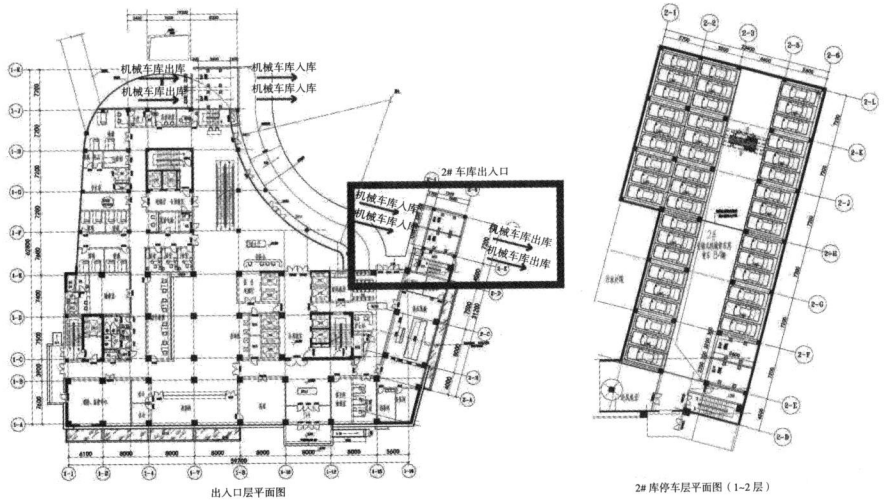

图 3-24 B 库 168 辆平面图

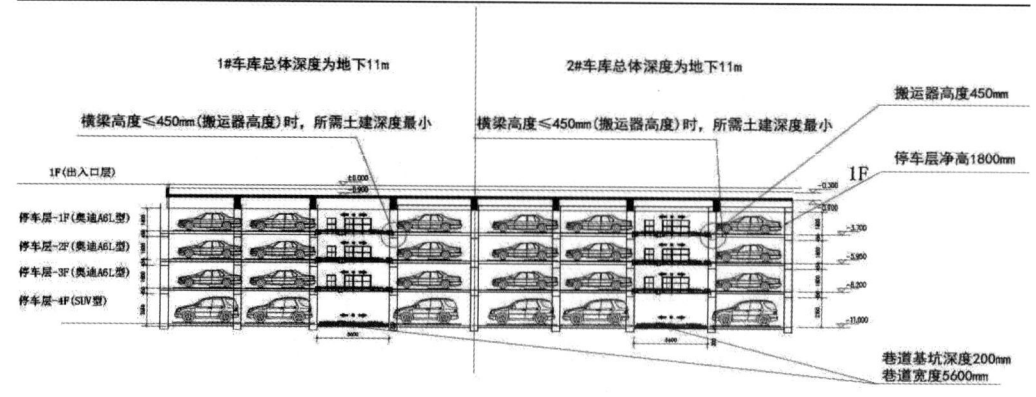

图 3-25 车库剖面设计图

3.4.1.3 设备选型与特点

山东省交通医院南院智能车库采用机器人平面移动（PPY）立体停车库。本方案采用穿越式出入口，4个出入口，4部出入口升降机，8台横移搬运车，8台搬运器。项目设置电动车充电设施接口，其余车位满足加装充电设施条件。

表 3-8 停车指标

项目	A 库	B 库
车位	140 个	168 个
出入口升降机	2 个	2 个
横移台车	4 个	4 个
搬运器	4 个	4 个
出入口	2 个	2 个
停车层数	4 层	4 层

本项目升降机用于巷道内，将搬运台车（带搬运器）及车辆升降至指定层。升降机采用链条或齿条传动，安全保障系数高；机械式平层定位装置可保证搬运器存取车时升降平台的稳定性，采用符合国家标准的车库专用高强度双排链条，安全系数大于7级；升降机具有平层锁紧装置，控制系统采用旋转编码器平层定位；升降机机构设置防坠装置、制动装置及缓冲器等安全装置，保证设备运行更加安全可靠。

横移台车横移速度达到2m/s；横移台车设驱动装置、导向装置、位置检测装置等，保证在高速运行、频繁使用状态下的安全性、平稳性、牢固性、准确性。

采用伸缩臂智能搬运器，提升重量大、搬运速度快、行走稳定、车辆对中精准。系统6种运行模式，自动识别车辆大小，自动存放车辆到"大""中""小"三种车位上；搬运器对出入口停偏车辆自动纠偏，搬运器厚度低，车辆运行时重心较低，运行平稳可靠；空间利用率高，对土建要求较低，降低了土建成本，提高了车库泊车密度，缩短了启动和制动距离，提高了存取车速度，是新一代搬运器的代表。

控制系统主要由以下部分组成：主控制箱盘、可编程控制器、电磁接触器键式控制盘、光电开关、定位及极限开关、安全装置等。系统具有远程诊断功能，设定远程IP地址就可以监控程序、诊断故障等，进出口内有多种检测装置，当进出口内有移动物体、超过停车尺寸时，设备自锁不得启动。

采用了新一代机器人平面移动（PPY）立体停车库，综合性价比高。车库封闭运行，通风、照明节能环保、噪声小、扩展性好，可以在库内植入充电桩、增加无水洗车等增值业务。

3.4.2 北京大学首钢医院平面移动式机械停车库

3.4.2.1 项目简介

北京大学首钢医院是一所集医疗、教学、科研、预防保健为一体的三级综合医院，始建于1949年10月，是北京大学附属医院、北京大学教学医院、北京大学临床学院、石景山区区域医疗中心。位于北京市石景山区晋元庄路，占地面积65600m^2，建筑面积117000m^2，编制床位1006张。医院日均门急诊量为4000人次，医院原有地面停车位220个，地下停车位70个，每日进出车辆2800车次，停车非常困难，群众反映强烈。随着车流量的日益增多，因停车引发的矛盾日益突出，停车问题亟待解决。

为解决停车困难，医院在住院楼北侧与洗衣房南侧中间的空地建设立体停车库，分南北两跨，每跨设4个停取车口，共计8个，车位总数455个，基本解决了停车问题。

3.4.2.2 停车现状

医院停车位数量在2012年之前一直为151个，至2016年，院区几经改造，停车位数量才增加到353个，对于目前每日2000多车次的流量而言无疑是杯水车薪。

按照上述停车位数量与日车流量数据的差距，"停车难"问题在医院尤为突出，对医院和社会造成了很大的影响。

① 医院内停车位不足，导致大量机动车排队堵塞在医院入口，严重影响市政道路的正常通行，院外机动车和非机动车及行人秩序混乱，造成很大的交通隐患，也妨碍了急救车辆及消防车辆的进出，存在医疗隐患和安全隐患。

② 对于患者而言，停车困难就意味着等待停车的时间很长，在本就身体不舒适的基础上会产生更焦躁的情绪，这种情绪会直接影响医患关系。

③ 医院内停车位不足，对于医护人员也影响很大，医护人员往往要很早到达医院，才可能占有一席停车之位，不影响正常时间开展工作。长此以往，医护人员休息时间无法得到保证，影响身体健康。

3.4.2.3 设计方案

该院规划建设的智能车库位于南院地下。平面移动式机械停车库主要由钢结构货架停车位、升降机、固定停车台、搬运台车、搬运器、检修设施和自动控制管理系统组成，设置2个6层高的巷道，设置8台升降机（每巷道4台，分别设置在车库的南北两排），20台搬运台车和20台搬运器（除地面层外，每个巷道的每层分别设置2台搬运台车和2台搬运器），共计455个停车位。

其参数为：二层，5.3m（长）×1.9m（宽）×1.8m（高）；三层至六层，5.3m（长）×1.9m（宽）×1.55m（高）；载重≤2000kg。

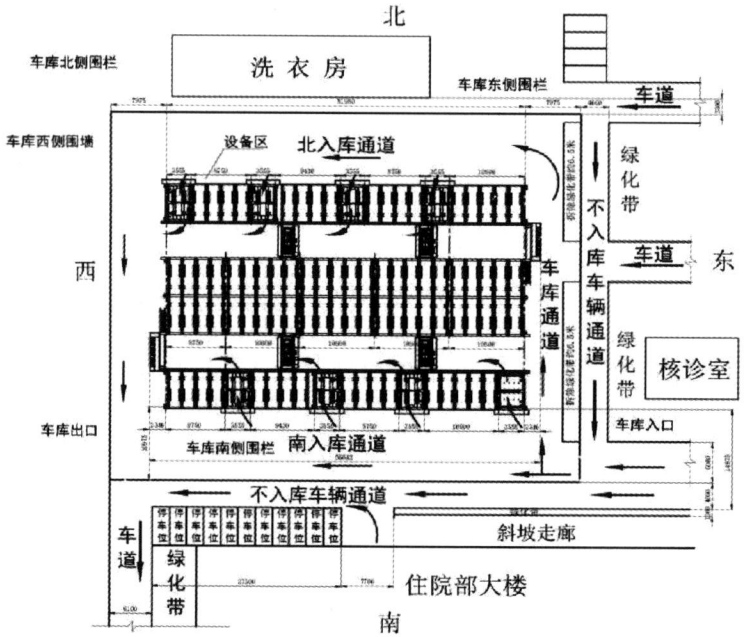

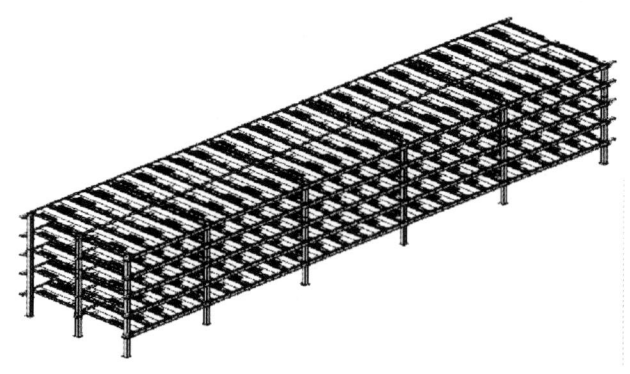

图 3-26 车库平面布局图

3.4.2.4 设备特点

① 容车密度大，土地利用率高。
② 搬运器和升降机分别动作，快速处理，存取车效率高。
③ 自动化程度高，存取车方便，一次按键即可完成存取车。
④ 出入库口分离，存取车作业可同步进行，存取车效率较高，保证良好的存取车秩序。
⑤ 全封闭式结构，人不进库，充分保证人身安全。
⑥ 设有多重安全保护措施，安全可靠，确保人车安全。
⑦ 设计灵活，可根据医院车流量情况，对存取车效率进行调整，相应地增加或减少穿梭车和搬运车数量，通过各主要设备不同配比设置，充分满足使用要求。
⑧ 采用组合装配式全钢结构，造型美观，结构紧凑，便于运输和现场安装。
⑨ 冗余设计：主要设备均采用冗余设计，个别设备故障时，不影响整个系统的正常运行；出入库口均具备存车和取车功能，互为备份。
⑩ 计算机和触摸屏综合管理，全面监视设备的运行状况。
⑪ 设有各种机械和电气保护措施，充分保证作业安全。
⑫ 减少汽车尾气排放，清洁环保。
⑬ 一般不需要强制通风，无大面积照明，节约能量。
⑭ 遮风避雨，防盗，防破坏。

3.4.3 北京大学第三医院垂直升降类双栏提升式停车楼

3.4.3.1 项目简介

北京大学第三医院（以下简称"北医三院"）始建于1958年，是原国家卫生计生委管的集医疗、教学、科研和预防保健为一体的现代化综合性三级甲等医院。现有在岗职工4861人，开放床位1755张。医院设有36个临床科室、10个医技科室。十余年来，北医三院门、急诊量始终居北京市各大医院前列。2017年，年服务门急诊患者近399.11万人次，年服务出院患者10.31万余人次，年手术量6.15万余例次，每日出入医院人流量约5万余人、平均日车流量3000余辆。

为了解决患者停车难的问题，医院不断挖掘内部资源，2016年完成全院道路规划后，地面车位由249个增至349个，供患者和职工停车。2017年医院利用自有用地，邀请专业的投资公司、设计单位、建设单位、监理单位制定立体停车库建设方案，打造集智能化、便捷化于一体，同时具备高度安全稳定性的立体车库。

3.4.3.2 设计方案

医院建设立体停车库场地长度约43m，宽度约22m，设备限高24m。场地东侧、北侧及西侧紧邻现有建筑，南侧为出入口。根据场地空间特点，结合我国有关标准，本着技术先进、运转可靠、操作方便、维修简单、高性价比的原则,本项目采用双栏提升式机械式停车设备,设计6库并联的方案,共6个出入口,总停车规模为281个车位。

本项目是北京市海淀区支持社会资源投资建设停车设施的第一例工程项目,受到政府各界和行业内部的高度关注。立体停车库采用垂直升降类双栏提升技术,集高度的便捷性、安全性、稳定性和智能性于一身,而且存取速度较快,最远距离车辆存(取)时间不超过80秒,有效解决医院就诊人群集中时段存取车辆的问题。

停车库采用PLC全智能控制系统,通过光、电、感应装置巧妙配合,实现只需车辆驾驶员点击存、取按钮即可完成车辆的存入取出操作,设备显示清楚、操作简单,每个存车人都能自己操作,使用非常方便。立体停车库设备自动化运行系统牢固准确,保证了在高速频繁的运转过程中全部设备的稳定性。为了确保安全,车库设有自动喷淋和消火栓灭火系统,烟感、红外对射等自动火灾报警系统,多种安全装置的设置也大大提高了车库整体的安全性能。日常六个车库只需一名值班人员,实现了高度的管理能效,降低了人力管理成本。同时,该立体停车库占用空间小,空间利用率高,极大地提高了车库泊车密度。

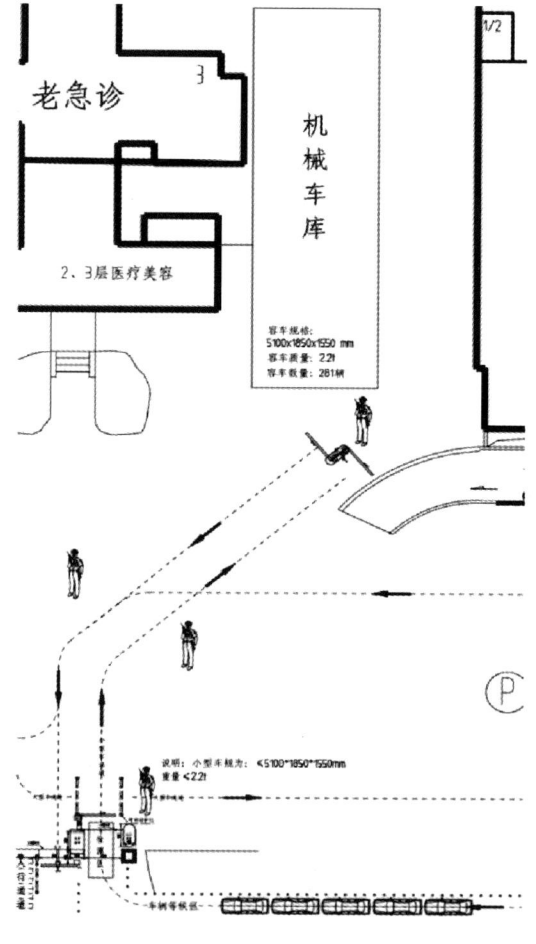

图3-27 立体停车库位置图

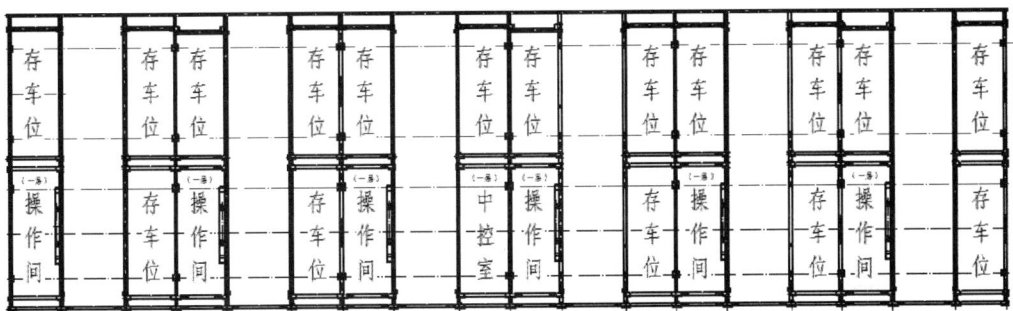

图 3-28 立体停车库俯视图

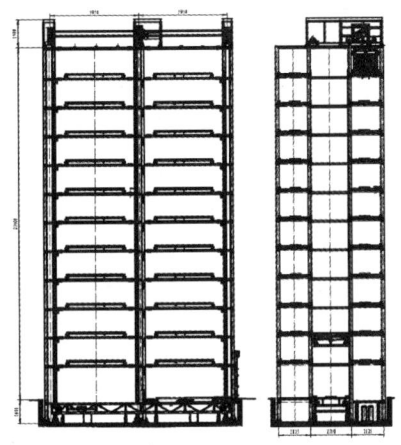

图 3-29 立体停车库剖面图

图 3-30 现场照片

3.4.3.3 设备选型与特点

项目车库的设备基本参数，如下表所示。

表 3-9 项目车库设备基本参数表

建设地点	北京市海淀区花园北路 49 号北京大学第三医院门诊楼西侧
主体建筑类型	停车楼
建设时间	2017 年 5 月
竣工时间	2018 年 4 月
存放车辆数目（辆）	281
单套设备停车数量（辆）	47/46
基底建筑面积（m²）	580
层数	12
车库结构类型	钢结构
停车类型	大型车
容车尺寸（长×宽×高：mm）	5100×1850×1550

续表

容车质量（kg）	2200
单车最大存（取）时间（s）	80
设备类型	垂直升降类双栏提升式
控制方式	电脑 PLC 控制
单组设备最大用电负荷	35kW

设备特点：

① 框架关键部位采用双立柱结构形式，以保证良好的刚性和工作状态中设备的稳定性，结构部分按照 9 度抗震进行设计，大大提高了设备的安全性。

② 采用双提升栏结构的提升机，提升机上升的同时，台车可以在提升机上运行，缩短了设备存取车时间（公司专利）。

③ 采用摩擦轮存取车装置本系统是一种高端智能化的停车系统，提高了存取车的安全性和精准度，平稳、可靠、适应性强（公司专利）。

④ 升降机的升降运行，采用位置计数、层数开关和激光测距仪，三重装置进行检测，保证位置的准确和起停的平稳。

⑤ 存车用的载车板采用独有的整体成型结构，刚性好、变形小。适合任何在停车尺寸范围内的车型，无车型前后轮距的限制。车辆所有的动作过程全部靠运送载车板来实现，设备与车辆无任何接触，对车辆更加安全。

⑥ 设备的核心动力——减速电机，采用国际著名的德国 SEW 品牌，使用寿命长、运行稳定可靠、噪音低。

⑦ 升降和纵移采用变频调速，合理地控制设备的运行速度，确保起动、停止平稳，无冲击。

⑧ 车库 PLC 全智能控制系统，可实现按键、刷卡、微信等全功能操作，以高自动化、高可靠性、操作简单保证了每个使用者都能操作。

⑨ 结构简单、故障点少，所有机构的动作全部由 PLC 和变频器控制电机运转来实现，无须其他任何介质转换。

⑩ 可通过网络实现远程监控、远程诊断，方便客户。

第4章　医院停车场（库）投资与建设

何嘉欣　杨振宇　姬伟峰　杨守业

在市场经济中，企业融资方式总体来说有两种：一是内部融资，即将自己的储蓄（留存盈利和折旧）转化为投资的过程；二是外部融资，即吸收其他经济主体的储蓄，将其转化为自己投资的过程。随着技术的进步和生产规模的扩大，单纯依靠内部融资已经很难满足企业的资金需求，外部融资成为企业获取资金的重要方式。

4.1 医院停车场投融资

4.1.1 医院停车场建设中金融工具的分类

在医院的停车场建设中,采用较多的是外部融资,根据建设的停车场经营属性选择融资模式,实现融资渠道多元化。停车设施项目按其经营属性可分为经营性项目、准经营性项目和非经营性项目三类。这里主要介绍目前较为实用的五种项目融资模式,即BOT、TOT、PPP、ABS、TBT融资模式。

4.1.1.1 BOT融资模式

BOT模式(Build — Operate — Transfer)即建设—经营—转让模式,BOT至少有三种基本形式,它们分别是标准BOT模式、BOOT模式和BOO模式,是指通过与医院方签订特许经营权协议,停车场项目的特许经营权授予投资方(一般是停车场投资单位)安排融资、设计、建设、运营停车场项目。项目开发商根据事先约定经营一段时期以收回投资、赚取利润。经营期满后,项目的所有权和经营权将被转让给医院方。所以,BOT模式也被称为"暂时私有化"的过程。

4.1.1.2 TOT模式

TOT模式(Transfer — Operate — Transfer)即转让—经营—转让,是指医院方把已经投产运行的停车场项目在一定期限内移交给外资(或内资)投资商经营,以项目在该期限的现金流量为标的,一次性从投资商那里获得一笔资金以用于建设新的项目。投资商经营期满后,再把该项目设施无偿移交回医院方。TOT模式作为BOT模式的一种变通形式,其实质是一种先付租金的租借模式,并不涉及项目的设计和施工,因此它是一种不完全等同于传统BOT模式的新型项目融资模式,特别适合于有稳定收益、运营周期长的停车场项目的融资。

4.1.1.3 PPP模式

PPP模式(Public-Private Partnership)即公共政府部门和私人企业合作模式,是指公共部门、营利性企业和非营利性企业基于某个项目而形成的相互合作关系的形式。该模式是由政府部门或地方政府通过政府采购形式与中标单位组成的特殊目的公司签订特许合同(特殊目的公司一般是由中标的建筑公司、服务经营公司或对项目进行投资的第三方组成的股份有限公司),由特殊目的公司负责筹资、建设及经营的一种融资模式。合作各方在参与项目期间,私人企业并不承担项目的全部责任,而是由参与合作的各方共同承担责任和融资风险。此种融资模式适用于政府方发起的把医院方的停车场资源和社会停车场资源打包,共同投资建设,协同发展。

4.1.1.4 ABS模式

ABS模式(Asset Backed Securitization)的全称为"资产支持证券化"或"资产证券化"。

最早起源于美国，该模式是以该项目资产的未来预期收益为保证，通过在国际资本市场上发行债券筹集资金的融资方式。ABS 模式的运用范围为居民住宅抵押贷款、信用卡应收款、计算机租赁、保险单、石油储备及各种有价证券等。目前这种模式在中国境内大规模推行还面临着资本市场不健全、法律制度、税收政策、会计准则不完善等方面的问题，这使得 ABS 融资方式目前在中国的应用和发展还不多。但最近有些城市已经成功将停车场资产证券化，如四川省资阳市停车场的 ABS 资产证券化，标的物为约 18 000 个车位 12 年的运营权，融资金额达 3.09 亿元。

4.1.1.5 TBT 融资模式

TBT 模式即将 TOT 与 BOT 融资模式结合起来，但以 BOT 为主的一种融资模式。TOT 的实施为辅助性的，采用其主要是为了促成 BOT。TBT 项目融资模式兼具了两种融资模式的优点，也克服了各自的缺点。这两种模式的结合有两种形式：一是有偿转让（简称 TBTA），即医院通过 TOT 模式有偿转让已建项目的经营权，一次性融得资金后再将这笔资金入股 BOT 项目公司，参与新建 BOT 项目的建设与经营直至最后收回经营权。二是无偿转让（简称 TBTB），即将已建项目的经营权以 TOT 模式无偿转让给投资者，但条件是与 BOT 项目公司按一个递增的比例分享待建项目建成后的经营收益。

4.1.2 停车场投融资建设中的交易结构分析

如何选择正确的融资模式，已成为很多医院和投资者遇到的共同难题。选择正确的融资模式，首先要对停车场建设过程中的交易结构进行分析，继而对交易结构中每个参与主体逐个分析，才能为我们的选择提供科学的依据，减少因融资方案不合理带来的不必要麻烦。

建设过程中的可能参与方包括：院方、投资方和资金提供方等。

① 医院方或医院方代表（平台公司或实施单位）。医院方或医院方代表（平台公司或实施单位）在停车场建设过程中，一般是发起者，其主要职责是手续办理、监察督查、选择投资商。因在整个停车场建设过程中，院方属于资源强势方，信用往往也会被金融机构认可，但是院方往往既不能做融资主体，也不能给予融资担保，所以院方不能对项目融资给予有效支持。

② 投资方（停车场建设投资主体）。这里说的投资方一般是指致力于停车场建设投资的投资单位，包括资产管理公司、停车场专业投资公司、停车场运营管理公司等，但是由于行业发展时间较短，大部分公司都是新成立或成立时间较短，且因为项目单一，并没有足够的现金流，不足以支撑融资需求，需要外部增信或其他保障措施。

③ 资金提供方（基金、信托、融资租赁、银行等金融机构）。因单体停车场建设投资规模较小，金额一般都在几百万至几千万之间，像基金、信托、银行这种大体量资金很难进入项目的建设，现在市面上选择最多的就是融资租赁、保理业务或民营银

行抵押贷款,但是资金成本相对较高。

④运营管理方(停车场的运营管理公司)。停车场的运营管理公司在医院的投资建设运营项目中具备天然的优势,因其管理优势明显,能精确预测未来现金流,但是停车管理公司行业属于人口密集型行业且处于高度分散阶段,其信用不足以支撑项目融资,仍需要借助第三方担保公司。

⑤施工方(土建施工方和立体车库及停车设施供货方)。项目建设过程中,施工方的选择尤其重要,无论是土建还是设备提供方(这里不针对此方面选择做赘述),因施工方的主要利益索取点在施工利润,大部门企业没有实力投资,即使有实力投资也没有专业的团队管理运营,因此,施工方最终很难成为投资方。

⑥保险方(给予停车场建设、运营提供保险服务的公司)。保险在项目这个过程中起着至关重要的作用,因为后期建设时的施工风险、误工风险、设计风险,包括运营过程中的运营风险、第三者责任险等需要相应的保险措施作为投资者的有力保障,避免投资过程中的损失过大。

⑦担保方(给予停车场融资担保承诺的公司)。因停车场的投资金额相对较小,一般以公司信用或项目本身的收益作为保障,担保公司在执行过程中很难介入,所以对项目的选择和设计方案的选型至关重要,对投资方的专业性要求更高。

4.1.3 金融工具在医院停车场建设的应用

金融工具在医院停车场的建设中得以正确应用,首先要了解医院停车难的解决方案,以及在解决过程中遇到的痛点问题。从医院停车的现状和原因分析来看,未来的建设须规划先行、综合协调,着力发展成本低、空间省、效率高、使用方便的停车设施,合理配置医院停车设施,优化医院停车系统,使之适用于医院的整体发展要求。

4.1.3.1 医院停车场建设特点

(1)向上扩充空间,建设立体车库。立体车库拥有节能、节地、绿色、安全四大优点。传统车库的基本要求是车库内照明强,四季通风畅,但其耗电量巨大。自动化立体车库可实现人不入库、低限度照明和通风,大大降低了电能源的消耗。且自动化立体车库最大限度地简化停车环节,车辆行至车库门口即可熄火,碳排放结束,避免车辆进库长距离行驶的尾气排放,减少了对环境的破坏。自动化立体车库从车入场到入位均由智能系统控制完成,司机无须操作,便利快捷。使用后可以弥补医院车位的缺口,解决就医停车难的问题,同时可以有效缓解医院周边道路的交通拥堵状况。

建设立体车库,需注意以下3点:首先,厂商的选择,宜选择产品好、信誉好、技术强的厂家,在同等质量的前提下,售后服务是考核的重点,否则,故障频发、维修不及时将使车库失去效用;其次,应注意装饰与医院周围环境相协调;最后,应规范管理,注意维护与定期保养。

(2)向下寻求空间,建设地下停车场。在新建门诊部大楼、病房大楼或办公大楼时可把地下一层、二层设为大型停车场，可有效缓解停车难的问题。近期若无基本建设项目的老医院也可利用绿化场地进行改造，在大型绿化带下面建设地下停车场。

（3）拓展周边空间，建停设车场。可将医院周边一些附属设施改建为停车场，比如关停的网球场、篮球场、幼儿园等；或与医院周边的生活小区共建停车场，可错时满足各自需求，白天供医院使用，夜间供小区居民使用。

4.1.3.2 金融工具在医院停车场建设中的应用

结合以上特点，医院停车建设过程中，需要施工方、设备方、设计院、运营方等多方同时介入，方能从根本上缓解医院停车难的问题。

从目前市场需求角度来讲，如果投资额度较小，投资额在1亿元以下的项目，针对一、二线城市医院停车场投资建设，采用BOT结合融资租赁方式是最快的也是市场上应用最多的实现方式；针对三、四线城市的医院停车场投资建设建议采用TBT或PPP的合作模式，因其收费标准较低，需要存量停车场的收费保障资金的方可进入得到合理的回报；但是对于集团性质的医院或者大规模的投资，一般指投资金额在1亿以上的项目，建议采用TOT+ABS，PPP+ABS的模式进行，让每个投入到停车场建设中的参与者在获得项目收益的同时，享受资本收益，使得投资者收益最大化。

4.1.4 产融结合——停车场金融未来趋势

随着企业金融服务的需求不断扩大，而金融业的规模及创新发展往往不能及时得到满足，尤其是针对企业发展的特色化个性化金融服务推出不足，不能满足医院停车场投资建设运营管理的需要，因此，产融结合作为一种可高效快速匹配资源的经营模式受到越来越多企业的关注，尤其是具备强大资源背景的国有企业或上市公司。

目前，对于产融结合模式的阐述和研究较多，其实产业集团的产融结合发展本质上就是一种业务多元化战略。且由于兼具有相关多元化与不相关多元化的属性而倍受大型企业集团的青睐。因其不但可以提高集团市场获取的竞争力，而且不处于同一行业，可以有效分散行业的系统性风险，同时具有不同行业的特性，通过业务的统筹，可以形成规模、效益、周期等的互补。尤其适合以服务为主的停车行业，最终使得企业围绕停车生态圈，构筑多元业务，实现公司的持续发展。

正是基于产融结合的诸多优点，可以对停车场建设过程中融资难、服务不规范、服务不到位等缺点形成有效互补，产业集团纷纷开展金融业务，扩大金融产业发展，采取积极布局的策略，其金融机构涵盖了财务公司、保险、信托、基金、证券、银行、租赁等众多形式，以促进项目的落地实施。目前，国内有代表性的公司有首钢集团、华润集团等大型国有企业，而且国内知名的停车设备公司大部分成立了投融资公司，为其停车场的建设提供全方位服务。

通过对产融结合的分析不难判断，产融结合与其他多元化业务一样，在其积极的一面背后，仍然存在着多方面的风险，如何控制产融结合风险，发挥其最大效用，为集团提供服务或持续发展的动力,主要应掌握两点原则。

(1)明确定位,把握行业特点

明确企业金融业务的定位,是业务发展的基础。对金融业务的定位,需综合考虑集团的需求及资源状况,服从集团的整体战略定位,把握行业的发展特点,让金融更好地为行业健康发展服务。停车行业的健康发展离不开金融的强力支撑,当然也不能缺失政府政策的倾向保障。

(2)明确方向,定位清晰

明确企业金融业务的发展方向,即中长期定位,发展方向决定了发展的节奏、途径及资源。停车场的投融资建设是一个有效的、长期的投资项目,是通过提供优质的服务、优良的产品逐步回收投资,获取投资收益的方式。其具备的优势也是其他行业无法比拟的,比如现金流稳定、资产升值空间大等特点。

产融模式的最大优点在于通过产业与金融的结合,提高产业及集团的整体竞争力,提高产品质量和服务质量,降低金融行业的高杠杆高风险性。因此,规划并逐步通过渠道、信息、技术、服务等的有机融合,实现产业与金融之间的业务协同、资本协同、战略协同也是产融模式发展中的要点。

4.2 医院停车场(库)建设与选址

4.2.1 医院停车场(库)建设的基本类型

4.2.1.1 概念

停车场:按有关规定设置的供车辆停放的各种类型的停车场所,包括路外平面停车场、立体停车库及路内停车场等。

机械式立体停车库:利用机械来存取停放车辆的整个停车设施称为机械式停车库,以立体化存放的机械式停车库叫作机械式立体停车库。一般情况下,作为停车库,除了机械式停车设备外,还应包括有关的报警设备、电源设备、排水设备、消防设备、出入口控制设备、收费设备等辅助设备。

机械式停车设备:用来存取储放车辆的机械或机械设备系统称为机械式停车设备。它是一种集机、电、仪一体化的成套设备。

4.2.1.2 停车方式及其特点

根据停车状况的不同,停车方式可分为自走式停车方式和机械式停车方式两种。

① 自走式停车。自走式停车包括平面自走式和立体自走式。平面式停车是驾驶员将汽车直驶入(出)平面停车泊位的方式,包括路边停车、地下停车场平面停车和地上停车场平面停车等。立体自走式停车方式就是驾驶员通过多层停车空间之间的倾斜

车道，将汽车驶到立体停车楼或停车平台上停车的方式。

② 机械式停车。机械式停车包括机械式平面停车和机械式立体停车两种。

机械式平面停车主要是为充分利用土地面积而减少车道，采用机械设备将汽车在平面上摆置存放的方式。机械式立体停车就是用机械设备将汽车存放到立体化的停车位或从停车位取出的方式。

4.2.1.3 不同停车方式分析

自走式停车方式的优点是停车方便，缺点是占地面积大。一般设计中可按照平均每辆轿车车位占地 $22m^2 \sim 25m^2$ 计算，这一计算面积包括 $2.5m \times 6m$ 的停车面积加上停车所需的车路面积。

自走式立体停车的优点是相对于单层平面停车提高了空间利用率，增加了停车数量。

机械式停车方式的优点是减少了车道面积，提高了土地利用率。机械式立体停车库有以下优点。

① 节省占地面积，充分利用空间。一般来说，机械式立体停车库的占地面积约为平面停车场的 $1/25 \sim 1/2$，空间利用率比建筑自走式停车库提高了 75%。

② 相对造价低。机械式停车设备每个车位投资约 3 万 ~12 万元，而自走式停车库中每个泊位的造价约为 15 万元。

③ 使用方便，操作简单、可靠、安全，存取车快捷。一般存（取）车时间不超过 120 s。

④ 减少了因路边停车而引发的交通事故。

⑤ 增强了汽车的防盗性和防护性。

⑥ 改善了市容环境。

机械式立体停车库采用全自动化的停车方式，是今后停车设备改善的主要方向。尤其是城市土地资源紧张的大中城市，采用机械式立体停车方式显得尤为重要，但是对设备制造、安装、运行的要求较高。

4.2.2 医院停车场（库）选址原则

① 基地的选择应符合当地总体规划、道路交通规划、环境保护及消防的要求。

② 基地应设置在医院的用地红线范围内；应临近医院周边的城市道路，不相邻时应设置通道连接，方便存取车辆。

③ 基地应满足与建（构）筑物的消防间距要求。

④ 基地建设时应考虑停车场与医患人员通行的要求。

⑤ 基地建设时应考虑降噪，减少对周边居民的影响。

⑥ 基地建设时应考虑周边居民夜间停车的需求。

⑦ 基地建设时应考虑充电桩的需求。

⑧ 基地建设时应考虑无障碍停车位的要求。

4.2.3 医院停车场（库）建设要求

① 路外停车场（库）出入口应朝向医院内部，与内部道路连接通畅，不宜与外部道路直接连通；基地出入口宽度不应小于 4m。

② 路外停车场（库）出入口应设置候车道，不应占用其他车道；候车道宽度不应小于 4m，长度不应小于 10m。

③ 车道的转弯半径不宜小于 6m。

④ 相邻停车场（库）出入口不应小于 15m。

⑤ 基地出入口应设置减速的安全设施。

⑥ 基地出入口应有良好的视线。

4.2.4 医院停车场（库）建设与环境

医院停车场（库）不论采用集中式、分散式布局均宜采用生态型材料。宜采用草坪砖或草坪格作地面，以灌木为隔离线，以高大树木遮阴。避免采用大面积的硬化地面。

有条件的医院可采用太阳能电池板或太阳能集热器作为停车场的车棚，既可以防止车辆暴晒，又可以为停车场提供绿色电源。

4.3 医院停车场（库）建设施工管理体系

4.3.1 计量管理

4.3.1.1 承建单位需提报资料

在计量管理中，承建单位需要提报计量管理相关资料，包括：① 经审批后的施工组织方案及单项承建单位案；② 项目现场原始地面标高及方格网图；③ 基坑开挖方案（基坑开挖完成后的验收资料必须包括有准确尺寸显示的照片）；④ 其他建设单位要求的施工资料。上述资料还需报一套给工程部造价工程师备案。

4.3.1.2 工程变更管理

工程变更包括设计变更、因经营需要增加的工程等，在施工中应严格控制工程变更的发生，确有必要时，应依照工程变更程序进行工程变更。工程变更的一般步骤如下：

① 由设计单位出具设计变更单，经工程部下发给监理单位、工程项目经理部、工程施工管理部，并办理签认手续；

② 本公司提出的工程变更，如涉及工程设计时，由工程部向设计单位提出技术及经济等方面的有关要求，由设计单位编制设计变更文件，经工程部下发给监理单位、工程项目经理部、工程施工管理部，并办理签认手续；

③ 因现场条件变化、经营需要、现场工程师的设计优化意见及工程施工管理部的合理建议等原因需要进行设计变更的，应由工程部向公司提出变更申请，公司批准后，报设计单位核定备案，办理签认手续，然后经工程部下发给监理单位、工程项目经理部、工程施工管理部，并办理签认手续。

4.3.1.3 现场签证管理

现场签证包括经济签证和工期签证，签证是由于施工现场的各种原因出现了与合同规定的情况、条件和事实不符的事件，需要明确并作为继续工程施工的其他有关程序的依据和前提条件时，由工程施工管理部填写，经工程施工管理部和建设单位签名确认的结算文件。现场签证有以下注意事项。

① 在施工过程中应严格控制现场签证的发生，确有必要时，工程施工管理部送达《工程签证联系单》，有必要的需附承建单位案。

② 工程部现场工程师会同造价工程师依据合同和施工图纸对《工程签证联系单》《承建单位案》进行分析，确认费用分担。

③ 属于工期签证的，由工程施工管理部填写《现场签证单》，报工程部现场工程师签署意见后，报工程部经理审批，审批后交造价工程师存档，作为结算依据。没有工期签证的工程项目，在结算时不予考虑工期调整。

④ 工程施工管理部应至少提前 12 小时通知工程部现场工程师和造价工程师同时进行现场确认。如事后通知，则所办签证无效。

⑤ 所有工程签证必须经现场实测后填写，工程部专业工程师和造价工程师、工程施工管理部经办人必须当场在《现场签证单》上签字或在原始数据记录上签字，后补签证单不作为结算依据。

⑥ 现场工程师应在《现场签证单》上出具意见，意见包括但不限于：签证原因、签证范围、工程量确认；

⑦ 造价工程师应在《现场签证单》上出具意见，意见包括但不限于：费用分担、工程量确认、费用确认；

⑧ 现场签证要求能反映工程实际情况，有必要的说明、简图以及签证现场照片等，能够据以计算工程量和结算工程费用。

⑨ 必要时，工程部专业工程师可发出口头变更指令，工程施工管理部对工程部专业工程师的口头指令须予以执行。工程施工管理部应在 48 小时内提出书面变更文件，工程部专业工程师在有效时限内应予以签认确定；

⑩ 发生临时用工时，普工按××××元／工日，技工按××××元／工日，作为现场人工签证的计价结算依据；

⑪ 签证不计取定编和税金；

⑫ 现场签证单必须在 3 日内办理完签认手续，否则此签证视为无效；

⑬ 《现场签证单》一式四份，工程部、造价部、指挥部、项目部各存档一份。

⑭工程施工管理部报结算资料时将所有签证单按顺序装订成册,作为结算依据。

4.3.1.4 现场签证流程图

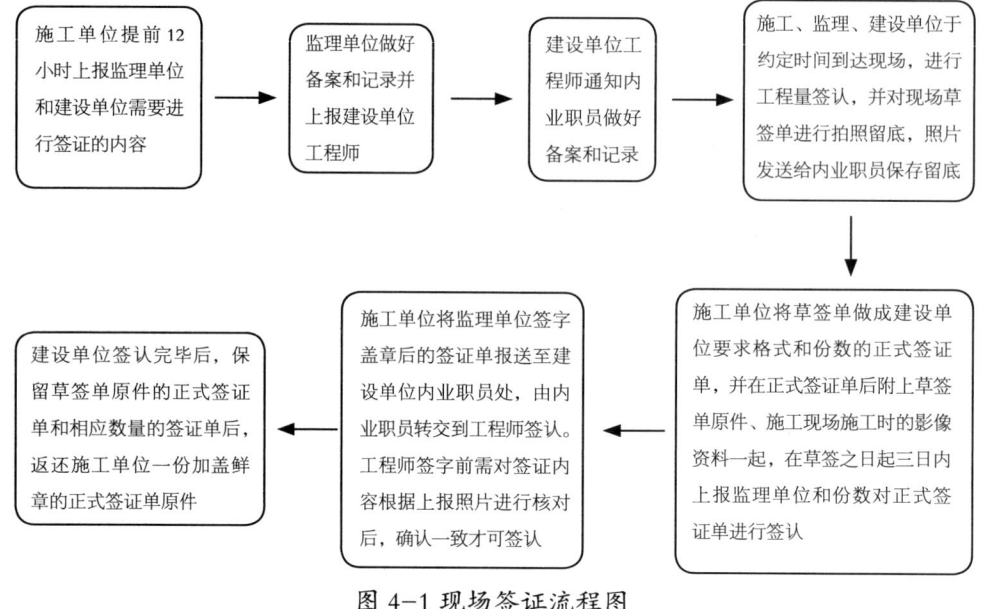

图 4-1 现场签证流程图

4.3.2 质量管理

4.3.2.1 承建单位需提报资料

在质量管理中,承建单位需提报质量管理相关资料,包括:①经监理单位审批后的施工组织方案及单项承建单位案;②承建单位项目部组织机构人员名单;③对应岗位人员的上岗证书;④其他建设单位要求的施工资料。资料报一套给工程部专业工程师备案。

4.3.2.2 工程质量管理

工程质量是建设各方始终追求的目标,在施工中应严格控制工程质量的稳定。对工程质量的控制应始终"以人为本",充分调动人的积极性,避免人的工作失误,使参建工程的每个人牢牢树立"百年大计,质量第一"的思想,以优秀的工作质量打造优质的工程。承建单位作为施工质量的自控主体,必须按照合同及工程要求,配置满足工程质量要求的合格管理人员,并保证管理队伍的稳定性、编制工程质量控制管理文件和质量控制管理工作流程。工程质量管理有以下几点注意事项。

① 承建单位需配置合理的施工管理人员班组,对施工过程进行全面细致的指导,人员配置包括但不限于:项目经理、施工员、材料员、资料员、造价员、测量员;专职安全员。

② 承建单位所有人员需持证上岗,项目经理应持有安全 B 证和相应专业的注册二

级建造师证，安全员应持有未过期的安全 C 证，特殊工种需持有未过期的特种工种执照。

③ 所有工程施工进入下一步工序前，施工单位需进行自检后上报监理进行复检。工程部不定时进行抽查，关键性节点工程和隐蔽工程经监理复检后，通知工程部复查。复查合格后，承建方必须于 2 日内上报资料给监理方签字确认，并由承建方将监理签字确认的资料上报一份至工程部备案。

④ 零星工程需事先进行上报，议价核定后上报公司，公司同意后再进行施工。零星工程凭《零星工程申请单》《零星工程进度申请表》《零星工程结算申请表》进行施工款项的申请。若无以上表格，则不予办理结款。

⑤ 对现场查出偷工减料、未按设计要求进行施工的，现场拍照取证后，公司以发文形式通知施工单位进行整改处理或返工处理，同时处以相应金额的罚款，罚款从当期进度款中直接扣除。

⑥ 承建单位所用材料，需向建设单位和监理单位提供相应的样品和检测报告。

⑦ 承建单位应按照试验单位要求和监理单位要求，做好见证取样的样品，并按要求进行养护，配合监理见证送样。

⑧ 承建单位应按照施工内容做好相应的养护工作，保证施工质量。

⑨ 承建单位所施工的工程，施工完毕后，须针对施工内容的特点作好成品保护并详细编制出保修办法（如某部位防火门被其损坏，应记录好损坏的时间、数量、该施工队伍须在几小时内到场、几天内维修完毕）。

⑩ 监理单位应对工程实施过程中的每个步骤进行把控，对施工质量进行全权监督和控制。

⑪ 监理单位应根据承建单位上报的施工组织计划，合理安排监理工程师进行旁站监理，并对每一个施工步骤的质量负责到底。

⑫ 施工时，工程部随时对施工作业进行临时抽查，抽查过程中若发现质量问题，可要求承建方立即停止施工，并下达书面整改通知，承建方应按书面整改通知和设计要求返工整改。由此产生的一切损失由承建方自行负责，且建设单位有权对承建单位和监理单位进行相应的经济处罚。

4.3.3 进度管理

4.3.3.1 承建单位提报资料

在进度管理中，承建单位需提报进度管理相关资料，包括：① 根据项目特点和合同工期合理制定的施工总体计划；② 根据总体计划分解制定的季度、月、周计划；③ 其他建设单位要求的施工资料。上述资料还需报一套给工程部专业工程师备案。

4.3.3.2 工程进度管理

工程进度管理内容有以下几点。

① 承建单位要结合工程特点，根据施工合同工期要求，合理编制、上报总体施工进度计划，并根据总体施工进度计划拆分季进度计划、月进度计划和周进度计划。

② 承建单位必须根据上报的进度计划，合理安排施工，并统计每周实际完成工程量后对应计划进行上报。

③ 监理单位应根据承建单位上报的计划进行跟踪。

④ 监理方每周组织各方召开工程例会，以便于各方及时了解工程进度、质量、安全等信息。

⑤ 监理单位的专业工程师要认真逐日作好施工记录，就各分项工程开始时间、完成时间、持续时间、实际完成工程量、关键线路的影响等对照计划进行监督检查。对施工进度状况进行检查、分析和控制施工实际完成的工程进度是否属实。如实际施工进度与上报工程进度不符，监理单位有权对承建单位进行处罚并上报建设单位。

⑥ 承建单位在每月月末对所针对的工程进行进度月总结，并对应上报计划，写明计划完成工程量和实际完成工程量。对未按计划完成的工程量进行原因分析和补救措施的编制。

⑦ 各承建单位需根据当地的气候及天气变化编制出详细的雨季、冬季承建单位案及进度管理措施。

⑧ 承建单位如遇特殊原因须发生工期顺延的要提前上报原因，无正当理由发生工期顺延的，建设单位将对其进行必要的经济处罚。如因建设单位原因发生工期顺延的将不追究承建单位责任，并视情况给予适当补偿。

⑨ 各承建单位所需原材料应在开始施工3日前运到施工现场，如需建设单位采购的材料、设备须提前1个月向建设单位提供详细的需求计划，以免延误工期。如承建单位的施工进度滞后2周（含2周）以上，须及时上报追赶措施并详细注明滞后原因。当经过努力，确定不能实现原计划时，应召开承建单位、监理单位、工程部参加的专题会议，分析原因并提出改进措施及调整计划意见。

4.3.4 安全文明施工管理

4.3.4.1 工程安全管理

工程安全管理包括安全教育管理、安全检查管理和安全管理注意事项。

（1）安全教育管理

① 承建单位必须对所属员工进行有针对性的上岗前的安全教育，并对安全教育进行相应的记录和考核。形成安全资料，随时备查；

② 承建单位应有每日班前教育制度，并落实每日班前安全教育，形成相应资料；

③ 承建单位应按时举行每周安全教育，并对教育内容形成资料，随时备查。

（2）安全检查管理

① 承建单位应安排专职安全人员负责现场的安全检查和安全制度的落实，所有相关的特种施工作业人员必须持有效证件上岗，所有证件均应复印留底形成安全资料以备查；

② 承建单位应对各种施工器械进行定期的维护保养，形成定期检查制度，并将定期检查制度落实到人，每次定期检查必须有专门的检查资料，并存档备查；

③ 建立健全项目各种安全台账、检查、验收、记录、奖罚等安全管理资料，并归档成册；

④ 承建单位应及时办理大型施工机械的使用备案工作；

⑤ 对大型施工机械做好维护保养工作，并作好相关记录，确保大型施工机械不带病工作。

（3）安全管理注意事项

① 承建单位必须对超过一定规模的较大分部分项工程的施工技术方案组织专家论证；

② 承建单位应监督检查施工组织设计或施工方案中安全技术措施的落实情况，及时解决执行中出现的问题；

③ 承建单位负责人必须有针对项目特点编制的工程应急救援预案，并保证响应能力；

④ 承建单位必须为其施工人员购买保险；

⑤ 承建单位必须为其施工人员配置足量、合格的安全保护措施；

⑥ 承建单位应根据现场实际情况配置足够的安全管理人员，对现场进行有效的安全管理；

⑦ 施工现场必须做好防火、防电、防爆和防坠等防护工作；

⑧ 承建单位应对施工中使用的危险品进行专门的入库存放，并做好相应的出、入库管理登记，形成管理资料，存档备查；

⑨ 施工现场入口及危险作业部位应设置必要的提示、警示等各种安全防范标志，避免可能发生的意外伤害；

⑩ 监理单位应做好日常安全巡查工作，监督承建单位对发现的安全隐患进行整改；

⑪ 承建单位应保证项目安全专项资金的有效投入，并接受监理单位的监督。

4.3.4.2 文明施工管理

（1）措施标志

施工现场（工地）作业道路应设有路标，施工材料堆放插置标识牌，危险区域设置警示标识牌；施工合同段内主要构造物前应设置标识牌，标明名称、施工负责人、技术负责人，旁站监理等内容。

（2）文明施工场地要求

① 施工车辆行驶的便道应保持平整，保证晴天行车无扬尘，雨后能行车无积水，不影响当地群众正常生活、生产和通行；

② 工地现场外观应做到：施工场地整洁、施工产品美观洁净。场区及施工范围内的沟道、地面无废料、垃圾和油污；

③ 施工车辆、机具和材料应做到机械设备停置整齐、有序，存储规整合理；

④ 监理人员应随时对施工企业的文明施工情况进行监督检查，对不能满足文明施工要求的要及时下令予以整改。

4.3.5 奖惩办法

4.3.5.1 质量事故奖惩

根据承包合同和以下办法的规定，对承包单位的工作进行检查确认和经济处理。处罚的同时要求责令整改的，如果整改不及时、不彻底或不符合要求，可加倍处罚。

① 质量体系类不符合要求的，对责任单位进行经济处罚。处罚标准按照人民币×××××元起步，上不封顶；

② 质量措施类不符合规范要求的，对责任单位进行经济处罚。处罚标准按照人民币×××××元起步，上不封顶；

③ 奖励办法比照惩罚标准执行。

4.3.5.2 安全文明施工奖惩制度

根据承包合同和以下办法的规定，对承包单位的工作进行检查确认和经济处理。处罚的同时要求责令整改的，如果整改不及时、不彻底或不符合要求，可加倍处罚。

① 安全体系类不符合要求的，对责任单位进行经济处罚。处罚标准按照人民币×××××元起步，上不封顶；

② 安全措施类不符合规范要求的，对责任单位进行经济处罚。处罚标准按照人民币×××××元起步，上不封顶；

③ 安全防护用品不符合要求的，对责任单位进行经济处罚。处罚标准按照人民币×××××元起步，上不封顶；

④ 不配合安全检查（包括建设单位、监理单位和主管部门对工程项目的检查），每起扣除××××元；对存在问题不落实整改的，每起扣除××××元；重复发生上述同类问题的，加倍扣除；

⑤ 关于以上罚款，建设方财务部门有权在当期的工程进度款、监理进度款中扣除，建设方人员的扣款直接从当月工资中扣除；

⑥ 发生安全事故后，甲乙双方除执行本制度规定外，还应按照国家关于事故调查处理的有关规定接受相应的处理，构成犯罪的，移交公安机关予以处理；

⑦ 奖励办法比照惩罚标准执行。

4.3.5.3 施工进度奖惩制度

根据承包合同和以下办法的规定，对承包单位的工作进行检查确认和经济处理。处罚的同时要求责令整改的，如果整改不及时、不彻底或不符合要求，可加倍处罚。

① 进度体系类不符合要求的，对责任单位进行经济处罚。处罚标准按照人民币×××××元起步，上不封顶；

② 进度措施类不符合规范要求的，对责任单位进行经济处罚。处罚标准按照人民币×××××元起步，上不封顶；

③ 总体施工进度计划与季度分解施工进度计划属于体系类进度计划，月分解进度计划和周分解进度计划属于措施类进度计划；

④ 奖励办法比照惩罚标准执行。

4.4 医院停车场（库）建设施工工程验收

4.4.1 验收前期准备

一般而言，医院停车场（库）作为医院建设的附属工程，其验收随着整个工程的完工，与其他工程一同验收。但如果含有立体停车部分，则需要单独进行工程验收。

4.4.1.1 验收应当具备的条件

医院停车工程建设的验收需要具备一定的条件才可以实施，其应具备的条件有：完成建筑工程设计文件和合同约定的各项内容；有完整的技术档案和施工管理资料；有工程使用的主要建筑材料、建筑构配件和设备的进场试验报告；有勘察、设计、施工、监理等单位签署的质量合格文件；有施工单位签署的工程保修书。

4.4.1.2 立体停车场（库）的质量标准与验收

（1）停车设备及配套设施安装施工质量应按下列要求进行验收。

① 设备安装及配套设施施工质量应符合相关技术标准和验收规范的规定；

② 设备安装及配套设施施工质量应符合设计文件、作业指导文件、方案、计划的要求；

③ 参加设备安装及配套设施施工质量验收的各方人员应具备规定的资格，并持证上岗；

④ 设备安装及配套设施工程质量的验收均应在施工安装单位自行检查评定的基础上进行；

⑤ 设备安装及配套设施隐蔽工程在隐蔽前应由安装施工单位通知有关单位进行验收，并形成验收记录；

⑥ 涉及安全的保险装置，限位装置和受力架构所使用的材料、构配件、设备及元器件应按规定见证检测；

⑦ 检验批的质量应按主控项目和一般项目验收；

⑧ 对涉及结构和系统安全和使用功能的重要分部工程应进行抽样检测；

⑨ 承担见证取样、检测及有关系统、结构安全监测的单位应具备相应资质；

⑩ 工程观感质量应由验收人员现场检查，并应共同确认。

（2）停车库的分项工程质量验收合格应符合下列规定（分项工程应按主要工种、材料、施工工艺、设备类别等进行划分）。

① 分项工程的主控项目和一般项目的质量经抽样检验合格，关键设备及涉及安全和使用功能的设施设备应逐个检验合格；

② 具有完整的施工操作依据，质量检查记录。

（3）分部工程质量验收合格应符合下列规定（分部工程应按专业性质、施工特点、施工程序、专业系统及类别等划分）。

① 分部工程所包含分项工程的质量均应验收合格；

② 质量控制资料应完整；

③ 起重设备安装、钢构架、安全防护、报警装置及限位装置等分部工程有关安全及功能的检验和抽样检测结果应符合有关规定；

④ 观感质量验收应符合要求。

（4）单位工程质量验收合格应符合下列规定。

① 单位工程所含分部工程的质量均应验收合格。

② 质量控制资料应完整。

③ 单位工程所含分部工程有关安全防护和功能的检测资料应完整。

④ 主要功能项目的抽查结果应符合相关专业质量验收规范的规定。

⑤ 观感质量验收应符合要求。

（5）系统试车和系统整体检测工作结束后，特种设备监察部门对检测合格的停车设备应出具《起重机械安装改造重大维修监督检验证书》和《起重机械安装改造重大维修监督检验报告》。

《检测报告》应包括以下内容：

① 检测结论和具体项目及其内容、检测结论；

② 设备基本情况，包括设备在施工、改造、重大维修前的基本情况；

③ 施工单位以及现场施工过程，包括施工单位及其现场的施工组织情况；

④ 现场进行无损检测等内容的单项报告（如果发生）；

⑤ 检测过程中发现问题的处理情况，包括《检测联络单》《检测意见通知书》等（复印件）；

⑥ 其他情况说明：《检测证书》和《检测报告》分别由施工单位、使用单位、检测机构和主管部门登记存档。

（6）设备安装及配套设施工程质量验收程序和组织。

设备安装及配套设施工程质量验收程序和组织可按照《建筑工程施工质量统一验收标准》（GB 50300）和相应专业验收规范进行。

4.4.1.3 验收准备工作

（1）工程竣工预验收由监理公司组织，建设单位、承包商参加。

工程竣工后，监理工程师按照承包商自检验收合格后提交的《单位工程竣工预验收申请表》，审查资料并进行现场检查；承包商按有关文件要求，编制《建设工程竣工验收报告》交监理工程师检查，由项目总监签署意见后，提交建设单位。

（2）工程竣工验收由建设单位负责组织实施，工程勘察、设计、施工、监理等单位参加。

承包商：承包商编制《建设工程竣工验收报告》，工程技术资料（验收前20个工作日）。

监理公司：编制《工程质量评估报告》。

勘察单位：编制质量检查报告。

设计单位：编制质量检查报告。

建设单位：① 取得规划、公安消防、环保、燃气工程等专项验收合格文件；② 监督站出具的立体车库、电梯验收准用证；③ 提前15日将《工程技术资料》和《工程竣工质量安全管理资料送审单》报监督站（监督站在5日内返回《工程竣工质量安全管理资料退回单》给建设单位）；④ 工程竣工验收7日前将验收时间、地点、验收组名单以书面形式通知监督站。

4.4.2 现场验收

4.4.2.1 主要内容

（1）整个建设项目已按设计要求全部建设完成，符合规定的建设项目竣工验收标准，并经监理单位认可签署意见后，向业主（总包方）提交《工程验收报告》，然后由业主（总包方）组织设计、施工、监理等单位进行建设项目竣工验收，中间竣工已办理移交手续的单项工程，不再重复进行竣工验收。

（2）业主（总包方）组织勘察、设计、施工、监理等单位按照竣工验收程序，对工程进行核查后，应做出验收结论，并形成《工程竣工验收报告》，参与竣工验收的各方负责人应在竣工验收报告上签字并加盖单位公章。

4.4.2.2 验收程序

（1）公安消防机构受理建筑工程消防验收申报时，应查验下列资料。

① 《建筑工程消防验收申报表》；

② 建筑消防设施技术测试合格的报告；

③ 《建筑工程消防设计审核意见书》及相关批复文件；

④ 竣工图；

⑤ 消防工程施工安装单位资格证书及施工安装、调试记录，消防产品相关证书、出厂合格证，隐蔽工程记录，设计、施工变更内容记录等资料；

⑥ 各项消防安全管理制度和防火安全管理组织机构以及消防系统操作管理人员名单。

（2）工程验收的人员应不少于2人。重点工程和设有自动消防设施的工程验收，应成立有验收、建审、监督、战训等人员参加的验收组，并制定验收工作方案。

（3）公安消防机构受理验收申报后，应在10日内组织验收，并在验收后7日内签发《建筑工程消防验收意见书》。

（4）参加建设主管部门组织的选址、方案可行性论证或初步设计审查会的人员应将所提意见填入《建筑工程前期审查意见记录表》。

（5）审核人员完成审核后应及时提出审核意见，并由专人进行技术总复核。

（6）公安消防机构应在规定的期限内对送审的建筑工程消防设计完成审核。从收到全套设计图纸资料之日起，一般工程应在10日内，重点工程和设有自动消防设施的工程应当在20日内发出《建筑工程消防设计审核意见书》；需要组织专家论证的，可以延长至30日。在规定的期限内不予答复的，即视为同意。

（7）重点工程和设有自动消防设施的工程《建筑工程消防设计审核意见书》发出后，建审人员要督促建设单位、设计单位落实审核意见并及时反馈。

（8）建审人员应定期对在建工程进行施工监督检查，并作检查记录。一般工程竣工前的检查不少于1次，重点工程和设有自动消防设施的工程检查不少于3次。

（9）建审过程中遇有下列情况，应当进行会审并作记录：

① 属于重大工程项目(由支队界定)的；

② 执行国家现行消防技术规范有困难需进行相应调整、变通的；

③ 建设单位选用的自动消防设施产品以及施工安装单位的合法性需要审查的；

④ 有其他重大问题的。

（10）工程项目竣工验收前，将工程项目的有关文件资料移交验收部门。

4.4.2.3 核查验收

（1）监督核查工程实体质量。执行强制性标准检查：重点核查与安全和使用功能相关强制性条文，如公共建筑和居住建筑的无障碍实施情况、儿童活动场所的栏杆构造、铝合金门窗的限位及防脱落装置等；

相关法律（法规、规范性文件）及设计文件执行情况检查：重点抽查与社会投诉热点、安全和使用功能、建筑节能相关法律（法规、规范性文件）及设计文件执行情况，如《关于加强无障碍设施建设和管理工作的通知》《建筑安全玻璃管理规定》等。

主要功能抽查：重点抽查涉及安全和使用功能项目，如防水工程的淋（蓄）水试验、给水管道的压力试验、建筑电气的漏电测试检测或接地电阻测试、通风空调的漏风量或温湿度测试等，观感质量抽查。

（2）检查工程建设参与各方提供的竣工资料。

（3）对建筑工程的使用功能进行抽查、试验。如通水、通电试验，排污主管通球试验及绝缘电阻、接地电阻、漏电跳闸测试等。

4.4.2.4 验收监督

① 监督站在审查工程技术资料后，对该工程进行评价，并出具《建设工程施工安全评价书》（建设单位提前15日把《工程技术资料》送监督站审查，监督站在5日内返回《工程竣工质量安全管理资料退回单》给建设单位）。

② 监督站在收到工程竣工验收的书面通知后（建设单位在工程竣工验收7日前将验收时间、地点、验收组名单以书面形式通知监督站，另附《工程质量验收计划书》），对照《建设工程竣工验收条件审核表》进行审核，并对工程竣工验收组织形式、验收程序、执行验收标准等情况进行现场监督，并出具《建设工程质量验收意见书》。

4.4.3 验收通过及备案

4.4.3.1 验收通过

① 对竣工验收情况进行汇总讨论，并听取质量监督机构对该工程质量监督情况；

② 形成竣工验收意见，填写《建设工程竣工验收备案表》和《建设工程竣工验收报告》，验收小组人员分别签字，建设单位盖章；

③ 当在验收过程中发现严重问题，达不到竣工验收标准时，验收小组应责成责任单位立即整改，并宣布本次验收无效，重新确定时间组织竣工验收；

④ 当在竣工验收过程中发现一般需整改质量问题，验收小组可形成初步验收意见，填写有关表格，有关人员签字，但建设单位不加盖公章。验收小组责成有关责任单位整改，可委托建设单位项目负责人组织复查，整改完毕符合要求后，加盖建设单位公章；

⑤ 当竣工验收小组各方不能形成一致的竣工验收意见时，应当协商提出解决办法，待意见一致后，重新组织工程竣工验收。当协商不成时，应报建设行政主管部门或质量监督机构进行协调裁决；

⑥ 竣工验收中发现的问题经整改合格后，建设单位应当组织施工、设计、监理等单位检查确认，提交《工程竣工验收整改意见处理报告》，符合要求时，竣工验收通过：竣工验收资料齐全；竣工验收组织机构有效；竣工验收程序合法；执行《建筑工程施

工质量验收统一标准》（GB 50300—2001）及其配套的各专业工程施工质量验收规范、工程建设强制性标准、相关法律(法规、规范性文件)及设计文件相关要求,符合单位(子单位)工程质量验收合格的规定,工程实体质量经监督抽查合格或发现的问题经整改合格。

⑦ 竣工验收通过时间应以竣工验收发现的问题整改合格或重新验收符合要求之日为准。

⑧ 建设单位应当在竣工验收通过之日起1个工作日内将竣工验收的相关记录及文书等资料提交质监机构备查,包括：《工程竣工验收报告》、监理单位发出的"整改通知书"、经有关各方签章的《工程竣工验收整改意见处理报告》。

4.4.3.2 验收备案准备的资料

工程竣工验收备案资料,由建设单位准备,包括《建设工程竣工验收报告》及下列文件。

① 施工许可证;
② 施工图设计文件审查意见;
③ 工程质量评估报告;
④ 工程勘察、设计质量检查报告;
⑤ 市政基础设施的有关质量检测和功能性试验资料;
⑥ 规划验收认可文件;
⑦ 消防验收文件或准许使用文件;
⑧ 环保验收文件或准许使用文件;
⑨ 由监督站出具的电梯验收准用证及分部验收文件;
⑩ 燃气工程验收文件;
⑪《建设工程质量保修书》;
⑫ 法规、规章规定必须提供的其他文件。

4.4.3.3 验收备案程序

①建设单位向备案机关领取《房屋建设工程和市政基础设施工程竣工验收备案表》。

②建设单位持加盖单位公章和单位项目负责人签名的《房屋建设工程和市政基础设施工程竣工验收备案表》一式四份及规定的上述材料,向备案机关备案。

③备案机关在收齐、验证备案材料后15个工作日内在《房屋建设工程和市政基础设施工程竣工验收备案表》上签署备案意见（盖章）,建设单位、施工单位、监督站和备案机关各执一份。

4.5 医院停车场内交通设施配置

4.5.1 医院停车场内交通设施内容

4.5.1.1 照明系统

停车场是城市中集中停放车辆的场所，医院停车场更是人群集聚的地方，随着机动车辆拥有量迅速上升，开车就医已经成为人们首选，因此，医院停车场越来越多地往地下车库发展。停车场照明系统是重要的设施工程。

4.5.1.2 交通标识牌

在进出口以及车场内适当位置安装标识牌，引导车辆正确行驶，交通标志设禁令标志、指示标志及其他标志。采用美国3M公司生产的工程级膜和铝合板制作。质量好、强度高、耐用性强，图文规范，色彩鲜艳。在自然环境中可保持在7年内不褪色、不脱落、不断裂。

禁令标志包括：限速标志、禁鸣喇叭标志、禁止驶入标志等。

指示标志包括：停车场标志、直行转弯标志、入口标志、出入标志和指路标志等。

其他标志包括：导向标、区域号牌。

交通标志的安装方式可采取悬挂式、附着式。

4.5.1.3 交通标线

交通标线包括停车位、通道线、导向箭头等。宜选用优质道路专用冷涂料，机械喷涂，厚度均匀、色度清晰。

4.5.1.4 辅助标志

辅助标志包括广角镜、车轮定位器、护墙角、减速带、警示链、警示柱、道钉、轮廓标等，也可根据现场情况临时增设标志。

广角镜：设在多方向通道口，便于驾驶员观察其他方向来车，原装进口真空镀膜，圆形直径800mm（图4-2）。

车轮定位器：主要作用是车辆停车时的定位作用。

图4-2 广角镜　　　　　图4-3 车轮定位器

护墙角：正方体立柱有棱角，车辆在行驶中一旦发生剐蹭可以起到对车身的保护作用，另护墙角由黑黄相间反光条组成，给司机以警示作用（图4-4）。

减速带：主要用于出入口及停车场内，起到使车辆减速行驶的作用，避免因车速过快而发生交通事故（图4-5）。

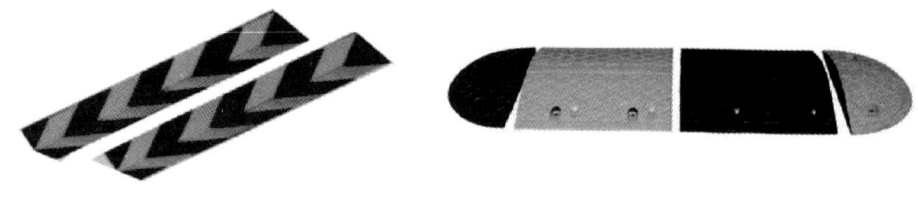

图4-4 护墙角　　　　　　　　　　图4-5 减速带

4.5.1.5 标线

交通标线是由路面标线、箭头、文字、立面标记、突起路标和轮廓等所构成的交通安全设施，作用是管制和引导交通。车库一般设停车位线、导向箭头、通道边缘线。

停车位线：规格为5000mm×2500mm，线宽150mm，白色；

导向箭头：长度为3000mm，白色；

通道边缘线：线宽150mm，白色。

4.5.2 停车场节能照明控制解决方案

4.5.2.1 系统设计依据

《中华人民共和国安全防范行业标准》（GA/T 75-94）；

《建筑智能化系统工程设计管理暂行规定》（建设〔1997〕290号）；

《民用建筑电气设计规范》（JGJ/T 16-2016）；

《智能建筑设计标准》（GB 50314-2015）；

《建筑和建筑群综合布线工程设计规范》中国工程建设标准协会；

《中华人民共和国公共安全行业标准》（GA/T 70-94）；

《地下建筑照明设计标准》（CECS 45-92）；

《汽车库建筑设计规范》（JGJ 100-98）。

4.5.2.2 设计内容

（1）布线要求。布线要求包括：①车位照明灯和通道照明灯需要220V电源供电；②导向牌采用无线通信，只需220V电源供电；③车位照明灯和车位占用指示灯的信号线分开走，每组车位照明灯和车位占用指示灯地址编码一一对应，220V电源线和信号线需分开走，避免电磁干扰；④主控制器与区域控制器采用CAN总线通信，建议采用双脚屏蔽线；⑤主控制器与上位机通信采用网络线；⑥信号线：采用RVS-2×2.5mm²；⑦控制器连接线：采用RVSP-2×2.0mm²；⑧L/N电源线：采用RVV-3×2.5mm²；⑨TCP/IP：采用cat5网线；⑩信号线、电源线建议分开走管布线。

（2）车库出入口照明。车库出入口照明功率大、亮度高、耗电少、光效高，宜采用"按需照明"的智能化自动控制；宜采用半导体照明，其本身属于绿色光源，耗能低，其高效率将带来设施层面的节电率。

（3）停车场库内照明。照度标准：根据《地下建筑照明设计标准》（CECS 45-92）所制定的地下停车场照明设计照度标准值，见表4-1。

表4-1 地下停车场照明设计照度标准

类别	参考平面	照明标准值（LX）		
		低	中	高
车道	地面	30	50	75
停车位	地面	20	30	50

根据《汽车库建筑设计规范》（JGJ 100—98）所制定的汽车库照明标准见表4-2。

表4-2 汽车库照明标准

类别	参考平面	照明标准值（LX）		
		低	中	高
车道	地面	20	25	30
停车位	地面	10	15	20

由表4-1和表4-2可知，车道与车位地面照明相差约50%，因此在车库通道上方安装智能车库通道照明灯，在此设计、安装下可有效解决传统停车场的照明问题。

为降低行车时的眩光感，并考虑引导行车的作用，车道的长轴应与车辆行驶方向一致，灯具的配置应与车道呼应且排列整齐，以便更好地进行照明引导，反之，如果间距过大或排列无规律，司机无法正确预知前方道路的线形和走向，易产生不安全感，使照明引导性变差。停车方向（即车身长轴方向）一般与行驶方向垂直，考虑车位区域照明的均匀性，车位灯的长轴应与车身长轴方向垂直（图4-6）。

图4-6 停车场库内照明示意图

4.5.3 停车场交通设施材料

4.5.3.1 交通标线

道路交通标线是由标划于路面上的各种线条、箭头、文字、立面标记、突起路标和轮廓等所构成的交通安全设施。它的作用是管制和引导交通，可以与标志配合使用，也可以单独使用。

（1）冷涂标线涂料。标线应采用交管部门指定的优质道路专用冷涂料，机械喷涂、厚度均匀、色度清晰，考虑涂料的耐久性、耐磨性、黏结力、可施工性和经济性等。其有效使用寿命为：小区主干道 8~16 个月，支干道（停车场）15~32 个月；其反光性、耐磨性、耐水性均应达到国内一流标准。

（2）车辆停车场设停车位线、导向箭头、通道边缘线。车位线规格：按《道路标志标线》（GB 5768—2009）规定的规格 5000mm×2500mm 进行标线，如受车场内其他设施影响，则在施工时作适当调整，线宽为 150mm，颜色为白色。

车位画线：涂刷前先贴分色带以防止毛边，使车位平整美观，涂刷道路、专用油漆 2 遍以上（画线部分都以此方法进行涂刷）。

车位导向箭头：规格为 300mm×300mm×300mm 的等边三角形，涂刷于车位顶端中心。

车位号：磨具定位，喷机喷涂 2 遍。

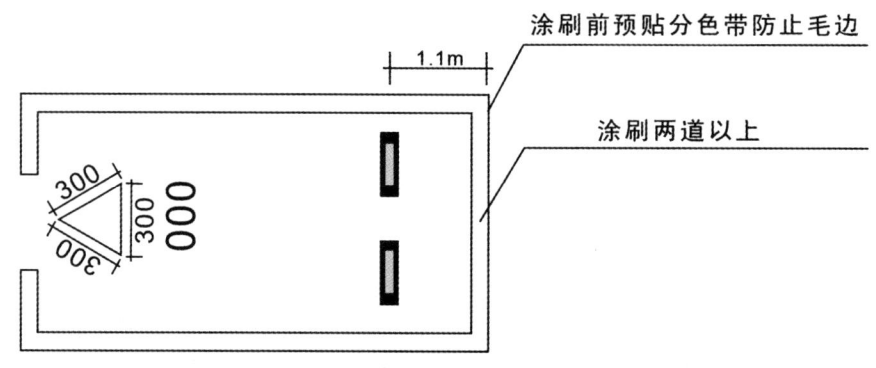

图 4-7 车位标线涂刷示意图

导向箭头：长 3000mm，白色。

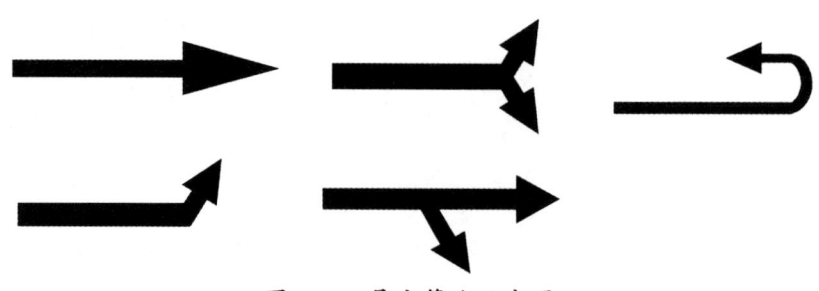

图 4-8 导向箭头示意图

车行道边缘线：规格为单实线和单虚线，线宽150mm，白色或黄色。

图 4-9　车行道边缘线示意图

4.5.3.2 交通标识牌（下列描述以国标牌为准）

在进出口以及车场内适当位置安装标识牌，引导车辆正确行驶，交通标志设禁令标志，指示标志及其他标志。交通标识牌采用进口工程级反光膜、铝板，按国家标准制作，质量好、强度高、耐用性强、图文规范、色彩鲜艳，在自然环境中可保持七年内不褪色、不断裂。

交通标志的形状、图案、尺寸、设置、构造以及制作，必须按照《道路交通标志和标线》（GB 5768—2009）规定；交通标志的反光材料按照《公路交通标志反光膜》（GB/T 18833—2002）的规定采用美国 3M 工程级反光膜。

（1）禁令标志：圆形直径 =Φ600mm 或 Φ500mm，包括禁止驶入、禁止左转、减速让行、禁止鸣喇叭、限制高度、限制速度标志。

图 4-10　禁令标志示意图

（2）指示标志：圆形直径 Φ600mm 或 Φ500mm，按场地实际需要及驾驶员视距要求设置。包括直行标志、左转弯标志、右转弯标志、直行左转弯标志、向左转弯标志、向右转弯标志、允许掉头标志。

图 4-11　指示标志示意图

（3）指路标志：方形 a=600mm、b=600mm 或方形 a=500mm、b=500mm，包括入口指向标志、出口指向标志、楼层指向标志、停车场标志。

① 出入口标志：规格为 600mm×600mm×2.0mm 或 500mm×500mm×2.0mm，表示停车场的出、入口方向及出、入口位置。

图 4-12 出入口标志示意图

②出口指向标志：表示停车场的出口方向及出口位置；规格为600mm×400mm×2mm。

图 4-13 出口指向标志示意图

停车场标志：规格为600mm×600mm×2mm或500mm×500mm×2mm。

导向标志：规格为400mm×250mm×2mm，设在停车场进出入或上下通道两侧表示前面方向发生改变，车辆须按指示方向行驶。

图 4-14 停车场标志示意图　　图 4-15 导向标志示意图

4.5.3.3 护墙角

护墙角设在停车场内立柱或墙角，在车辆停泊时起警示作用。规格为：800mm×100mm×8mm。

橡胶防撞反光警示护墙角用于停车场建筑凸角处，防止车主在停驶时损坏框架结构和管道，同时也对停驶车辆起到警示和保护作用。反光防撞警示护角采用优质天然橡胶，一次成型，软硬度适中，可以很好地保护车辆和建筑物。外覆3m反光膜，在光线不佳或夜间更易引起驾驶者的注意，提高车库使用的安全性。

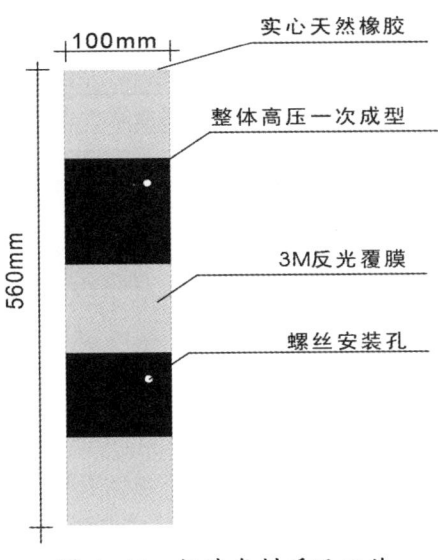

图4-16 护墙角材质及工艺

4.5.3.4 车轮定位器

每个车位配置车辆车轮定位器,避免车主在停车时出现碰撞或擦伤。采用天然橡胶,高温高压一次成型,可长期承受高强度碾压,耐用性极高(或连续使用7年以上)。其采用内嵌式热熔反光带,黑黄相间,整体外观美观。停车场采用橡胶定位,可以体现停车场的高档次。

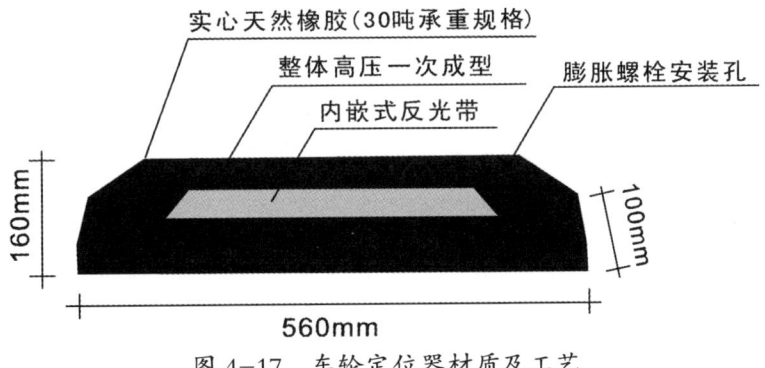

图4-17 车轮定位器材质及工艺

规格为500mm×160mm×110mm,一套2个组合使用,由高强度橡胶制成,抗压性能良好,而且坡体有一定的柔软度,表面贴耐磨、黑黄相间,特别醒目,安装稳定,在车辆撞击时不会滑动。

4.5.3.5 反光减速路拱

规格:500mm×350mm×250mm。

设置在出入口处,可有效地使驶入驶出车辆迅速减速,避免出现意外。采用高强天然橡胶,承重30吨,坚固耐用。采用流体力学设计,让车主减速时感觉舒适。

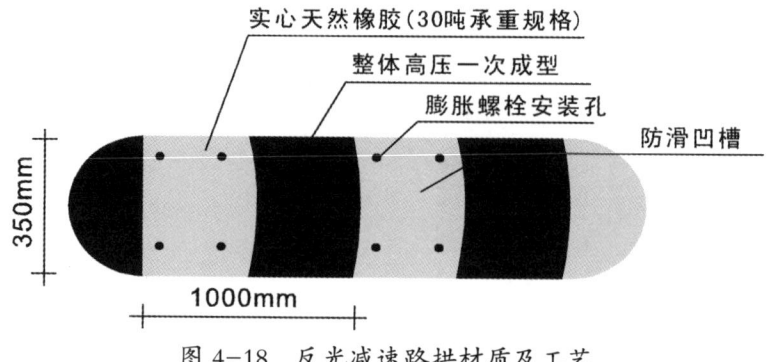

图 4-18 反光减速路拱材质及工艺

4.5.3.6 反光镜

规格：分为室内和室外 2 种，一般安装于下坡转角处及驾驶员看不到的地方路口交汇处。

图 4-19 室内外反光镜

4.5.4 施工方案

4.5.4.1 交通标识牌施工

根据停车场工程实际情况，确定交通标志支撑方式。考虑到地下车库可能进入超高的车辆，采用悬挂式或附着用膨胀螺丝和吊链固定于天花板或墙面上。

（1）材料规格

① 标志板：停车场入口大标牌采用铝合金板，停车场出口大标牌采用铝合金板，导向、禁行牌标志采用铝板，场内出口标牌采用铝合金板。需符合《公路交通标志板技术条件》（GT/T 279-1995）第 7.1 条的技术规定，即铝合金板的化学成分、冷轧板材牌号、规格、力学性能、尺寸及允许偏差应符合《变形铝及铝合金化学成分》（GB/T 3190-2008）、《一般工业用铝及铝合金板、带材》（GB/T 3880.1-2012）、《铝及铝合金板、带材的尺寸允许偏差》（GB/T 3194-1998）的规定。

② 滑动槽铝：采用 LC4 铝合金挤压型材，并符合《铝及铝合金挤压型材》（YB 1703-77）的规定。

③ 高强螺栓：高强连接螺栓（包括相应的螺母、垫圈），应采用 40B 或 45 号钢，并符合《钢结构用高强度大六角头螺栓、大六角螺母、垫圈技术条件》（GB/T 1231-76）的规定。

④ 反光膜：采用美国 3M 工程级反光膜，其性能指标符合《公路交通标志反光膜》（GB/T 18833-2002）的要求。

⑤ 标志结构构件中的所有钢铁件（包括螺母、螺栓等）均须热浸镀锌处理，所有用锌为《锌锭》（GB/T 407-1997）中规定的 0 号或 1 号锌，其中：横梁的镀锌量为 550g/m^2，镀锌层厚度为 0.0070mm。紧固件（包括立柱的金属预埋件）镀锌量为 350g/m^2，镀锌层厚度为 0.049mm。螺栓连接件在镀锌后应清理螺纹或作离心分离处理。镀锌工艺应符合《镀锌》（GB/T 407-1997）的要求，保证镀锌的厚度和均度。构件镀锌后，外表应整洁光泽，不得有明显的气泡、裂纹、疤痕、毛刺、端面分层等缺陷。

（2）标志版面制作

交通标志版面的制作，首先进行铝板、铝滑槽的下料，铝滑槽的钻眼、铆连接标志版面，然后对铆接好的标志版面进行清洗，经过太阳的晾晒，最后对版面进行处理；粘贴底膜，字膜排版、刻字、粘贴，包装准备装车，运往工地安装。

交通标志的形状、图案和颜色严格按照《道路交通标志和标线》（GB 5768-1999）及图纸的规定执行，所有标志上的汉字、汉语拼音字母、英文字、阿拉伯数字符合《道路交通标志和标线》（GB 5768-1999）的规定，不采用其他字体。

标志的边框外缘应有衬底色。其衬底的颜色和衬底边的宽度均按规定进行制作。

标志板符合《铝及铝合金板材的尺寸及偏差》（GB/T 3194-1998）的规定，按照《道路交通标志和标线》（GB 5768-1999）附录 E 及图纸的规定进行加固，槽钢在粘贴定向反光膜之前与板面铆接好。符合《公路交通标志板技术条件》（JT/T 279-1995）的规定。

标志板在剪裁或切割后边缘整齐、方正、没有毛刺，尺寸偏差控制在 ±5mm 以内，表面无明显皱纹、凹痕、变形，每平方米范围内的平整度公差小于 1.0mm。

对于大型指路标志，应尽可能减少分块数量，最多不超过 4 块。标志板的拼接采用对接，接缝的最大间隙小于 1mm，所有接缝用背衬加强，背衬与标志板用铆钉连接，铆钉的间距小于 150mm，背衬宽度大于 50mm，背衬材料与板面的板材相同。

粘贴反光膜时在温度 18～28℃、湿度小于 10% 的环境中贴在经过酒精清洁、脱脂、磨面处理的铝板上，不采用手工操作或用溶剂激活黏结剂，在标志表面的最外层涂保护层。贴反光膜不可避免出现接缝时，应用上侧膜压下侧膜，拼接处有 3～6mm 的重叠部分，以防漏水。贴膜时自一端向另一端延伸，边贴边拆下膜后封层，并用压敏贴膜机压实，无任何皱折、气泡和破损，板面不得有回归反射不均匀及明显的颜色不均匀。将用电脑刻字机刻成的文字，按图纸规定事先放样位置贴于板面，并使其位置准确、紧密、平整、无倾斜、皱折、气泡和破损。

制作标志板的铝合金板标牌采用 1.2～1.5mm 厚度的铝合金板，标志板符合《铝及铝合金板材的尺寸及偏差》（GB/T 3194—1998）的规定，按设计图和规范规定制作，标志板的总质量不允许出现对标志结构的力学性能计算不利的情况。标志板外形尺寸，其长度和宽度的允许偏差为 0.5%，标志板的 4 个端面应互相垂直，其偏差不应大于 ±2°。标志板背面采用氧化处理，使其表面变成暗灰色、不反光。标志牌板面制作完毕后，采用包装纸包严，用塑料纸隔离，再用毛毡捆好，装车时采用竖放塞紧，避免在运输过程中板面破损、扭曲。大型指路标志由于在制造、运输过程中困难较大，在图纸要求和监理工程师的指示下，根据板面设计的具体情况，采用适当分割的办法来制造，分别贴反光膜，分别运输、安装。地下标牌安装方式：用 6mm 冲击电锤打孔，再按入塑料膨胀螺丝，后以自攻螺丝转入膨胀螺丝内，通过自攻螺丝另一端的弹簧垫圈的预紧力将标牌固定在墙面或侧柱面。

吊牌采用 25 号角钢表面银粉漆与标牌固定，用冲击电锤钻 Φ8mm 孔，然后用 M8mm 贴膨胀固定。

各种半成品运到现场，全面自检合格，并经监理工程师验收合格后进行安装。将底座法兰盘调整符合要求后，将立柱安装就位。立柱竖直度误差不超过 ±3mm1m，利用吊车将标志牌安装就位，并使其满足设计要求。禁令标志和指示标志为 0～45°，指路标志和警告标志为 0～10°。

为减少标志板面对驾驶员的眩光，路侧设置的标志和悬空标志均应符合《道路交通标志和标线》（GB 5768-1999）和施工规范的要求，即在水平轴和垂直轴方向旋转约 5°。

标志支撑结构应按设计要求制造，在安装前应对各部焊点质量及结构整体性进行检查，试装。

标志板在运输、吊装过程中应避免板体和反光膜的损伤。标志板平面翘曲的允许误差为 ±3mm/m。立柱安装后应与地面垂直，其弯曲度不大于 ±2mm/m。

安装完毕后，清扫板面，请监理工程师检查所有标志，以确定在白天和晚上条件下，标志的外观、视认性、颜色、镜面眩光等是否符合图纸要求。

4.5.4.2 标线施工

标线施工人员分为三组，即路面清扫放线组、涂料熔化搅拌组和标线涂布组。施工气温一般以 10℃为宜，环境温度低于 10℃时坚决不施工。施工时必须保证路面干燥无尘土。

（1）路面清扫放线组。首先，使用人力清除路面积土、浮尘及障碍物、灰尘、沥青、油污或其他有害物质，并按要求标出导线。标导线有多种方式，一种是用绳索弹灰线（即弹线包），此种方法进度较快，简便，但对标线人员技术要求高、凭经验保证导线的曲直，易出偏差，且灰线易掉；另一种用钢钉拉线索，能保证较好的导线曲、直度，但进度稍慢。对于各种箭头、文字一般采用以上两种方法，而对于车道边缘线和分界线可用标线放样车放样施划。施工时，我们将根据经验视具体情况灵活使用。采用喷涂方式较好，底漆宽度一致，漆膜均匀，附着力也很好。用手刷式时要掌握用漆量适中，涂刷均匀，不能漏空、花边。涂布后干燥 5～10 分钟，用手指按下提起拉成丝状为准，此时可视为路面处理完毕。

（2）涂料搅拌组：冷漆搅拌。

（3）标线涂布组：①划线前，应对准备画线的区域进行路面检查，路面划线区域必须干净，否则将影响黏结；②喷涂时，道路表面要干净、干燥，喷漆工作要在白天进行。天气潮湿、灰尘过大时喷涂工作要暂停；③所有横向标线、图例、符号和箭头都要应用样板进行均匀涂敷，表面应平整；④涂料运距不宜过长。

划人字线时，所使用的模具要平，以保证模具与路面紧紧粘住，使划出的线边缘整齐。在划虚线时，要保证画线车行走匀速、直顺，画出的线要美观。

标线在施工后，要对其进行保护，防止污染和破坏，直到标线充分干燥。

有缺陷的、施工不当、尺寸不正确或位置错误的标线均应清除，应更换材料。

标线施工中应注意事项：①准确记载路面和空气湿度、温度、天气情况、风向，路面状况（干净与否）；②涂料使用量，施工涂布率等；③标线外观和黏结力；④标线尺寸是否符合要求；⑤在降雨、风速过大或温度过高过低时，不进行标线施工。下雨天应待路面彻底干透后再进行标线施工。

4.5.4.3 橡胶减速路拱施工

橡胶减速路拱是采用优质进口生橡胶加入各种橡胶固化成分添加剂。减速路拱设置于车道上减慢行驶车辆的速度。适当的铺设减速带可以让车辆产生适度颠簸，而在大道则让驾驶人提高注意力及将降低行车速度。

橡胶减速带按照国际交通标志规范，采用标准黄黑相间。色彩鲜明，易于识别。

产品高度为 50mm，一黄一黑为一套，长度为 500mm，宽度为 350mm。橡胶减速路拱采用"内膨胀锚固技术"。安装方式是：定位后，用冲击电锤打孔，然后把高强度内六角螺钉穿入路拱，用金属膨胀把螺钉拧紧，将其敲入孔内，用内六角扳手将螺钉拧紧，通过螺钉一端的垫圈产生的预紧力将路拱固定。

4.5.4.4 橡胶车轮定位器施工

橡胶车轮定位器通常安装在停车位后端，采用标准块状组合方式和先进的"内膨胀锚固技术"。定位后，冲击电锤钻钻孔后将金属膨胀螺栓敲入孔内，然后用扳手将膨胀拧紧，安装牢固、稳定、可靠，车辆撞击时不会松动。安装时用拉爆螺丝固定在每个车位上。还必须用弹线，用道钉或螺栓加固一边，确保各车位车轮定位器在同一直线上。

4.5.4.5 通道及诱导标牌施工

通道诱导标牌设置于地下停车场通往地面与通往地下的导向标志，安装方式为附着通道两侧墙面，用以提示驾驶员车辆行驶方向。

图 4-20 通道及诱导标牌

4.5.4.6 广角镜施工

广角镜用在转弯处容易发生车辆碰撞处的地方，利用镜子的反射原理，使车辆可以看到其他方向的车辆。镜面采用有别于一般玻璃镜面的柔面型凸镜，镜子规格Φ800mm，设置高度距地面 1600~1800mm。

安装方式是用冲击电锤在墙面或者柱面钻孔，放入 Φ6mm 塑料膨胀，然后将标牌和胶条对准定位，然后将带垫圈的 Φ4.2×40mm 自攻螺丝拧入塑料膨胀，通过垫圈产生的预紧力将凸面镜和胶条固定。

4.5.4.7 护墙角施工

用天然橡胶制作的防撞胶条安装在容易和车辆发生擦剐的墙角处，在车辆和墙角发生剐蹭的时候起到很好的缓冲作用，减少车辆的损伤。本工程护墙角采用规格为 L600×70×70mm，厚 8mm。安装在立柱体转角处，用万能胶粘贴或用膨胀螺栓固定。

4.6 山东省菏泽市新型共建体（PPP）公共立体停车场建设项目

4.6.1 项目概况

本项目总投资规模约 23.6 亿元；项目资本金约 6.8 亿元；项目公司股权结构：政府占比 10%，社会资本占比 90%；经营方式为项目公司经营；收益回报极致为使用者付费和可行性财政缺口补助。结合菏泽市停车泊位问题比较突出的现状，迫在眉睫需要解决的区域，挑选了具备条件的 15 个典型地块，占地面积约 115 亩，计划建成面积达到约 43 万平方米的新型立体停车场，其中车库面积约 27 万平方米，停车泊位约 12120 个，商业面积约 16 万平方米，能提供直接就业岗位 90 个，间接就业岗位约 3500 个以上。

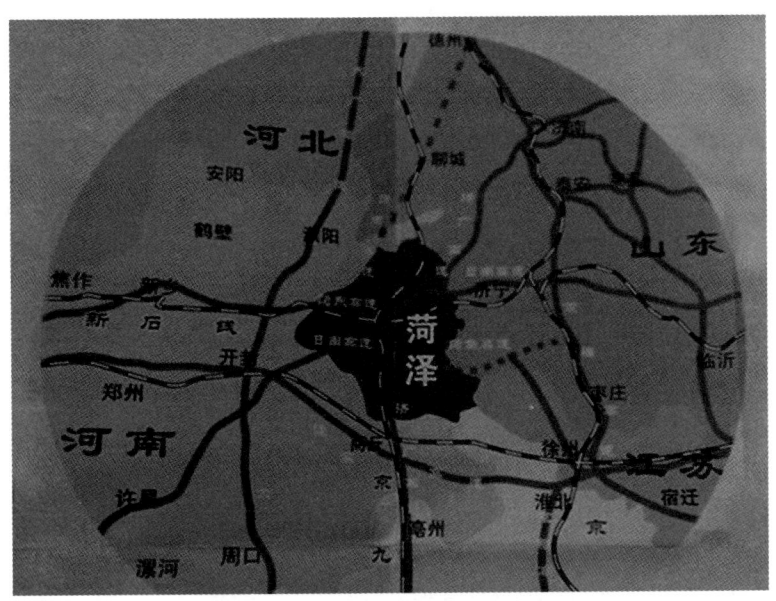

图 4-21　菏泽市地理位置图

4.6.2　山东省菏泽市停车调查现状

据了解，去年全国汽车保有量较大的省份主要集中在东部地区，其中保有量前五位的省份依次为山东、广东、江苏、浙江和河北。山东排名第一，汽车保有量为 1504.2 万辆。截至 2016 年 8 月份，菏泽机动车保有量已经突破了 130 万辆，每年增速达到 18%。根据统计部门公布的数据，截至 2015 年底，全市常住人口达 850.03 万人。据此估算，全市平均每 7 个人中就有一人是机动车驾驶员，每 13 人就拥有一辆私家车。

130 万辆机动车是什么概念，家用的小车长度都在 3.8~4.3 米之间，按平均 4 米计算，130 万辆机动车首尾相连长度达到 520 万米，可绕中华路（13 公里）400 圈。每天来到车管所上牌的车辆都在三四百辆，一人多车的现象普遍存在。全市已考取驾驶证的驾驶人近 130 万，现在正以每年 20% 的速度增长，以后路上车辆会越来越多。

就菏泽城区而言，2014 年，菏泽城区汽车保有量 11 万辆；2015 年，增加到了 13 万辆，每年以 18.2% 的速度增长，预计今年年底将超 15 万辆。目前，菏泽某些地段人行道设计区域较小，一旦在路面上划分停车位，便阻断了盲人道。而某些地段人行道很是宽阔，但这些区域即使划分了停车位，多余的空间也会"引来"私家车在人行道上随意停放，甚至占据盲人道。与此同时，根据相关部门的统计，目前城区仅有 4000 余个停车位，明显供不应求，必然造成停车难的问题越来越突出。

2016 年年初，市政府工作报告中提出，年底前建成 20 个便民停车场，主要设置在城区商业区、居民住宅集中区域，目前建成投入使用的停车场有 8 个，以每个便民停车场设 100 个停车位计算，预计全部建成后可提供 2000 个停车位，但依然满足不了停车需求。

据了解,菏泽市新型公共立体停车场建设项目拟投资15亿元,项目总占地面积约60亩,总建筑面积74988m^2,预计于2017年投入使用。其中:地上部分为2层商业建筑,建筑面积为35000m^2;地下部分为立体停车库,建筑面积为39988m^2。

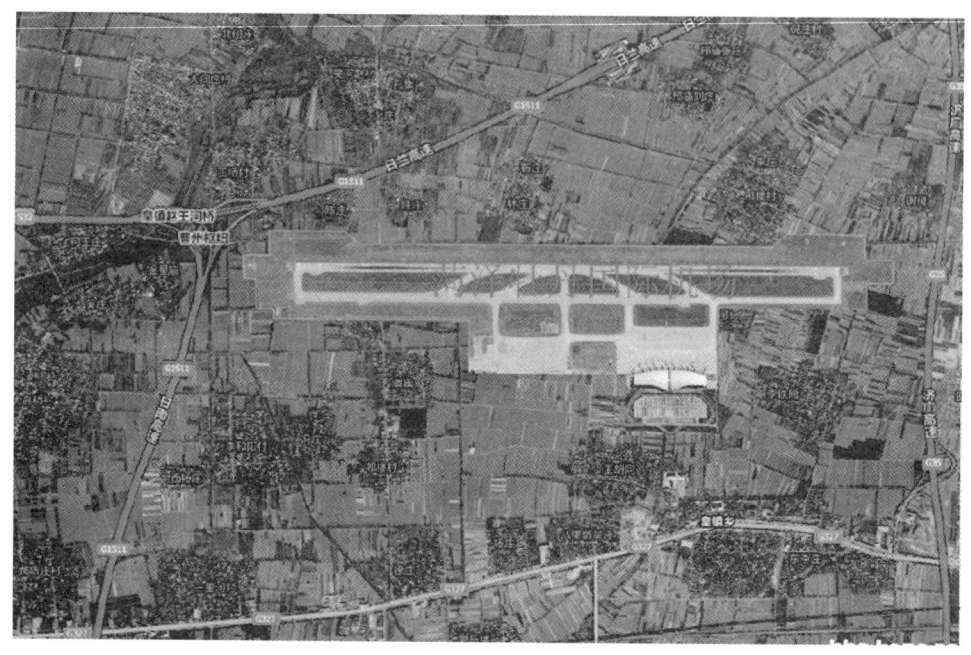

图 4-22　菏泽市城区分布鸟瞰图

4.6.3　菏泽市道路交通系统

菏泽区域交通规划,如图 4-23 所示。

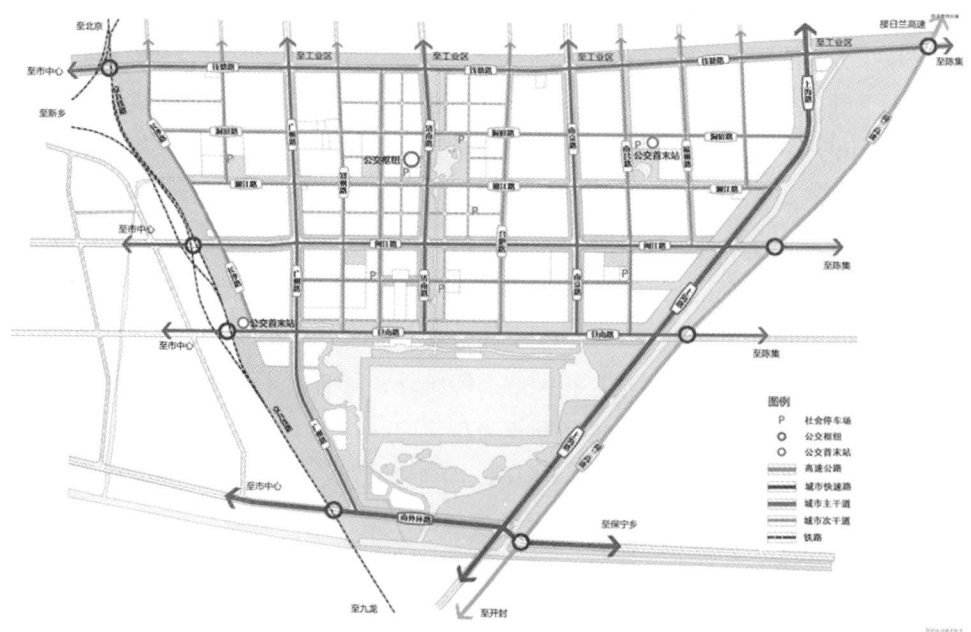

图 4-23　菏泽市区域交通规划图

4.6.4 菏泽市停车问题分析

（1）道路拥堵经常出现，道路（人行道）通行效率严重下降

在我国家庭小轿车数量飞数增加和土地价格大幅攀升的今天，山东省菏泽市的私家车也随着潮流越来越多。由于地面的停车位无法满足更多的停车需求，部分汽车侵占机动车道、人行道、非机动车道，使本不宽敞的机动车道变得更为狭窄，造成交通拥挤、车数速下降，并带来诸多不安全的因素。

（2）小区生活环境遭到破坏，"无车族"与"有车族"矛盾加剧

随着大量汽车进入居民小区，现已车满为患，尤其是早期建设的小区，情况更加严重，导致为停车而占据小区绿化等公共设施，使得"无车族"与"有车族"矛盾加剧，严重影响菏泽市和谐社会的建设。

（3）现在的资源没有得到优化利用

在山东省菏泽市不难发现这样的情况：地面的停车很拥挤，可是一些大型的车库却是座有虚席。不仅浪费了车库所占的空间，又对地面环境造成了压力，造成了城市空间资源的极大浪费。

（4）经济发展受到制约，投资环境遭到影响

一是由于车位稀缺，停车困难，人们购买汽车的欲望被束缚，导致汽车化进程变缓，汽车作为国家未来的主导产业将受到影响，进而阻碍经济的进一步发展。二是一些商业网点如宾馆、饭店、商场和娱乐场所因受停车场所的制约，造成客户流失、痛失商机，企业效益受到影响；货物配送等方面也受到时空的限制，工作效率下降，运输成本提高，企业竞争力削弱。三是为寻找车位汽车无效形式的历程大大增加，浪费能源、时间、破坏环境。四是停车难也不可避免地影响外地客商对城市投资环境的信心。

据悉，国内交通压力正逐步从动态向静态转化，"停车难"已成为城市发展的一个公共性难题。而立体停车场最大的优势就在于其能够充分利用城市空间，被称为城市空间的"节能者"，能够最大限度利用空间资源，把车辆进行立体停放，节约土地并最大化利用。

山东省菏泽市解决静态交通问题需要"两手抓"，一方面，对违章停车实行严管，将静态车辆送进停车场（库）；另一方面，加强对繁华商业区、集中办公区、公共服务和人口稠密区有限停车空间的集约利用，提高停车密度，加强有效停车位供给。

4.6.5 交通组织规划方案

根据菏泽市总体规划的要求，同时又要满足建设地的交通要求，并且考虑经济发展和实施的可能性，该项目拟在菏泽市城区 12 处地点建设立体停车库 + 商业及配套服务设施，分别为和平美食广场、茂业百货东侧、双河立交桥东南角、大剧院东北角等 12 处。

市和平路和平美食广场北临地块的公共立体停车库，占地面积 1200m²；市中华路

茂业百货东侧地块的公共立体停车库，占地面积 6000m²；市双河立交桥东南角（原乾隆养生馆）地块的公共立体停车库，占地面积 3500m²；菏泽大剧院东北角（演武楼正北区域）的公共立体停车库，占地面积 10000m²；市双河路创伤医院东临与中石油加油站中间地块的公共立体停车库，占地面积 1330m²；牡丹人民医院儿童门诊东临（马家熟食北城快餐）地块的公共立体停车库，占地面积 1500m²；市八一路与西安路交叉口东北角（第三人民医院西侧）不规则地块的公共立体停车库，占地面积 1824m²；市立医院北门对过（地震局大门西侧）的公共立体停车库，占地面积 1584m²；牡丹体育场北门（牡丹区武装部西侧）的公共立体停车库，占地面积 6000m²；市解放街与曹州路东北角（茶叶市场西临）地块的公共立体停车库，占地面积 1440m²；市八一路军分区对过地块的公共立体停车库，占地面积 2610m²；市八一路干休所东侧（三信购物广场西侧）的公共立体停车库，占地面积 3000m²。

本项目建成后，可为菏泽市城区提供 2000 个停车泊位、500 个就业岗位以及一定量的商业建筑，可以极大地缓解菏泽市城区停车难的现状，并在一定程度上解决就业问题，促进经济发展。

4.6.6 停车治理对策建议

停车治理对策主要包括以下几个方面：
（1）自主投资经营，出租车位；
（2）与已有地面停车车位合作开发经营；
（3）帮助现有小区改造、出售车位；
（4）为新开发小区建立立体车位；
（5）为建成车库提供优质的售后服务。

4.6.7 本项目物有所值评价

山东省新型共建体（PPP）公共立体停车场建设项目采用 PPP 模式，不仅可以减轻菏泽市政府的债务负担，减轻地方融资平台压力，减少政府风险，增加市政基础设施建设，提高政府公共服务水平；还能有效促进政府职能转变，提高政府办事效率。对社会资本来讲，拓宽了社会资本发展空间，促进竞争，进一步激发公有制经济的活力；对社会公共服务来讲，通过"让专业的人做专业的事"，提高公共产品供给效率和服务质量。从物有所值的定性评价上看，本项目实施 PPP 模式能够增加基础设施和公共服务供给、优化风险分配、提高实施和运营效率、促进创新和公平竞争。VFM 定性评价专家评分 81.52 分，高于 60 分，通过物有所值定性评价。从定量评价看 VFM 为 137544.1 万元，通过物有所值定量评价。基于定性和定量评价两方面，建议该项目采用 PPP 模式。经过组织专家评审，评价论证结果合规。

4.6.8 项目运作模式

本项目拟采用建造—经营—移交（BOT）模式实施，政府方负责项目用地的选址、规划、前期工作（包括立项、可行性研究、规划、设计标准、环评、征地拆迁、电力及市政管网迁改以及工程施工所需的配套服务）及其审批手续，并按照征地拆迁实施计划向社会资本方提供项目工程建设用地。社会资本方负责本项目的设计等。社会资本和政府共同成立的项目公司负责上述工程的投资、融资、建设等。项目协议期满后，上述资产全部无偿移交给市政府。

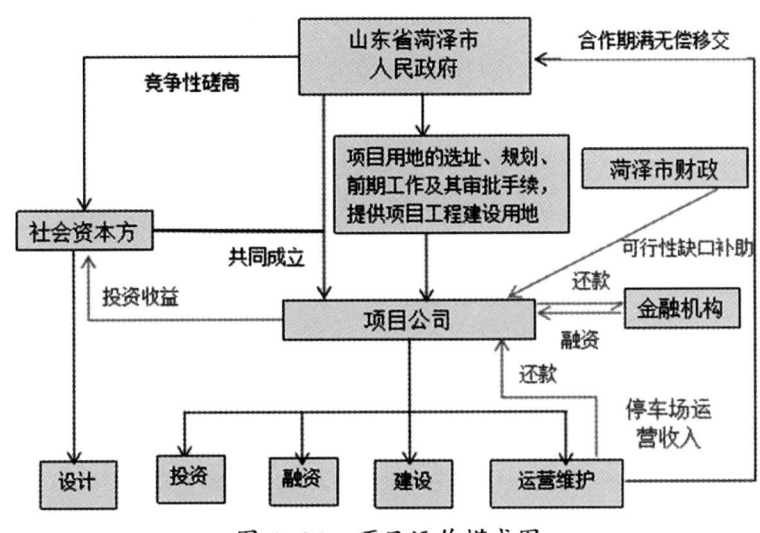

图 4-24 项目运作模式图

参考文献

[1] 黄锡璆.中国医院建设指南（第三版）[M].北京：中国质检出版社、中国标准出版社，2015.

[2] 庞玉成.复杂建设项目的业主方集成管理[M].北京：科学出版社，2016.

第 5 章 医院停车场（库）运营管理与评价

康泽泉

伴随着我国城市化进程加快，人们选择出行方式的变化，私家车普遍进入家庭。医院作为人员聚集的公共场所，成了各个城市交通拥堵的重点区域，医院停车难也成了社会问题。在一些大中型城市，各级政府已经着手解决医院周边交通拥堵的重点区域。医院如何根据自身情况，引进社会化服务，来提高自身的停车场（库）运营管理水平；如何在医院停车场（库）建设及改进中结合现代化、科技化、智能化的停车管理手段，来有效地提升医院停车场（库）空间，实现医院停车场（库）的智能化管理，是需要思考的问题。

5.1 医院停车场（库）社会化服务

随着我国社会主义经济建设的进一步发展，以及社会主义计划经济向市场经济的转变，这种社会变革已经引起了各行各业管理或经营理念的深刻变革。医院这个在一定意义上的"经营实体"，也同样经历着这种变革的考验，医院停车场（库）社会化服务就摆在了每一个医院管理者的面前。在市场经济的条件下，医院停车场（库）社会化服务成为医院改革的重要组成部分，也是社会大生产的客观要求。在一定程度上，将停车场（库）推向社会、推向市场、走市场化发展道路是改革的必然趋势，是在新形势下医院管理理念的进一步转变和革新。

5.1.1 社会化服务模式

进出医院的人员主体十分复杂，包括内部员工、探访客人、推销人员等，所以对于医院来说，管理车辆是一件令人头疼的事情。因此引进专业停车管理理念，优化医院现有财力、物力、人力的协调性，确保各项物资资源发挥最优化的效益，是符合市场经济规律的。

而医院停车场（库）社会化服务模式一般包含了租赁承包、劳务外包、合作经营及其他方式等。

5.1.1.1 租赁承包

租赁承包的收益方式一般是固定收益。固定收益方式是指甲乙双方根据停车场的面积和车流量估算收益，由乙方按月/季向甲方缴纳占地费，停车场管理人员的工资、保险、福利、税金，停车场设备日常更新及维护及车辆在停车场内发生事故的赔偿全部由乙方承担。

停车场收益分成方式是甲乙双方根据停车场的面积和车流量估算收益。乙方对核算停车场管理人员的工资、保险、福利、税金，停车场设备日常更新、维护及车辆在停车场内发生事故的赔偿等费用后，根据停车场收益情况与甲方协商停车场收入分配比例，甲方每天/周/月对停车场收入进行监管，并要求乙方按照约定时间上缴停车场收益。

5.1.1.2 劳务外包

劳务外包是指甲方按双方核定的岗位人数支付给乙方人员工资、保险、福利、税金及管理费，停车场经营收入全部归甲方所有，停车场收入税金、设备设施维护、更新及车辆在停车场内发生事故的赔偿全部由甲方负责。

5.1.1.3 合作经营

合作经营是指甲乙方双方共同对甲方停车场进行投资，如建设立体车库、停车场智能化系统、停车场收费系统投资等方式，甲方根据乙方投入的情况，给予乙方合理的经营年限，同时要求乙方每年上交一定比例的承包金。

5.1.1.4 其他方式

（1）PPP合作模式。PPP（Public-Private Partnership）指政府和社会资本合作，是公共基础设施中的一种项目与运作模式。在该模式下，鼓励私营企业、民营资本与政府进行合作，参与公共基础设施的建设。

（2）BOT合作模式。BOT指私营部门的合作伙伴被授权在特定的时间内融资、设计、建造和运营基础设施组件（和向用户收费），在期满后，转交给公共部门的合作伙伴。即私营部门为设施项目进行融资并负责建设，拥有和经营这些设施，待期限届满，民营机构将该设施及其所有权移交给政府方。

5.1.2 自管与服务外包优缺点分析

5.1.2.1 自管自营优缺点分析

（1）自管自营的优势是掌握控制权，打造自己的团队

医院自营，可根据掌握的资料对停车场的各个环节进行有效的调节，解决停车场管理过程中出现的问题，以便随时调整医院的管理策略。通过自营管理，医院可以全过程地有效控制停车场管理系统的运作。

自营模式的管理人员都是经过底层锻炼的，他们具有一定的韧性，从而为以后的发展奠定人脉基础。

自营模式可以解决医院自有部分自有员工的再就业问题。

（2）自管自营的缺点是导致运营成本居高不下，管理困难

医院为了建立管理系统，投入大量设备及人力资本，这必然减少医院其他重要环节的投入。

对绝大多数医院而言，停车管理并不是医院所擅长的。在这种情况下，医院自营就等于迫使自己从事不专长的业务活动，医院的管理人员往往需要花费很多的时间、精力和资源去从事停车管理的工作，结果可能是辅助性的工作没做好，又没有发挥关键业务的作用。

5.1.2.2 服务外包优缺点分析

服务外包的优点是可以降低经营成本，有效提高服务质量等。

① 降低经营成本。

其一，由于专业化分工所带来的高效率，许多专业性服务公司在其专业领域都拥有比医院更有效的资源和组织。这些企业承揽大量专项服务业务，通过规模经营来实现比单个停车管理企业高得多的经营效率，因而能够以优质低价为物业管理企业提供服务，从而为医院节省运营的费用。

其二，通过保安、停车管理、保洁业务外包，日常工作中只需配备少数维修人员，

管理开支大为减少，特别是减少在人力资源管理方面的成本。目前国家加强了对劳动用工制度的监管力度，用人单位的用工成本逐步升高，外包服务可以有效降低这方面的成本。

其三，将专项业务外包有利于医院节约固定资产投资，在财务管理上，支付固定合同的现金较设立内部成本中心进行预算管理，通常更容易进行成本控制。

② 业务外包可以有效地提高服务质量。专业公司通过发挥资源优势、规模优势、技术优势来提高其所提供产品（服务）的质量。专业公司由于业务相对单一而且专注，其专业化优势可以得到充分彰显。比如专业的电梯维修保养公司，可以科学规范地制订详细的维护保养计划，达到预想的维护保养效果；专业的保安、停车公司，有较系统的人员管理办法及训练方式以及广泛的招聘渠道，结合项目的需求在技防、人防、停车管理上下功夫，这必将大大提高管理能力。

③ 业务外包可以规避一些风险，增强防范和抵御风险的能力。对于风险高、管理难度大、专业性强的业务，也可采用外包的服务方式以确保在提供服务的同时规避管理责任风险。如电梯设备的维保与运行，在多数物业管理企业均采用外包的服务方式，其原因可能包括：电梯属于特种设备，国家对其的管理要求极为严格，要求从业企业有专项资质许可（包括经营资质和安全许可），对从业人员技术要求较高且要持证上岗，属于典型的技术含量高、管理难度大、安全责任风险大的专项外包业务。

④ 医院实施专项服务业务转委托带来的最直接好处，是通过转委托把医院有限的内部资源集中在最具成本效益、最有价值的核心业务上，保持医院人员精干，从而获得提升核心竞争力的机会。医院通过专项业务外包，逐步从繁杂的专业化事务中解脱出来，成为医院停车场（库）管理的组织者、监督者和协调者，实现了"管理"职能的回归，扮演了一个服务集成商的角色。医院不是业主服务需求的生产者，不再直接向业主提供有形服务，而是通过提供间接服务、人文服务和信息服务，组织和落实社会专业服务资源，为业主提供服务。

5.1.3 社会化服务考核标准

5.1.3.1 服务内容

① 提供医患人员车辆管理及问讯引导服务。

② 停车场出入口引导、登记、收费工作，保证停车场交通畅通、机动车停放整齐有序。

③ 停车场区域巡视检查、防火防盗，正确使用和维护各种停车管理设备的工作。

④ 停车场突发事件应急服务（机动车剐蹭、丢失）。

⑤ 重大活动的车辆引导管理服务。

⑥ 停车场内发生由停车场管理公司失误造成的车辆剐蹭、损毁、丢失以及人为恶意破坏等事故，均由停车场管理公司负责处理。

⑦ 发生理赔时，停车场管理人员须通知院方，做好现场保护工作，对现场进行拍照，保证照片清晰度。

⑧ 发生理赔时，停车场管理公司通知保险公司进行现场确认，并负责向已投保的保险公司办理理赔。

⑨ 停车场管理公司要帮助院方办理停车场备案手续，使停车场具备正常运营条件和合法经营权，院方负责提供法律、法规所要求履行的义务。

5.1.3.2 考核办法

（1）考核的基本原则

① 考核分值为百分制，主要由两部分组成：车管公司月度工作考核表占80%，车管工作月度满意度调查表占20%；

② 月考核达到85分以上为合格；

③ 月考核85分以下为不合格，需在规定时间（3日内）对出现的问题进行整改，并扣减当月服务费的10%；

④ 月考核连续两个月不合格，扣减第二个月服务费的20%；情节极为严重者，解除合同。

（2）处罚标准

① 中选人在服务期间，如果出现重大过失，给医院造成了严重影响，中选人应承担全部责任，并扣减当月服务费的30%；情节极为严重者，解除合同；

② 中选人在服务期间，违反工作考核标准或其他技术条款，视情节轻重可扣减当月服务费的1%~10%；情节特别严重者会另行处罚；

③ 中选人在服务期间，违反工作考核表标准或其他技术条款，未在约定期间整改的扣减当月服务费的5%；情节特别严重者另行处罚。

（3）奖励标准

中选人符合一些情况的，可奖励加分：遵守规章制度，出色完成本职工作的，加2分；拾金不昧，主动上交到后勤保卫处的，加2分；及时发现医院内消防、治安、交通等安全隐患并提出整改意见的，加2分；为医院提供优质服务受到表扬、表彰的，加5分；制止恶性事件发生并有效保护医务人员人身安全的，加10分。

5.1.4 社会化服务招标流程

招标资格与备案：招标人自行办理招标事宜，按规定向上级行政主管部门备案；委托代理招标事宜的应签订委托代理合同。

确定招标方式：按照法律法规和规章确定公开招标或邀请招标。

发布招标公告或投标邀请书：实行公开招标的，应在国家或地方指定的报刊、信息网或其他媒介，并同时在招标网上发布招标公告；实行邀请招标的，应向三个以上符合资质条件的投标人发送投标邀请。

编制、发放资格预审文件和递交资格预审申请书：编制、发放资格预审：采用资格预审的，编制资格预审文件，向参加投标的申请人发放资格预审文件。

填写资格预审申请书：投标人按资格预审文件要求填写资格预审申请书（若是联合体投标应分别填报每个成员的资格预审申请书）。

资格预审，确定合格的投标申请人：审查、分析投标申请人报送的资格预审申请书的内容，招标人如需要对投标人的投标资格合法性和履约能力进行全面的考察，可通过资格预审的方式来进行审核。招标人可按有关规定编制资格预审文件并在发出三日前报招标投标监督机构审查，资格预审应当按有关规定进行评审，资格预审结束后将评审结果向招标投标监督机构备案。备案三日内招标投标监督机构没有提出异议，招标人可发出"资格预审合格通知书"，并通知所有不合格的投标人。

编制、发出招标文件：根据有关规定、原则和现场实际情况、要求编制招标文件，并报送招标投标监督机构进行备案审核。审定的招标文件一经发出，招标单位不得擅自变更其内容，确需变更时，须经招标投标管理机构批准，并在投标截止日期前通知所有的投标单位。招标人按招标文件规定的时间召开发标会议，向投标人发放招标文件、施工图纸及有关技术资料。

踏勘现场：招标人按招标文件要求，组织投标人进行现场踏勘，解答投标单位提出的问题，并形成书面材料，报招标投标监督机构备案。

编制、递交投标文件：投标人按照招标文件要求编制投标书，并按规定进行密封，在规定时间送达招标 文件指定地点。

组建评标委员会：评标委员从招标公司专家数据库中随机抽选。

开标：招标人依据招标文件规定的时间和地点，开启所有投标人按规定提交的投标文件，公开宣布投标人的名称、投标价格及招标文件中要求的其他主要内容。开标由招标人主持，邀请所有投标人代表和相关人员在招标投标监督机构监督下公开按程序进行。从发布招标文件之日起至开标，时间不得少于20天。

评标：评标是对投标文件的评审和比较，可以采用综合评估法或经评审的最低价中标法。

① 评标委员会根据招标文件规定的评标方法，借助计算机辅助评标系统对投标人的投标文件按程序要求进行全面、认真、系统地评审和比较后，确定出不超过3名合格中标候选人，并标明排列顺序。

② 评标委员会推荐中标候选人或直接确定中标人应当符合：能够最大限度满足招标文件中规定的各项综合评价标准；能够满足招标文件的实质性要求，并且经评审的投标价格最低，但低于企业成本的除外。

定标：招标人根据招标文件要求和评标委员会推荐的合格中标候选人，确定中标人，也可授权评标委员会直接确定中标人。

③ 使用国有资金投资的项目，招标人应当确定排名第一的中标候选人为中标人。

排名第一的中标候选人放弃中标，因不可抗力提出不能履行合同，或者未满足招标文件中规定内容的，招标人可以确定排名第二的中标候选人为中标人，以此类推。所有推荐的中标候选人均未被选中的，应重新组织招标。不得在未推荐的中标候选人中确定中标人。

招标人授权评标委员会直接确定中标人的应按排序确定排名第一的为中标人。

中标结果公示：招标人在确定中标人后，对中标结果进行公示，公示时间不少于3天。

中标通知书备案：公示无异议后，招标人将工程招标、开标、评标、定评情况形成书面报告送招标投标监督机构备案。发出经招标投标监督机构备案的中标通知书。

合同签署、备案：中标人在30个工作日内与招标人按照招标文件和投标文件订立书面合同，签订合同5日内报招标投标监督机构备案。

5.1.5 社会化服务外包公司基本资质

① 外包服务公司必须为中国合法注册的独立法人、营业执照经营范围包括公共停车场服务或机动车辆寄存，注册资本金1000万以上；

② 外包服务公司具有独立承担民事责任的能力；具有良好的商业信誉和健全的财务会计制度；具有履行合同所必需的设备和专业技术能力；有依法缴纳税收和社会保障资金的良好记录；参加本次采购活动前三年内，在经营活动中没有重大违法记录；遵守国家有关法规的规定；

③ 外包服务公司具有有效的ISO 9000系列质量管理体系、环境管理体系认证及职业健康安全管理体系认证、劳务派遣资质；

④ 外包服务公司应至少具有一个正在服务的医院停车场服务业绩或类似业绩项目；

⑤ 社会化服务外包合同文本。

例：

停车管理合同

甲方：（以下简称甲方）

地址：

甲方代表人：

邮政编码：

乙方：

地址：

乙方代表人：

邮政编码：

为加强_____停车场的管理，依据地区停车管理办法，经甲乙双方友好协商，就乙方派遣停车管理服务人员提供北区停车场管理服务事宜，签订本合同。

第一条 服务范围及内容

1. 甲方经营的___停车场，有车位数___个，其中立体车位___个，平面车位___个。
2. 停车场采用___收费。
3. 停车场出入口的设备操作与管理；场内车辆的安全巡视等服务。
4. 本停车场工作时间为 24 小时。

第二条 岗位人员设置

本合同岗位核定人数为___名，服务岗位见附件3。实际人数按照实际管理服务范围和具体到岗时间据实计算。

第三条 管理服务人员要求

1. 乙方提供的停车管理服务人员必须经过专业指导培训后上岗。
2. 乙方派遣人员年龄要求在 18 周岁以上，50 周岁以下。
3. 除指定岗位（由甲方确定）允许女性员工外，其余岗位均需男性。
4. 所派遣劳务人员男性身高不低于 165 厘米。
5. 乙方劳务人员中的实习学生比例，不得超过派遣人员总数的 20%。
6. 项目经理从事停车服务行业管理不低于 2 年，管理过立体车库，并保证在负责本项目合同期内稳定，不调换。
7. 乙方提供的停车管理服务人员必须随季节统一着装，并保证服装整洁。

第四条 管理服务标准及要求

1. 所提供的停车管理服务必须符合国家、地方法律法规的要求。
2. 所提供的停车管理服务必须遵守"___医院"有关停车场管理标准和要求，以及各项停车管理规章制度（见附件1-2）。

第五条 甲方的权利义务

1. 依据本合同，委托乙方运营管理_____医院停车场。
2. 负责停车场日常工作的协调、监督、检查。有权对不合格、不胜任的派遣服务人员提出更换。
3. 负责机动车停车场经营所需的各种备案登记与复审手续。
4. 停车场财务管理。
5. 确定特殊车辆及医院职工车辆的收费标准（其他社会车辆执行物价部门批准的收费标准）。
6. 监督乙方制定的医院停车管理方案的实施，监督管理乙方派遣服务人员的行为。按照双方确定的岗位设置，检查乙方是否有空岗现象，考核人员的出勤，每月考核评定一次，以确保服务质量。如因乙方管理不善，造成重大损失，甲方有权提前终止合同。
7. 委托乙方对违反安全规定的行为进行处理：如扣留肇事人（车辆）、报警等。

8. 遇有政治活动或特殊事件发生时,负责通知、组织、指挥乙方派遣服务人员备勤服务。

9. 为便于乙方实施管理,甲方尽可能向乙方提供必要的工作、生活便利条件。

第六条 乙方的权利义务

1. 根据有关法律法规,结合实际情况,制订医院停车场管理方案。

2. 乙方有权要求甲方按照协议约定时间进行结款。

3. 自觉遵守各项规章制度,接受甲方监督管理,提供派遣人员信息,服从甲方考勤。

4. 乙方在管理服务过程中有权对甲方的停车场或经营事项提出建议和意见,甲方应视情况予以必要的处理。

5. 乙方有权拒绝甲方提出的违反法律法规及相关规定的要求,并不视为违约。

6. 对派遣的人员进行岗前培训,保证派出人员的素质。使用礼貌用语,文明热情为客户服务,无违规行为,不消极怠工。

5. 保证每日出入、停泊车辆的安全,维护车场交通有序畅通,合理有效疏导车辆,如出现投诉,应立即报告甲方并积极协助解决。

6. 维护、看护停车场设施,保证设备正常运转,如遇故障及时报修。如因乙方责任造成甲方设备损坏,乙方予以赔偿。

7. 对违反安全规定的行为进行处理。

8. 负责本合同约定停车场的机动车停车场公众险、责任险的投保事宜并承担相关费用,经确认属于保险责任范围内的出险,乙方负责办理理赔。

9. 派遣服务人员的食宿、交通、对讲机等由乙方承担。

10. 统一派遣人员着装。

11. 不得转包任何岗位。

12. 发生人员变动时应通知甲方,接替人员需经甲方认可后方可上岗。

13. 合同期满时向甲方移交全部专用房屋、有关财产及相关资料。

第七条 派遣人员保险福利

乙方派往甲方的车场管理服务人员的工资、各项保险费用及有关福利均由乙方承担,上述人员若出现工伤或意外,均由乙方承担相应责任。

第八条 服务费用

本合同服务费年总价小写_____元(大写:_____),岗位人员单价　元/人/月(大写:_____),甲方每月依据乙方具体到岗时间及实际出勤人数(根据车位开放管理范围及岗位情况由甲方做增减调整),核定当月服务费总额。

第九条 结算方式

甲方于次月 10 日前以支票方式向乙方支付上月服务费总额的 90%(法定节日及特殊情况顺延),其余 10% 暂扣。甲方每月组织满意度调查,对乙方进行考核评定(见附件 4),每三个月为一阶段。一个阶段结束后,依据平均得分,按下表比例向乙方返还暂扣部分服务费，此暂扣部分服务费不计利息。

阶段平均满意度	返还比例
≥95%	100%
<95%，≥等于80%	90%（余下10%作为罚金，归甲方所有）
<80%，≥等于70%	80%（余下20%作为罚金，归甲方所有）
<70%	0（全部扣款作为罚金，归甲方所有）

第十条　服务期限

自____年____月____日至____年____月____日止。

第十一条　合同的变更、解除和终止

1. 甲乙双方协商一致，可以变更本合同。

2. 有下列情形之一，乙方可以随时通知甲方解除合同，并由甲方负责赔偿乙方损失：

（1）甲方以暴力、威胁、监禁或者非法限制人身自由的手段强迫劳动。

（2）甲方不能按照本合同规定支付服务费用。

3. 有下列情形之一，甲方可以随时通知乙方解除合同，并由乙方负责赔偿甲方损失：

（1）乙方不能按甲方要求满足停车管理服务标准，不能完全履行乙方义务。

（2）因乙方原因发生缺勤、岗位缺编、虚报人数等严重违约行为。

（3）因乙方管理不善造成重大损失。

4. 本合同期限届满，合同即终止。

5. 任何一方如不同意续约，应当在合同期满前1个月以书面形式通知对方。

第十二条　违约责任

1. 合同签定时，乙方向甲方一次性支付人民币壹万元的履约质保金。

2. 乙方完成合同规定的管理目标，甲方在合同期满后3个工作日内返还乙方全部履约质保金，此质保金不计利息。

3. 经核实由于乙方服务质量原因，造成顾客投诉或行业管理部门责令限期整改情况出现时，责任投诉每发生1次扣除人民币200元，整改2次仍不能改进并造成一定影响的扣除人民币500元；政府责令整改发生1次扣除人民币2000元，并承担相应赔偿、处罚损失。

4. 质保金不足人民币壹万元时，甲方有权直接从应支付乙方的服务费中划扣予以补足。

5. 乙方管理失误造成的损失由乙方承担并处以发生额10倍的经济处罚，情节严重者追究其法律责任。

6. 乙方派遣人员未达到合同约定条件，甲方不予支付该人员服务费。

7. 乙方派遣人员发生变动，未报甲方同意，每发生1人次扣除人民币100元。

8. 本合同一经签订，双方应忠实履行全部合同条款，遇重大问题，双方应以维护共同利益为准则，及时协商解决。除遇有不可抗力外，不得随意解除或终止合同。若任何一方违约而单方面终止本合同，应对因此而给另一方造成的经济损失予以赔偿，其赔偿额度视损失程度而定。

第十三条　效力

1. 本合同自双方签订之日起生效。本合同执行期间，未经双方书面同意，双方不得随意变更和解除合同。如有未尽事宜，应由双方共同协商，并作出书面补充说明，与本合同具有同等效力。

2. 乙方的投标书和本合同附件是本合同不可分割的部分，与本合同具有同等法律效力。

第十四条　争议解决

本合同履行过程中，如双方发生争议，或任何一方给另一方造成经济损失尚未处理完毕，应协商解决。如协商不成，甲乙任何一方均可向合同履行地东城区人民法院起诉。

第十五条　合同正本一式肆份，甲方和乙方各执贰份。

甲方：	乙方：
（盖章）	（盖章）
法人代表（或委托人）：	法人代表（或委托人）：
年　月　日	年　月　日

5.2 医院停车场（库）运营管理

5.2.1 医院停车场（库）运营管理模式

5.2.1.1 APP平台

APP平台停车平台能实现停车场查询、空位查询、停车诱导导航、车位预订、停车指数预报、会员服务、电子缴费等功能，把城市中各个零散的停车场连接成一个整体，实现信息互通、数据集中、管理集中、服务升级的功能。

停车平台及泊位管理系统由两大部分组成，一部分是控制中心平台、门户网站等；另一部分是停车智能化系统、数据采集设备等，而平台则连接了停车场管理者和驾驶者用户。

平台为停车场管理者实现了以下功能：

① 通过信息及时发布车场车辆数据，带来更多的车流；

② 远程的信息化管理，使运营方实施了解车场情况。

③ 减少人员数量，降低人工成本；

④ 利用电子缴费，提高资金归集效率，减少现金流失；

⑤ 大数据分析，制定停车场营销策略，提高营收；

⑥ 停车场不停车出入，加快车位的周转效率。

平台为驾驶者实现了以下主要功能：

① 动态车位查询，停车指数预报，提前出行决策；

② 停车诱导，路线导航；

③ 车位预订，停车服务购买；

④ 电子支付。

另外，APP平台对于城市交通来说，有助于管理部门及时了解停车场实时信息，优化周边停车资源，提升行业技术水平，减少大量的无效交通，减少排放污染，促进节能减排、保护环境目标的实现，为缓解城市的"停车难"问题做出积极贡献。

5.2.1.2 智能停车管理系统

随着经济的发展和人民生活水平的提高，买车成为人们的奋斗目标之一，可随着车辆的增多，车辆的停泊问题也随之出现。这就使得各停车场需要更加先进、更加完善的车辆管理系统，为车主带来方便，使停车场的管理系统化，因此开发了停车场管理系统。

（1）系统目标

① 停车场内车辆信息的及时汇总，随时了解停车场车位的使用状况；

② 统计车辆信息全部电脑化，提高工作效率和工作质量；

③ 以停车场内的全部车辆信息为基础，动态分配停车位，尽量达到车位的最高利用率；

④ 停车费用的结算也由电脑来完成，解决了用户所担心的乱收费问题。

（2）系统功能设计范围及结构

① 系统功能设计范围：系统管理员操作系统、操作员使用系统、操作员使用系统；

② 系统功能结构，如图5-1所示。

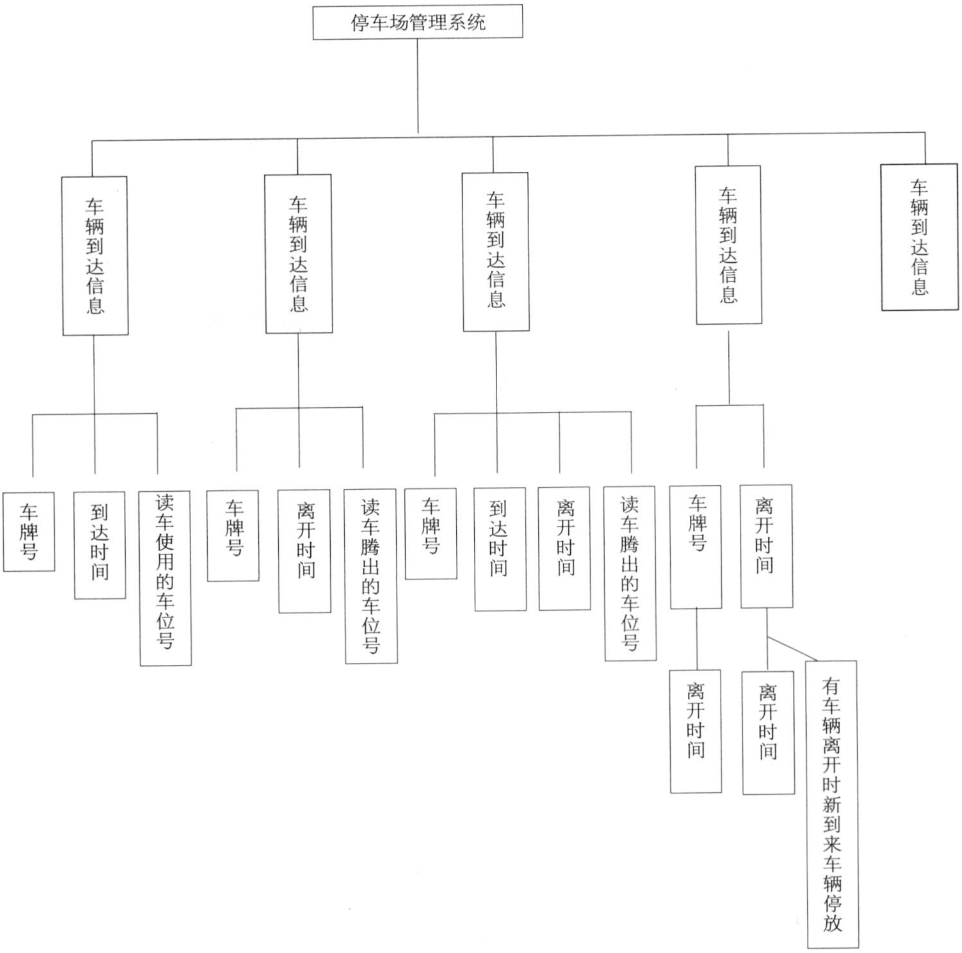

图 5-1 停车场管理系统功能结构

（3）系统功能

系统角色：系统管理员、系统操作员、系统超级管理员。

用户的角色划分：会员、普通用户、系统操作流程。

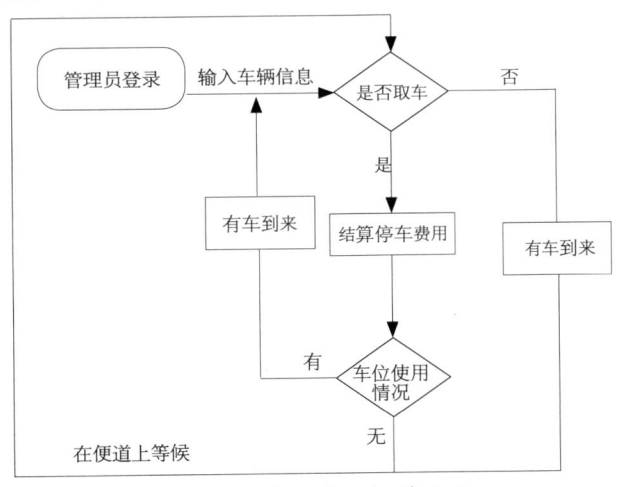

图 5-2 管理系统操作流程

（4）系统流程分析

停车场管理系统分为入场停车和出场驱车两部分。

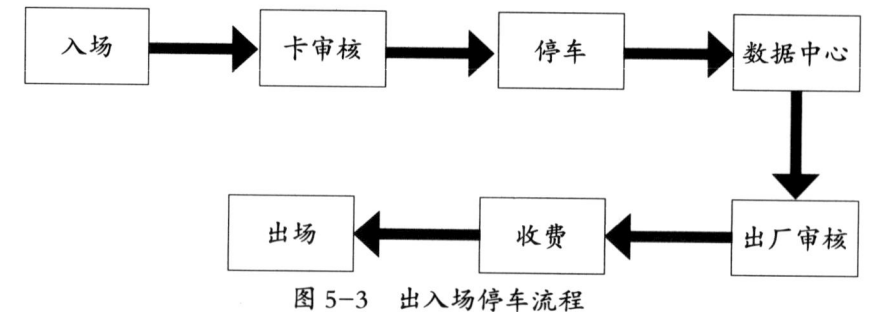

图 5-3　出入场停车流程

① 入场停车流程：根据系统提示的停车场现有信息控制车辆的入场，停车场在有车位的情况下方能停车。

车主在使用停车场后，根据指引灯箱显示的空余车位引导系统，提示给车主空余车位停放区域，以便于车辆停放。

② 出场取车流程：根据车辆车牌号的进出时间进行比对，生成停车的时间，依据收费系统内收费标准计算收费金额度实施收费环节。

交费之后在车辆出场的相关信息提示下完成停车管理过程。

（5）系统功能模块

系统功能模块，如图 5-4 所示。

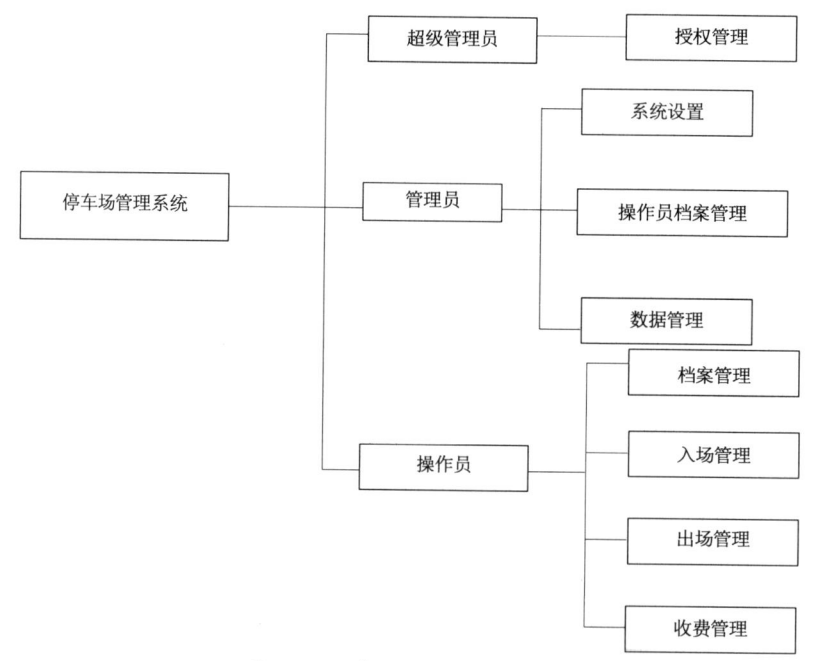

图 5-4　系统功能模块划分

（6）系统模块设计

系统模块设计包括授权管理模块、数据管理模块以及档案管理等。

① 授权管理模块：具有最高管理权限的超级管理员对该模块进行操作，可以对管理员进行授权，添加或修改删除管理员。

② 系统设置：由超级管理员授权的管理员行使该功能，主要对停车场的参数进行设置。

③ 操作员档案管理：由管理员行使该功能，停车场业务操作员进行管理、添加删除、修改操作员的信息。

④ 数据管理模块：该模块显示了停车场日常运行所产生的数据、场内车辆、进出数据、收费金额以及交班记录的相关信息。

⑤ 档案管理：该部分功能供操作员使用，主要是对停车场长租、临停信息进行档案管理。他们都有自己的添加、删改、修改功能。

⑥ 入场管理：该模块是本系统一个重要的功能模块，主要采集汽车入场时的一下必要的参数进行处理和判断，获得的参数提交到后台进行相关处理。

⑦ 车场管理系统：该模块主要针对停车场内部车辆进行必要的数据采集，获得的数据提交到后台进行相关处理，以便于车辆停放及存储。

⑧ 出场管理：汽车离场之前对其进行离场验证和停车时间的数据收集，为下一收费模块提供数据。

⑨ 收费管理：是本系统最重要的一个模块，根据出入场日工的参数结合该模块收费标准的设置计算出收费金额，完成收费。

（7）系统功能描述

① 对车辆信息进行记录：车牌号、到达时间、离开时间。

② 自动结算停车费用：每小时（分钟）停车费×（离开时间－到达时间）

③ 查看停车场的使用状况：如有空余车位，则让新到车辆停放在空车位上；如果没有空余车位，新到车辆在便车道上等候，有车离开时，停放在空车位上。

5.2.1.3 私人车位共享切入

私人车位共享切入，即利用周边停车位，进行错峰停车。错时停车是指不同用地性质的建筑物配建停车场因使用车位的高峰期不同，甚至正好在时间上互补，这样的两类停车场间的汽车可以错开时段互相使用对方车位来缓解停车难问题。如医院停车场高峰时段为早上 6：30 至下午 15：00，夜间空置率比较高，可以将医院周边有夜间停车需求的资源引入医院，进行夜间停放。

这种模式的优点是增加收入，避免停车位空置造成的浪费；可以缓解周边设施停车位不足的压力。但也有一定的缺陷，即增加管理难度；安全性降低，增加安保难度；若夜间停放的车辆不能及时开走，影响白天车辆停放。

5.2.2 停车场（库）车辆管理

5.2.2.1 机动车管理

（1）停车场（库）管理注意事项

① 停车场设施应按照国家、本市、行业等有关规定设置。标识牌应设立于停车场入口处，并保持标识牌上的标识清晰完整。标识牌的设立不得影响道路交通、行人安全。

② 停车场经营者应将《北京市公共停车场备案表》、收费标准、企业投诉电话、停车行业主管部门、物价等主管部门监督电话、服务内容、管理制度、安全警示内容等在停车场（库）内显著位置公示。

③ 停车场应按照有关规定设置引导、指示和警示等交通安全标志，划定交通标线和停车泊位，保证照明通信等设备良好。

④ 封闭式停车场应配备监控设施，占道等停车场应设置路侧电子计时收费系统或相应的管理人员。

⑤ 停车场应按有关规定配备足够的设施、器材。管理人员应具备相应的安全、消防知识和应对突发事件的能力。

⑥ 停车场内不得存放易燃、易爆等危险品，设立防火警示装置，不得使用明火；不得堆放杂物，保持车辆、行人出入通畅。

⑦ 停车场（库）要确保消防设备和监控器材良好，不得擅自挪用消防设备、器材，不得埋压和圈占消防栓，不得堵塞消防通道等。

⑧ 所有人员必须遵守安全防火规定，严禁载有易燃、易爆、剧毒等危险品的车辆进入停车场（库）。保持场内清洁，禁止在场内乱丢垃圾与弃置废杂物，禁止在场内吸烟。

⑨ 禁止超过停车场（库）限高规定的车辆、集装箱车以及漏油、漏水等故障车进入停车场。

⑩ 严禁在场内加油、修车、试刹车，禁止任何人在场内学习驾驶车辆。

⑪ 车辆行驶停放服从管理人员指挥，注意前后左右车辆安全，在指定位置停放。

⑫ 车辆进入停车场（库）后应禁止鸣笛并减速行驶，以免扰乱环境，损坏交通标志等设施。

⑬ 车管员应对每辆进入停车场的车辆作适时检查，注意车辆是否有被撞、被剐等迹象，做好现场记录由车主签字确认，以减少不必要的纠纷；主动礼貌提醒车主不要将贵重物品留在车内，同时阻止闲杂人员进入停车场。

⑭ 保持停车场整洁干净，禁止乱扔垃圾。

⑮ 无特殊情况，停放超过 7 天或以上未使用的车辆，管理员按无主车辆处理。

（2）机动车停放管理

① 服从停车场（库）工作人员的指挥，按照场内交通标志、标线有序停放车辆。

② 不得损坏停车设施、设备。

③ 借道进出停车场时，不得妨碍其他车辆或行人正常通行。

④ 遵守停车场内治安、消防制度。

⑤ 停车场（库）工作人员对车辆外观进行检查、确认。

⑥ 按规定缴纳停车费用。

⑦ 进场车辆严禁超速行驶，时速不得超过15km/h。

⑧ 场内机动车停车位仅供机动车停放使用，如停车区域遭遇不可抗力等因素造成车辆损失，管理方不承担任何保管责任。

⑨ 禁止非机动车辆进入机动车停车区域。

⑩ 货运、物流等车辆入场时，需按照停车场工作人员指引停放到相应区域。

⑪ 货车卸货后应立即离场，保证场内干净整洁及安全。

⑫ 严禁将机动车停放在人行道上，不得堵塞消防通道和车道进出口。

⑬ 不得将车辆停放在机动车停车场以外的区域。

⑭ 严禁车主将有可能对其他车辆或人员构成危险的车辆停放在泊车区域，进入泊车区域的车辆严禁载放易燃、易爆、剧毒、有强烈腐蚀性等各种危险物品。如有发现，一律按国家法律法规追究当事者责任。

⑮ 车辆停妥后，请检查停放是否适当，并确认车窗车门已关好，以防物品丢失。车辆内请勿放置贵重物品，管理方不对保管及遗失赔偿负责。

⑯ 出租车辆应即停即走，如有长时间停放需求，需严格遵守上述管理规定。

5.2.2.2 非机动车管理

① 非机动车需从非机动车专用车道进出。

② 非机动车只能停放在非机动车停车场。

③ 进入非机动停车场的非机动车，需按照自行车、电动车等类型停放在指定区域。

④ 请勿在道口、车行道、消防通道等地停放非机动车辆。

⑤ 严禁在非机动车停放点洗车和维修车辆，报废车辆或无法使用的车辆，严禁停放在非机动车停放点。

⑥ 设置的非机动车停放点为临时停放点，提供保管服务；车主停放好车辆后，请带走自己的贵重物品，将车辆上锁，如不幸发生车辆和物品失窃事件，后果自负。

5.2.3 停车场（库）安全保卫

（1）停车场的基本安全条件

① 在停车场入口处应设置门禁设施，阻止不符合停车场要求的车辆进入。在需要围挡的地方，采用栅式护栏围挡。

② 停车场场地必须进行铺装加固。

③ 停车场应施划停车位、车位编号，并根据需要设置停车引导标志。

④ 停车场必须保证消防通道畅通，并配备有效的消防器材、设施。

⑤ 地下、室内停车场及昼夜使用的露天停车场，必须设置完好有效的通风、照明和应急照明设备。

⑥ 停车场应配有专门的管理人员，负责停车场的保管、安全和维护停车场内秩序。

⑦ 停车场交通安全设施应醒目易见，保证车辆及人员安全、迅速地进出停车场。

⑧ 停车场内行车道较长时，需每隔60m在车道上设置1个减速带，同时在弯道的起点或视线受阻的地方也应设置反光减速垄。

⑨ 停车场行车道两侧应设置道钉和向导标志，以显示行车道宽度，以及引导车辆的进入。

⑩ 根据车辆进出车位的方式，在停车位的进口处设置挡车器。

⑪ 有条件的停车场的出入口也可安装电动挡车器，它受系统的控制升起或落下，只放行合法车辆，防止非法车辆进入，确保停车场及车辆的安全。车辆检测器一般设置于出入口处对每辆车的位置进行检查，以判断车门的关门时机与报警状态。监控摄像机、可控提示牌与系统配合，使系统更加完善与方便。

（2）停车场内部交通组织规范

① 应保证组织者明确相关规范，并保证内部车流及人流安全、畅通、有序。

② 场内宜按顺时针方向组织交通，在特殊地区可以根据实际情况变动组织方向。

③ 停车场内应将不同类型的车辆分区停放，并设有明显的行驶引导标志。

④ 内部交通组织还应包括：车位的排列、行车通道的设计、行人通道的交通组织形式、管理系统的设置、交通标志和标线的设置等。

⑤ 车位排列形式可根据实地条件选用平行式、垂直式或倾斜式。

⑥ 通道宜实行单向交通，原则上应人车分离。通道应尽可能避免行车轨迹的交叉，减少行车冲突点。

⑦ 进出停车场的最高行驶车速不应超过20km/h，上、下匝道的最高行驶车速不应超过10km/h。

⑧ 停车场门口应设有明显的出入口和车满标识牌，入口处应设有停车场减速和限高标志。在停车场内用10cm宽的白色线条沿车行道施划出停车位标线和标出人员行走空间，并用白色导向箭头标明通往出口的方向。

⑨ 应在停车楼内每层入口的显著位置设置标明楼层和行驶方向的标识牌；在地面上应施划车辆行驶方向的导向箭头，并用10cm宽的线条在停车位前标明车位号；在各层柱间及行车道尽端设置安全指示灯。

（3）停车场安全保卫措施

为确保停车场安全，企业不仅要重视安全防护设施的建设，更要重视建立健全安全保卫制度。根据企业的实际情况制定相应的车辆入场须知、停车场管理规定、存取车规定，设置公示栏将有关规定向社会公告，用以约束停车管理员和存车客户的行为。

实践证明，许多安全责任事故的发生与停车管理员缺乏经验或未按规章制度履行职责有关。因此，停车管理员必须经培训合格后方可上岗，严格履行岗位职责，才能避免安全责任事故的发生。

安全保卫工作的重点是防止人为责任事故的发生。如果由于停车管理员引导指挥车辆不当，或未尽看管责任，或脱岗、饮酒、打盹睡觉而未及时发现事故，致使停车场蒙受经济损失，影响声誉，甚至发生车辆丢失、人员伤亡的重大责任事故。因此，停车管理员要严格控制不符合停放要求的车辆入场；禁止加油、修理车辆，严禁烟火；加强易燃易爆物品的检查；经常检查用电设备、线路，车场设备和安全设施；严格履行交接班手续。

仅白天或夜间营业的停车场，营业时间要醒目，必要时停车管理员要提示客户，避免发生不必要的纠纷。

5.2.4 安全防范与突发事件应急处理

为贯彻《中华人民共和国安全生产法》《中华人民共和国消防法》等相关法律法规，切实做好应急事件的处理，有效地开展好停车场运营管理工作，更好地维护医院形象，确保应急事件得到妥善处理，应建立应急事件领导小组应对突发事件。

（1）应急事件领导小组及职责分工

组长：应急事件处理的第一负责人，处理事件应按照相关法律法规、制度、要求进行，并负责向上级领导及时汇报应急事件的发生、处理及最终处置结果。组长是现场指挥、应急事件培训及演练的负责人，当事件处理的第一负责人有事不在岗时，应指派1名副组长履行组长职责。

副组长：主管车场的相关责任部门。负责按照组长要求，在确保员工生命财产安全的前提下，及时组织相关人员进行应急事件的处理、培训及演练，并做好相关证据的采集工作，项目主管中必须24小时有人在岗，并履行相关职责。

成员：项目制定的全部或部分员工。在确保个人负责按要求对应急事件进行处理、参加应急事件处理培训及演练。

（2）应急事件的分类：极端天气、人员伤害事故及其他应急事件

极端天气：暴雨、暴雪、重度雾霾严重影响交通视线。

人员伤害事故：火灾、电气事故、机械伤人事故、车辆伤人事故。

设备运转故障：机械车位运转故障、收费系统故障、停电、车辆漏油。

重特大节日、特殊人员进车场停车：重特大节日及特殊人员进场停车，院方有特殊要求和安排。

组织的其他活动。

以下对消防工作、一般责任事故、突发意外事故的处理作详细叙述。

5.2.4.1 消防工作处理

（1）火灾预防、火灾扑救

存放的机动车自燃、事故车造成电线短路、油箱漏油，以及冬季煤火取暖、电线短路、插座等使用不当是引起火灾的主要原因。

① 预防措施主要是加强责任心，车辆进场仔细观察提醒司机采取预防措施，经常检查用电线路、照明灯、灭火器材放在易见易拿之处。

② 夏季车辆自燃现象较易发生，车辆进场时必须提示车主察看有无异常情况。值班人员在场内巡视，察看车辆有无漏油、异常声响、过热等情况，发现问题及时采取措施。

③ 事故车要提醒车主摘掉电源，油箱损坏的要采取相应措施。如果是民警拖来的车辆，要向民警说明情况。

④ 使用煤火的车场，煤火炉周围要用隔热、防火材料隔开，以免过热引发其他物品起火。燃烧后的煤渣（蜂窝煤）在确认完全熄灭、冷却后，再倒掉。

⑤ 值班亭内严禁乱拉电线和使用电器。用电器不得长期连接在插线板上，以免发热引起火灾。要经常检查车场内的照明线路，发现破损、摩擦要及时采取措施，或报告大组长请专业人员处理。

⑥ 出现火情时要保持冷静，立即使用灭火器灭火，切断电源。如控制不住火情或发现起火时已难以控制，则应立即拨打119报警，将火源周围的车辆、物品移开，减少损失。

（2）灭火设备和器材的性能及使用

① 灭火器使用：提起灭火器上下翻转抖松筒内干粉，除掉铅封，拔掉保险销，在有效距离内按下压把，对准火焰根处喷射。

② 使用注意事项：灭火时，切不可冲击液面以防飞溅；灭火器一经开启后，不能保存，需重新灌气、装粉后才能保存使用；使用时若遇干粉喷不出的情况，应慢慢拧松盖，让气粉喷出。

③ 灭火器检查：每月进行检查，检查压力表指针是否在红、绿、黄三色的绿色区，用手托起灭火器估计重量是否基本符合规定值，如发现太轻，则应立即替换。检查插锁有无生锈及可能发生拔不动的情况，是否到有效期，对到有效期的灭火器，进行上报、更换，检查有无结块现象，是否需要更换。

④ 灭火器保养：灭火器应存放于干燥通风处，切忌日光暴晒和强烈辐射，存放环境温度应在10℃至45℃之间；经常擦拭，以防生锈。

（3）消火栓维护保养：包括月检和年检

① 月检包括栓内检查和栓外检查。

栓外检查：检查栓内关闭是否良好，锁、玻璃有无损坏，指示灯、报警按钮、警铃是否齐全，栓门封条是否完好。

栓内检查：检查柜内元件是否齐全，固定是否良好，有无脱落，电线是否影响操作，水龙头有无渗漏。

测试：按消火栓报警按钮，应有正确的报警显示，栓上指示灯亮。

② 年检内容包括：开栓取出水带，检查有无破损，检查有无发黑、发霉等，若有需要应进行修补、替换或清洗、晾干；将水带交换摺边和翻动一次；检查水枪头、水带接头连接是否方便牢固、有无缺损，如有应立即修复，擦净后放于栓内；检查电线插头、按钮触点、指示灯座是否良好，进行除锈紧固；将栓内阀门开闭一次，检查是否灵活，并清除阀口附近锈渣，替换阀上老化的皮垫，将阀杆上油；检查修整全部支架，掉漆部位应重新补刷同色油漆；将栓内清扫干净，部件存放整齐后，关上栓门，贴上新封条；逐个测试报警按钮、指示灯显示的正确性。

5.2.4.2 停车场（库）一般责任事故的处理

由于驾驶员的责任造成他人车辆损失的，停车管理员应召集双方责任人进行协调，做好记录。有责任方人员进行经济补偿，无法解决时，报当地交通部门或公安机关处理。在未解决问题之前，不得放走责任人。事故发生后，当班人员应向班组长报告或向上级报告。

如果由于停车管理员的失误导致事故发生，应当即向班组长或上级报告，由上级予以处理。事后按有关规定对负有责任的停车管理员予以处罚。

5.2.4.3 停车场（库）突发意外事故的处理

（1）突发事件的处理

突发事件是指车辆意外损伤、存车人无理取闹、非正常途径存取车辆、有关管理部门检查工作、新闻媒体采访、失火、突发疾病、丢失车辆等。

① 当人员受伤或突发疾病时，要先抢救人员，必要时可拨打120报警；发生火灾时，保持镇静，使用灭火器材扑救，拨打119报警；发生盗抢车辆、财物、危及人身安全时，可拨打110报警。

② 保护事发现场，维护现场秩序，立即向上级报告。

③ 如有责任者，要采取恰当的措施予以滞留。或提供有关线索，诸如车辆号牌、车辆厂牌型号、颜色及人员相貌特征等，以便于追究责任者。

④ 做好有关记录，事后写出书面报告。

（2）停车场内发生车辆剐蹭事故的处理

① 多发生在路侧停车位或停车较多的车场内。预防措施是对每一辆进、出车场的车辆跟车指挥，正确使用语言或手势。

② 按停车场规定，值班人员在发生事故时，应当能够及时发现责任者（肇事者），指出责任人应负的赔偿责任。立即通知受损车辆的车主到场，车场管理员、责任者和受害者当面讲明事情发生经过，由责任者和受害者双方协商解决。如果车场财产受到

损害，值班人员必须向责任者提出赔偿要求。

③ 停车场值班员必须做好以下工作：设法让肇事者及其车辆无法离开现场；立即通知受害者到场；当事双方见面时，说明事情经过，明确由双方协商解决；明确停车场的责任与义务；记录事件经过以及车型、车种、车牌号、车辆颜色、双方人员姓名、单位名称、证件号码、联系电话等；当事者签字认可；及时通报给班长或大组长协助处理；遇到无理取闹者可拨打110报警，寻求巡警帮助解决；向停车场汇报。

④ 事后写出书面报告，杜绝隐瞒不报、私自处理导致车场损失事件的发生。

⑤ 凡是由于隐瞒不报造成停车场经济及名誉损失者，将予以经济处罚并承担相应损失，直至除名处理。

（3）客户无理取闹时的处理

① 有暂扣车辆或车辆带伤进场（位）停放时较易出现此类事件。预防措施主要是车辆进场详细记录，车辆进场时观察并明确告知车主车辆状况。

② 遇到客户无理取闹时，要牢记停车管理员服务规范，说明政策，做好解释劝阻工作。解释不通时，避免与客户发生正面冲突，及时向大组长直至停车场经理报告，寻求解决办法。涉及人身、车场、停放车辆安全时，可拨打110或122报警请求相关执法部门协助解决。

③ 停车场值班人员应做好以下工作：设法保护车辆安全；解释劝阻客户按相关规定和程序办理取车手续；及时通知大组长或停车场经理解决问题；必要时报有关执法部门解决；记录车型、车牌号、进出时间等，并传达给接班人员，引起注意；车场受损时索取赔偿。

④ 做好有关记录，事后出具书面报告。

（4）非正常途径存、取车

有暂扣车辆或无牌照车辆存放时较易发生。预防出现此问题的方法是在车辆存放时做好详细记录，查验交通支队执法站或事故科放行单，查验留存有效证件。

暂扣车辆非正常放行涉及执法部门人员要求的，请执法人员签字确认证件、工号，并向停车场领导请示。

通过各种关系需要放行的，必须经过停车场领导直接批准（签字、批单或电话通知），同时做好记录（时间、车牌号、车主姓名等）。

无牌照车辆存放时，详细查验存放人的身份证、购车发票、保险单、签字，滞留相关证件或签发取车单，并将车辆放置在易见、不易发生碰撞的车位，值班人做好记录。无牌照车辆取车时，必须是存车人本人取车，交验取车单等，查验无误后放行。

（5）有关管理部门检查工作和新闻媒体采访

涉及公交、交通管理部门、消防、城管监察、工商、桥梁管理等部门，以及报社、电台、电视台记者采访、录像。

有关部门到停车场例行检查，要及时通知大组长、停车场领导，配合工作并做好记录，准确转达相关信息。当有关人员提出问题时，必须经过思考再作答复。涉及经营收入机密等重大问题或政策问题，可以请其与停车场领导联系予以解答。

新闻记者到停车场询问时，值班人员要礼貌对待，查验记者出示的证件，立即通知停车场经理。未经车场经理同意，任何人不得接受采访。对记者的提问，一般不作答复。如果问到车场人员必须知道的单位性质、隶属关系、规章制度、收费依据标准等，可给予简要回答。涉及较深刻的问题时，如停车场收入属于企业机密，必须拒绝回答。对于社会关注的问题，不得随意发表议论。

（6）突发疾病或煤气中毒

年龄较大、平时身体虚弱的员工，冬季采用煤火取暖的停车场易发生此类问题。预防措施是员工自身提高警惕，生病要及时就诊、休息，冬季值班亭要留有风斗，经常检查烟囱，排除安全隐患，夜间不要长时间滞留在值班亭内。

当车场人员突发疾病或煤气中毒，情况严重时应拨打120急救中心救治，及时通知主管，停车场经理。

发生煤气中毒时，要立即打开门窗通风，将中毒人员移到室外。

心脏病、高血压患者应平躺，服用急救药品。情况不明者，不得乱服药品，等待医生救治。

（7）车辆丢失

无封闭条件的车场易发生此类情况。预防措施是加强巡查，车辆出场（尤其是夜间）要检查是否为车主本人开出，必要时进行盘问，查验证件，记下人员相貌特征、车牌号、证件号、时间等。

车辆开出未见开车人时，必须立即与车主联系核实情况，可疑时要立即报警，通知停车场领导。

（8）抢劫

路侧停车和流动人员较多的车场易发生此类问题。预防措施是在车辆停放时提醒车主带好自己的物品、锁好车门窗，保管好收费票款。

发生抢劫事件时，立即拨打110报警，记下车牌号、人员相貌特征、时间等。向民警提供事情经过和可疑情况，协助调查。在意外事件发生时，不要围观，要提高警惕，防止有人趁火打劫。

5.2.5 停车场管理服务规范与制度

5.2.5.1 服务规范

（1）停车场（库）公示牌用语：进入停车场的机动车应严格按照交通标志行驶，机动车道内注意行人；机动车应按指定位置停放，严禁在通道内停车；驾驶员必须对停放车辆进行检查，确认安全后方可离开；

服从停车场管理人员的管理，爱护停车场的设施、设备，自觉维护停车场的秩序；

严禁在停车场内加油、修车，严禁吸烟、动用明火、严禁将易燃易爆危险品带入停车场；

严禁在停车场内存放贵重物品，严禁乱扔废弃物，自觉保持停车场内清洁。

（2）收费价格公示：停车场收费价格需在停车场车辆进、出场显著位置摆放，便于车主查看；停车场收费价格公示牌需根据市、区、县发改委、物价局制定的停车收费公式牌样式标准进行制作。

收费标识牌示意图

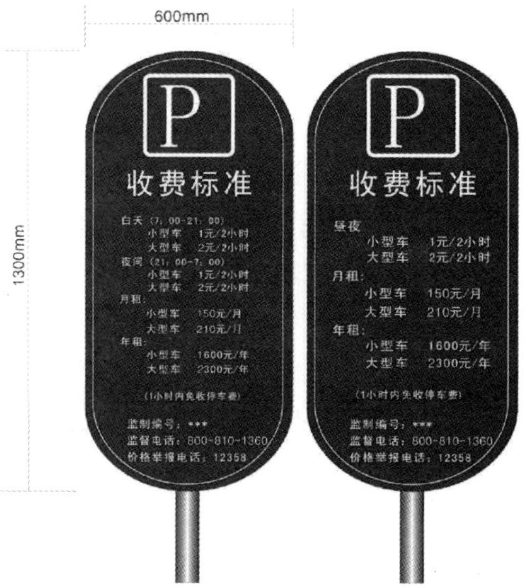

图 5-5　北京收费标识牌样式

5.2.5.2 管理制度

（1）停车场（库）的管理规定。

① 停车场设施应按照国家、本市、行业等有关规定设置。标识牌应设立于停车场入口处，并保持标识牌上的标识清晰完整。标识牌的设立不得影响道路交通、行人安全。

② 停车场经营者应将《北京市公共停车场备案表》、收费标准、企业投诉电话、停车行业主管部门、物价等主管部门监督电话、服务内容、管理制度、安全警示内容等在停车场（库）内明显位置公示。

③ 停车场的地面应坚实、平整、清洁、路标醒目。

④ 停车场应按照有关规定设置引导、指示和警示等交通安全标志，划定交通标线和停车泊位，保证照明、通信等设备良好。

⑤ 封闭式停车场应配备监控设施，占道等停车场应设置路侧电子计时收费系统或相应的管理人员。

⑥ 停车场应按有关规定，配备足够的设施、器材。管理人员应具备相应的安全、消防知识和应对突发事件的能力。

⑦ 停车场内不得存放易燃、易爆等危险品，停车场内设立防火警示装置，不得使用明火；不得堆放杂物，保持停车场（库）内车辆、行人出入通畅。

⑧ 停车场要确保消防设备和监控器材处于良好状态，不得擅自挪用消防设备、器材，不得埋压和圈占消防栓，不得堵塞消防通道等。

⑨ 所有人员必须遵守安全防火规定，严禁载有易燃、易爆、剧毒等危险品的车辆进入停车场。保持场内清洁，禁止在场内乱丢垃圾与弃置废杂物，禁止在场内吸烟。

⑩ 禁止超过停车场限高规定的车辆、集装箱车以及漏油、漏水等故障车进入停车场。

⑪ 严禁在场内加油、修车、试刹车，禁止任何人在场内学习驾驶车辆。

⑫ 车辆行驶停放服从管理人员指挥，注意前后左右车辆安全，在指定位置停放。

⑬ 车辆进入停车场后应禁止鸣笛并减速行驶，以免扰乱停车环境，损坏交通标志等设施。

⑭ 停车场（库）应设置残疾人专用停车位（Z 本），优先保证残疾人专用停车位的使用。

（2）停车场（库）入场须知。

① 进场停车的司机需遵守停车场各项管理规定，自觉交纳停车费索取交费凭证，保存好存取车凭证。

② 车辆进场必须服从车场管理员的指挥，停放整齐，不得阻塞通道和占用专用车位。否则，车场有权将车辆拖移、锁住轮胎限制移动，由此引起的一切费用和损失均由司机自负。

③ 车辆进场停好后，请锁好车门、窗，拉好手制动器，带好自己的物品，车内的物品停车场不负责保管。

④ 不得在停车场内加油、修车、吸烟，严禁将易燃易爆危险品带入停车场。

⑤ 未按规定行驶造成他人车辆及零部件损坏、人身伤害和财务损失以及停车场设施受损的，由肇事责任人负责赔偿。

⑥ 无牌照车辆或报废车辆未经批准不允许进场停放，停车场有权拒绝车辆进入。

⑦ 停车场有权拒绝纠纷未解决和不能出示有效存取车凭证的车辆出场。

⑧ 需配合停车场管理人员工作，并对停车管理员的工作进行监督。

（3）停车场（库）存取车辆的规定。

① 车辆存放前，管理员要认真检查车辆外观有无损伤，符合停放要求的车辆经登记发放存取车凭证后，方可停放。对持有本车场停车证的车辆，应验明其车证的有效性后方可进场存放。

② 车辆驶出车场时，应认真查验存车手续，核对无误，收缴存取车凭证后方可放行。对遗失有效存车凭证的车辆，需核对车辆行驶证、驾驶本、身份证等有效证件并登记，

经车主签字留下联系方法后方可放行。夜间车辆出场，要严格检查取车人提供的存取车凭证和有效证件，记录取车人姓名、有效证件号码、驶离时间、车辆牌号后方可放行。

③ 建立事故车、暂扣车、违章车登记簿。入场时应有执法单位的暂扣处罚通知单，详细记录车况、车辆牌照后出具存取车凭证，安置在容易拖移的车位停放。车辆出场时，除持有寄存车辆要求的有效证件外，必须有扣车执法部门开具的取车通知单，经核实无误及取车人签字后，方可出场。

④ 对非机动车、摩托车、残疾人等暂扣车辆，其存放及提取均严格按照机动车手续办理。

⑤ 车辆夜间出入记录应保留半年以上，暂扣车辆记录至少保留一年以上。停车场经理应定期检查记录执行情况，发现问题应及时解决。

⑥ 暂扣 3 个月以上无人认领的非机动车，会同交通支队按有关规定进行处理或销毁。对于长期无人认领的事故车、违章车，与交通支队协商在政策允许的范围内予以妥善安置或处理。

（4）停车场（库）日常工作流程（图 5-6）。

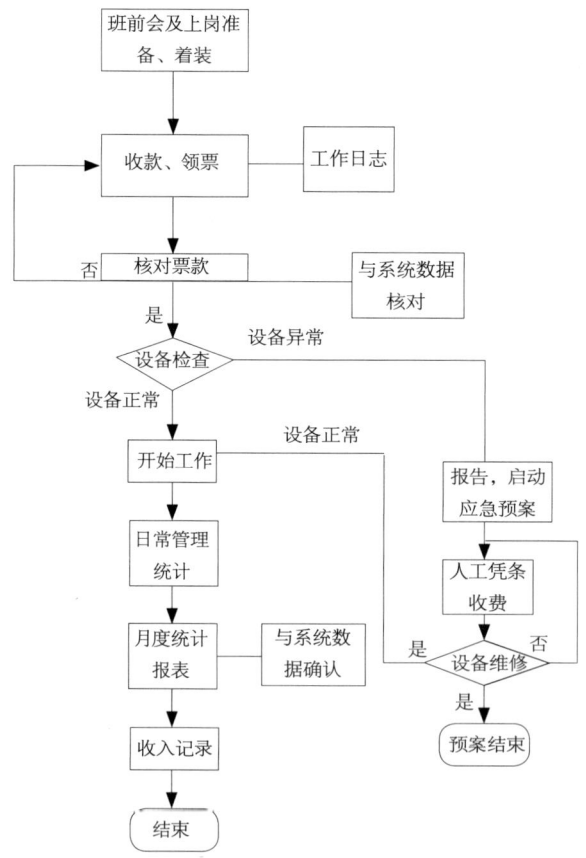

图 5-6　停车场（库）日常工作流程图

（5）停车场（库）客户投诉管理流程（图 5-7）。

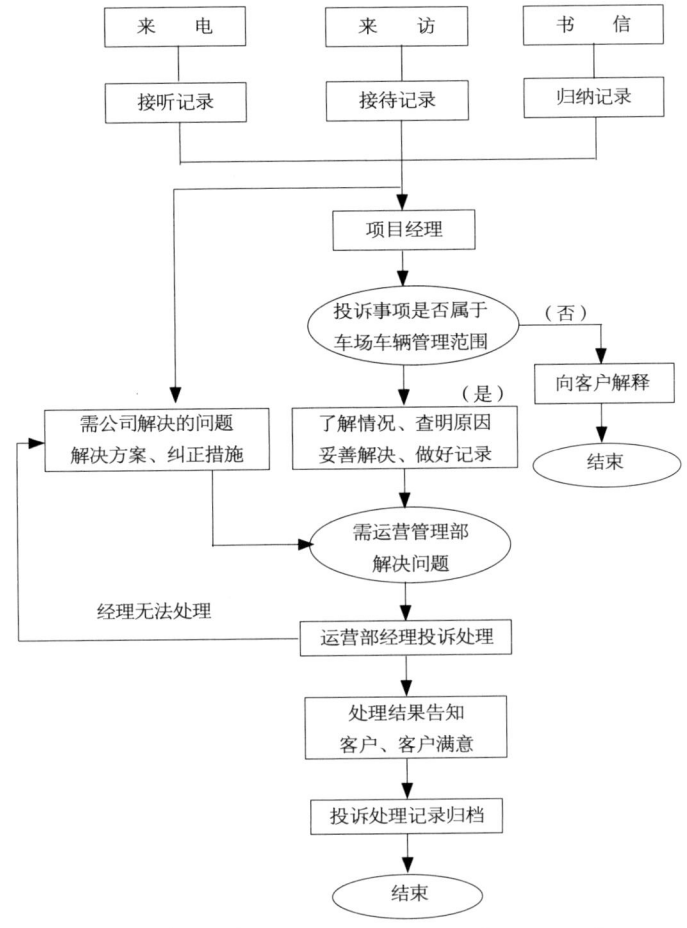

图 5-7 停车场（库）客户投诉管理流程图

（6）停车场（库）经营服务规范示例。以北京地区为例：为了规范机动车停车场（库）的经营行为，依据《北京市机动车公共停车管理办法》《北京市机动车秩序管理办法》等有关规定，制定经营服务规范。

培训内容：停车场（库）经营者负责从业人员岗前、岗位培训，确保从业人员上岗的业务水准。培训内容包括：停车行业相关政策、法规、规范；停车场（库）管理、停车秩序维护、安全运营、经营中纠纷和突发事件的处置；停车收费规范；文明服务。

停车场（库）管理人员应遵守服务规范：仪表端庄，佩戴标牌；礼貌服务，举止文明；遵纪守法，讲求公德。

停车场（库）管理人员应履行的职责：

① 正确引导车辆出入停车场（库），保证通道的通畅；

② 正确引导车辆进入停车位，保证车辆停放有序；

③ 提醒停车人关好车窗、锁好车门、带好财物；

④ 维护停车场（库）内停车秩序，闲杂人员不得在停车场（库）内逗留游逛及遛狗；

⑤ 电脑记录车辆停放时间，按照物价部门规定的标准收费，向停车人员出具税务

机关监制的专用收费凭证；

⑥ 使用电子计算器的停车场（库）收费时，应提醒和指导停车人正确使用；

⑦ 车辆预驶离停车场（库）时，管理人员应及时到位引导，提示停车人出场路线；

⑧ 管理人员应对进出车辆实行查验、登记，对不能提供有效凭证的出场机动车进行"三证"的查验和登记；

⑨ 停车场（库）停放的车辆内不允许人员留宿；

⑩ 停车场（库）内发生治安、安全、消防等事故，应立即向各主管部门和行业主管部门报告，并迅速采取有效措施，防止事态扩大，减少人员伤亡和财务损失；

⑪ 停车场（库）经营单位应建立健全卫生保洁制度，划分卫生保洁责任区，落实卫生保洁责任人，并建立检查记录；

⑫ 停车场（库）内不得乱搭建、乱摆卖、乱停放、乱拉挂、乱张贴；

⑬ 停车场（库）不得改变使用性质，不得擅自停止使用；

⑭ 停车场（库）设施应按照国家、本市、行业等有关规定设置。标识牌应设置于停车场入口处，并保持标识牌上的标识清晰完整。标识牌的设立不得影响道路交通、行人安全；

⑮ 停车场经营者应将《北京市公共停车场备案表》、收费标准、企业投诉电话、停车行业主管部门、物价等主管部门监督电话、服务内容、管理制度、安全警示内容等在停车场（库）内显著位置公示；

⑯ 停车场（库）经营者对停车人提出的服务质量问题应及时调查处理，自停车人提出之日起 30 日内作出答复。因机动车丢失或损坏的责任承担问题，可由双方协商解决，若无法达成一致的，可根据双方达成的仲裁协议提交仲裁机关或向法院起诉解决。

5.3 医院停车场（库）运营管理评价

5.3.1 以顾客为关注焦点

以提升顾客及其他相关方满意度为目的，对停车管理过程进行控制，建立并实施信息管理和一体化管理改进制度，通过对信息的收集和分析，确定改进的目标，制定并实施改进措施，确保顾客及相关方的需求和期望能够得到不断确定和持续满足。

① 确定顾客的需求和期望。充分识别和确定顾客及其他相关方明示的和潜在的需求和期望，通过与顾客的直接接触来实现，对了解的顾客需求和期望定期进行评审。

② 将顾客的需求与期望转化为要求或规定。高度关注在适用法律法规要求下满足顾客及其他相关方的要求，应按照规定的周期，分析评价一体化管理体系运行的情况，提出改进目标和要求，确保公司一体化管理方针和目标的实现。这些要求包括对服务过程和一体化管理体系的要求等，只有完全满足顾客的需求和期望时，才能使转化的

要求得到满足。

③ 必须满足法律、法规及强制性的国家和行业标准的规定。顾客的期望和需求，法律法规及强制性的国家和行业标准的要求，也随时间而修订，因此组织转化的要求及建立的一体化管理体系也应随之更新，执行《文件控制程序》的规定。

5.3.2 从业人员培训、能力和意识

制定《能力、意识和培训控制程序》，明确员工能力、意识和培训的需求，通过培训及其他途径确保人力资源满足要求。

① 对承担质量、环境和健康安全体系职责的人员规定相应岗位的能力要求，并进行培训，以满足规定的要求。

② 根据员工的业务知识、岗位技能、培训持证、经验等方面的情况，对各岗位人员的意识和能力需求进行识别、确定，编制《员工岗位任职标准》，批准后实施。

③ 任职标准的考核：对现任岗位人员进行考核，符合条件的继续留用，不符合条件的按离岗、转岗、待岗等办法处理。

④ 需持证上岗人员的培训。需持证上岗人员主要包括：项目经理、机械车库操作员等，要求有国家劳动部门或有关业务主管部门颁发的有效上岗证书。应按规定进行定期培训、考核、复审，以保持其资格持续有效。确定从事影响活动要求复合型人员的能力要求，对新员工、在岗员工、各类专业人员等分别根据他们的岗位责任制制定并实施培训。

⑤ 提出相应的员工培训需求，将需求汇总后制定年度培训计划，批准后根据培训计划组织落实培训，各种培训结束后应通过多种形式确认培训效果。通过培训使员工认识到所做工作的重要性，以及如何为实现质量、环境和职业健康安全目标做出贡献，通过跟踪测评评价培训效果。

5.3.3 职责权限

① 坚决执行规章制度，服从领导和安排，维护停车场的权益和利益，严守商业机密，保持形象，忠于职守，勤奋工作，顾全大局；

② 全面负责停车场的经营、管理工作，确保完成年度经营和管理目标任务；

③ 负责每周的班务会，传达有关会议精神和各种规章制度的贯彻执行情况，对当月项目经营、管理工作进行讲评，并做好各种一体化记录；

④ 负责停车场各项日常工作的检查、考评、改进、达标工作。定时或不定时检查各岗位贯彻落实岗位职责的情况，并填报停车场管理服务工作日检表；

⑤ 负责停车场员工的军训、消防演练的实操，对停车场车辆安全、人员安全、收入资金安全负责；

⑥ 对停车场服务质量一体化工作负责，对所有员工的安全、纪律、行为负责；

⑦ 对停车场发生的客户投诉、重大问题和突发事件的报告和处理工作负责；

⑧ 对停车场造成的经济损失和社会影响负责；

⑨ 负责停车场停车设施设备、标识牌维护保养的组织领导工作；

⑩ 负责停车场每天的质量一体化记录、检查、收集、整理汇编、保管或呈报等工作；负责本项目长租办证车辆的统计及登记造册；

⑪ 负责停车场的资产管理，保证资产的真实与完整，防止资产的丢失与非正常损坏；

⑫ 结合项目实际，负责做好收费管理及各岗位人员的工作调整及员工业绩考评工作；

⑬ 负责每天对员工考勤的记录，业绩考核及违纪处罚；

⑭ 每晚做好停车场经营收费票、款的统计和盘查工作，及时将收入详细登账，按规定及时向有关部门上报数据，严禁少报和瞒报，严禁截留临时收入和长租收费款；严禁将停车场收入款项挪作他用；

⑮ 定期或不定期做好停车场物资、物品的计划编制及报批工作；月末最后一天及时上报考勤，遇节假日顺延。考勤表须有员工本人签字，延迟上交考勤表者，伙食费顺延下月一同计发；

⑯ 负责院方及周边关系的联络与协调工作；

⑰ 负责与顾客的沟通和回访，建立固定客户台账，做好回访及满意度调查的记录；

⑱ 负责所在项目危险源辨识、评价、控制工作，及时提出整改意见并制定整改措施。

5.3.4 服务提供与运行

停车管理服务过程中各个环节、工作流程是服务要素的控制。负责服务过程的确认工作，确保停车服务过程是受控的，确保在以下条件下提供服务和运行：

（1）获得表述服务特性和受控环境因素、危险源要求的信息；

（2）必须获得作业指导书，检验指导书等文件；

（3）配备、使用适宜的设备、监视测量设备；

（4）实施监视和测量；

（5）实施放行、交付和交付后的活动；

（6）应根据其方针、目标和指标，识别和策划与所确定的重要环境因素和不可接受风险相关的运行，以确保其通过下列方式在规定的条件下运行：

① 建立、实施并保持环境和职业健康安全管理《运行控制程序》或多个形成文件的程序，以控制因缺乏程序文件而导致偏离方针、目标和指标的情况；

② 在程序中规定运行准则；对于重要环境因素和不可接受风险建立、实施、保持并要求通报供方和合同方；

③ 对于组织使用的服务中，购买和（或）使用的货物、设备所确定的重要环境因素及不可接受风险，应建立、实施并保持程序，并将适用的程序和要求通报供方及合同方；

④ 建立并保持程序，用于工作场所、过程、装置、机械和运行程序，包括考虑与人的能力相适应，以便从根本上消除或降低职业健康安全风险。

5.3.5 环境、职业健康、安全运行控制

为有效控制与重要环境因素、重大风险有关的运行活动，使其在规定的条件下进行并符合法律法规和其他要求，确保一体化管理方针、环境和职业健康安全目标指标的实现。对于策划确定的需实施必要控制措施的环境因素和危险源，负责识别与其相关的运行和活动，包括必要的变更，实施并保持以下措施，确保这些运行和活动在规定的条件下运行。

（1）环境运行控制

① 加强对员工的培训教育，提高环境管理意识，使环境管理体系标准深入人心，并能够从我做起，从小做起；

② 加强日常环境检查工作，不留死角，从根本上排除环境安全隐患；

③ 对工作环境较封闭的工作场所，每年进行尾气检测，作好相关记录，对出现检测的不合格点进行及时整改，并对整改情况进行有效性评价；

④ 对用水、用电进行合理控制，避免造成浪费和污染环境。

（2）职业健康安全运行控制

① 加强对员工的培训教育，提高职业健康安全管理意识，使职业健康安全管理体系标准深入人心，并能够从我做起，从小做起；

② 加强日常职业健康安全检查工作，从根本上排除职业健康安全隐患；

③ 每年组织一次员工健康体检，做好员工健康状况监测；

④ 每年组织员工进行文体活动，如春游、趣味运动会等，丰富员工生活，增强员工身体素质，放松心身，以便以更好的状态投入到工作中；

⑤ 做好员工的人身防护工作，配备反光背心、警示棒、应季工作服等。

5.3.6 服务过程中的监视与测量

① 对采购物品的监视和测量按规定执行。

② 对文件及档案的管理和培训服务的监视和测量，对停车场的财务核查及核算的监视和测量，对日常管理、质量、环境、职业健康安全等方面进行监视和测量，并组织不定期抽检。

检验和验证记录由受权检验人员填写并签认。检验记录由检验部门负责保存。

5.3.7 客户服务管理办法

为了提升服务质量，夯实管理，针对客户服务工作，制定具体管理流程及办法。

（1）职责划分

基本原则：负责对客户进行日常管理和维护。

主要职责：组织搜集整理客户资料，并予以分类管理；搭建沟通平台，与客户建立畅通的沟通渠道；制定、完善各种管理制度；做好客户的维护和项目的合同续签工作。

（2）客户资料采集

采集原则：搜集客户资料并加以完善，力求做到客户资料采集的准确、完整、安全。

采集渠道：从档案记录中进行搜集，对客户资料进行采集后汇总。

建立预警机制：建立客户满意度调查管理制度，按照合同执行、服务标准、项目经理工作、设备设施运行等各方面日常工作内容，及时掌握各方面工作的满意度及所存在的问题，加强沟通，协助管理，提出预警。

建立客户服务联络制度：主要目的是合作双方就某一突发事件或短期内存在的问题进行沟通和交流。内容为：于每月底向客户送达《客户服务联络单》，就本月工作重点及发生的特殊事件进行沟通；负责在次月5日之前将客户签字盖章的《客户服务联络单》收回；整理分析客户反馈的意见或建议，分别送达有关部门处理。

定期进行客户满意度调查：主要目的是反映某一期间客户对我方工作的全面评价。内容如下：调查方式为半年查，即每半年进行1次调查汇总；每半年末，将《客户满意度调查表》送到各客户手中；项目部负责在10个工作日内将由客户签字盖章后的《客户满意度调查表》收回；对《客户满意度调查表》进行统计汇总，并将相关信息报各有关部门处理。

实施即时报告制度：经过对《客户服务联络单》《客户满意度调查表》的分析整理发现问题后，应立即告知项目部并要求其整改；在收到告知单后10个工作日内，作出处理意见或整改报告；根据处理、整改情况以书面形式反映给客户；将《客户服务联络单》《客户满意度调查表》及相应的告知单、整改报告整理成册存档保管。

5.3.8 顾客满意度

（1）顾客满意度调查办法

目的：虚心听取广大顾客的意见，不断改进工作，提升服务水准。

原则：公平、公正、公开、真实、有效。

资料采集：随机向顾客发放一定数量的顾客满意度调查表，请顾客填写对停车场在经营管理和服务质量等方面的评价以及意见和建议。

时间：每半年进行1次。

要求：负责资料的归纳和汇总，提出评价意见，报送有关领导和部门，需要解决的问题，转送有关项目和部门，拿出整改意见，需要答复的，组织答复意见，并负责资料的归档工作。

（2）顾客投诉管理规定

① 停车场值班员负责接待、记录、客户的投诉，填写《客户投诉处理记录》。

② 值班员应及时将客户的各种意见或投诉向停车场负责人汇报。

③ 一般现场投诉由停车场项目经理处理，向客户作出合理解释。如解释有困难可逐级汇报进行处理，客户可直接进行电话、书面投诉。

④ 重大的客户投诉由院方负责协调解决，必要时由院方召集责任部门和相关部门制定解决方案和纠正措施并责成责任部门给予解释和解决，院方负责跟踪和检查解决方案及纠正措施的执行情况和效果。

⑤ 对客户的现场投诉，应热情接待，认真分析原因，并及时采取纠正和预防措施，以达到客户满意。严禁拖延、推诿。

参考文献

[1] 郑淑鉴，郑喜双，韦清波，招玉华.停车场运行评价指标体系研究[J].交通信息与安全，2014，32(02)：68-71.

[2] 陶希东.特大城市停车场规划建设管理：问题、经验与策略[J].城市规划，2012，36（07）：62-72.

[3] 庞玉成.复杂建设项目的业主方集成管理[M].北京：科学出版社，2016：100-106.

第 6 章　医院停车智能管理系统

刘　鹏　孙炜一

长期以来，医院基本建设的重点大多是门诊大楼、住院部大楼、办公大楼等楼体建设，往往忽视了停车场的规划与设计。随着人们生活水平的快速提高，汽车保有量飞速增长，开车就医成为普遍现象。而医院的停车泊位缺乏，机动车在医院内严重堵塞的情况时有发生。如何解决停车难的问题，如何有效解决停车设施规划、建设、管理的一系列问题，是一项亟待解决的重要课题。

从医院的长远发展目标来看，结合医院布局结构的调整和患者就医智能化的需求，建立和完善与医院发展相适应的智能停车系统是十分紧迫和必要的。

6.1 医院停车智能管理系统总体设计

6.1.1 停车智能化常用系统及技术介绍

6.1.1.1 智能停车出入管理系统

（1）车牌识别系统

停车场基于车牌识别管理模式的系统，设备一般包括车牌识别专用摄像机、车牌识别器、信息显示屏、自助缴费终端、电动道闸、图像对比和车牌识别系统、计算机等。为了满足客户不同管理需求，各个设备可以灵活组合。

车牌识别系统可对临时用户、固定用户进行实时管理，对车辆的出入时间、车牌号、图像进行严格记录、识别和登记，并按照停车时间和计费规则对各种车辆收费，并防止车辆丢失，系统可实现不停车通行，有效地缓解出入口压力。另外，系统配合提前自助缴费系统使用，可实现无人值守模式，减少人员投入，提升停车场的智能化水平。图6-1为车牌识别系统出入口效果图。

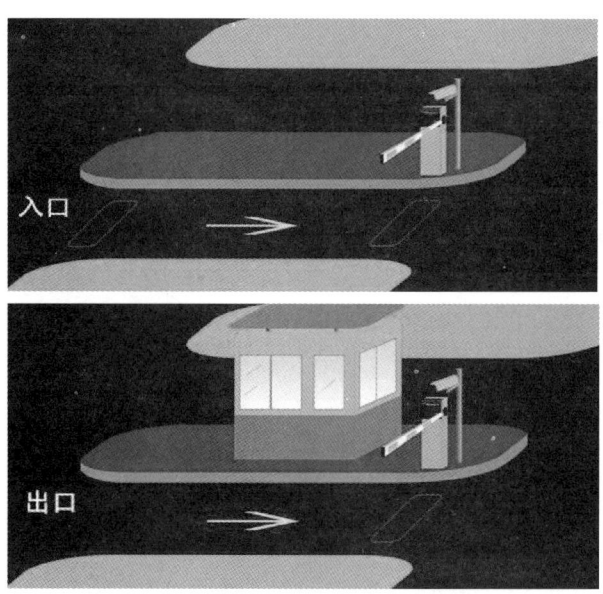

图6-1 车牌识别系统出入口效果图

（2）车牌识别结合纸票无人化管理系统

采用车牌识别结合纸票管理模式，可以对临时用户、固定用户进行分类管理，临时用户取票进场，自助缴费离场，固定用户车牌识别不停车通行，避免无牌车、严重污损车牌等无法识别需人工处理的情况，实现医院停车场的"无人化"收费，节省更多人力投入到医疗服务中，进而提升医院的整体形象。

图 6-2　停车纸票示意图

车牌识别结合纸票无人化管理系统的优点如下：

① 100% 车辆判定准确度，解决无牌车管理；

② 进出场综合速度提高 50%；

③ 现金不过人，零跑冒滴漏；

④ 100% 流水账务透明化；

⑤ 管理成本大幅降低，管理效率大幅提升；

⑥ 高度稳定，中央服务区远程控制；

⑦ 车主体验度高，最快 3 秒钟在线支付。

（3）发卡管理系统

发卡管理系统是一种传统的停车场管理模式，临时车辆进场取卡，出场凭卡缴费，固定车辆刷卡直接进出场。

发卡管理系统主要功能：支持 IC 卡、ETC 卡等；支持和一卡通系统对接；支持多进多出联网系统管理；支持出入口嵌套管理功能。图 6-3 为发卡管理系统出入口效果图。

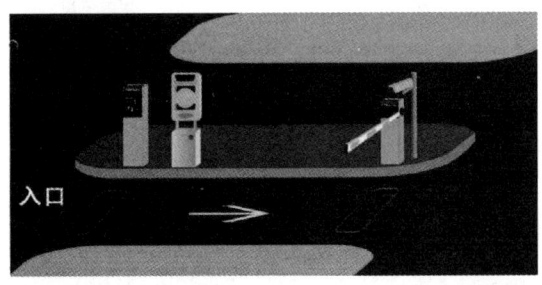

图 6-3　发卡管理系统出入口效果图

6.1.1.2 停车场自助缴费服务系统

自助缴费机。在医院停车场主要的人行出入口设置，车主通过输入车辆车牌号信息或扫描纸票条码查看停车管理系统中的停车信息，一般可使用现金、微信、支付宝提前缴纳停车费，打印票据等。

图 6-4　自助缴费机

支付流程：①找到自助缴费机；②扫码小票或输入车牌号码；③确认及支付。

手机 APP/ 公众号缴费。在医院 APP/ 公众号增加缴费功能，输入车牌号码或绑定车牌号码进行缴费。

微信 / 支付宝扫码缴费。车辆入场取票，离场前扫码入场时所取小票二维码，用微信、支付宝直接支付。

支付流程：①打开微信或支付宝；②点击"扫一扫"；③确认支付，成功。

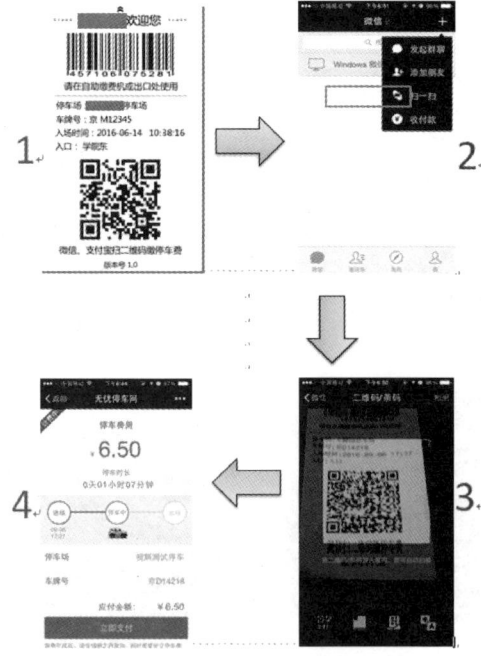

图 6-5　微信扫码缴费示意图

预约缴费。与医院挂号系统对接，预约就诊时间段内的车位，并在线支付。

6.1.1.3 智能停车诱导系统

（1）超声波引导

通过超声波测距的原理来检查车位的使用情况，配合车位指示灯的颜色变化来表明车位是占用（红灯）还是空闲（绿灯）状态，解决了客户停车找车位的需求。超声波识别技术的优点是检测比较准，造价低廉，缺点是不具备反向寻车功能。

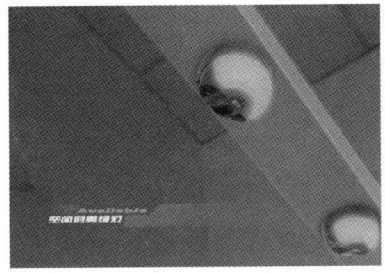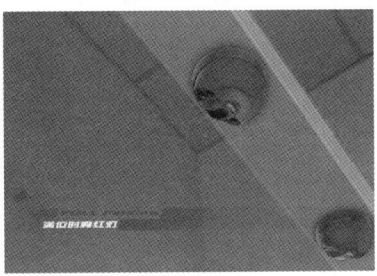

图 6-6　超声波引导检查车位示意图

目前，普遍采用的是前置式超声波探测设备，超声波探测器与车位指示灯集成，安装在车位正前方，对车位占用状态进行识别，同时通过指示灯显示车位状态。

图 6-7　前置式超声波探测设备

（2）视频引导

通过车型及车牌识别的原理对车位状态进行识别，如果无车则亮绿灯，如果有车则亮红灯，同时对该车位停放车辆的车牌号码进行自动识别，支持扩展反向寻车功能。视频识别技术的优点是可同时实现车位引导和反向寻车功能，缺点是对使用环境的要求高，对光线比较敏感。很多停车场为了节省电力经常会减少停车场照明的强度或者使用感应节能灯，导致环境光弱，识别准确率衰减较明显。

目前普遍采用的是高清摄像机，一个摄像机识别 1~3 个车位。一般来说，为提高系统识别率，视频引导方式的摄像机需要安装在车道中部或者对侧车位前方，支持 130 万像素高清摄像机 1 机对 2 个车位，或 300 万像素高清摄像机 1 机对 3 个车位。摄像机上接终端管理盒，并采取手拉手方式供电。

（3）多模组合式车位引导

多模组合式车位引导综合超声波探测和视频技术，采用超声波检测车位的使用状况，利用图像识别来实现寻车功能，克服单一识别技术的缺陷，光线或行人走动遮挡均不影响检测性能，对照明无特殊要求。

采用多模组合式车位引导，超声波指示灯一体设备安装在本侧车位前方桥架，高清摄像机安装在对侧车位前方桥架。

高清摄像机对侧安装可大幅度提高车位及车牌识别率；车位状态灯本侧安装，一个车位一个灯，使指示更加清晰；采用总线结构，降低设备和施工成本。

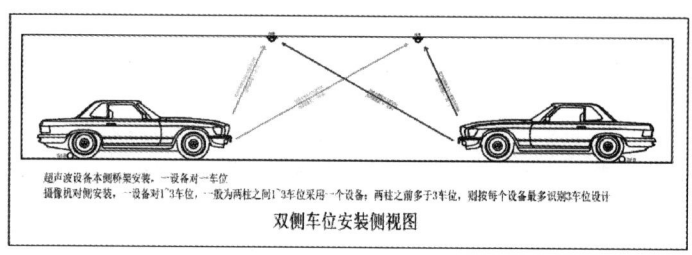

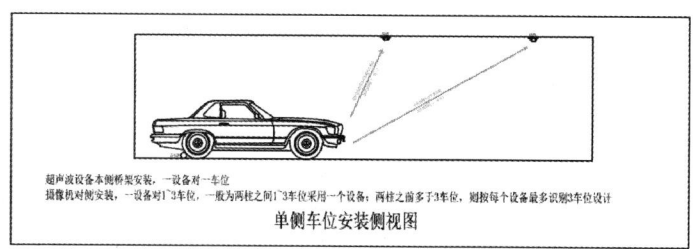

图 6-8 双侧和单侧车位安装侧视图

（4）手机引导

在视频引导和多模组合式车位引导的基础上，增加医院 APP 或公众号引导功能，车主实时查询医院停车场剩余停车位数量及位置。

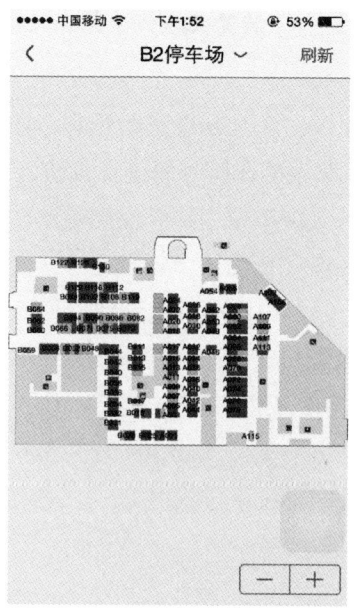

图 6-9 手机引导示意图

6.1.1.4 智能反向寻车系统

（1）视频反向寻车

在视频引导或者多模组合式车位引导的基础上增加寻车终端，实现反向寻车功能。

（2）手机结合室内定位反向寻车

传统的反向寻车系统主要依靠布置于大厅或电梯厅的反向寻车终端来查询爱车位置及返回路径，虽然达到了方便准确的要求，但还是存在一些不足，比如：客户不能随时随地进行查询，而必须找到查询终端，当人流量大时，还需要排队等候；从管理方角度而言，布置查询终端太少，顾客难以找到，很难起到反向寻车的效果，布置查询终端太多，又增加了太多的设备和维护费用。采用手机反向寻车系统，作为视频引导反向寻车系统的有效补充，既能为客户提供方便，又能为停车场节省一大笔前期投入。

手机反向寻车需结合 ibeacon 技术实现室内定位和手机导航服务。蓝牙 ibeacon 安装在车位探测器中，车位探测器预留蓝牙 ibeacon 的接口，每隔 3 个车位的车位探测器中插入 1 个蓝牙 ibeacon 装置。这样能做到蓝牙定位 ibeacon 间距不大于 10m。客户将其手机打开蓝牙功能，就可以进行定位和室内导航了。

（3）二维码定位反向寻车

近几年，二维码技术的迅速发展，为很多行业奠定了技术基础，利用二维码进行定位、反向寻车，即在车位附近立柱或墙面上张贴印有代表区域位置的二维码图案，客户停好车后扫描 1 次离车最近的贴在车库墙上的二维码，这时手机屏幕上就会出现一张该车库的地图，并用红色记号标记出该停车位。当客户准备离开时，再对离其最近的二维码进行第二次扫描，屏幕就会显示从当前位置到停车位的最近路线，指引车主找到自己的停车位，如果人、车不在同一楼层，手机也会进行相关提示。

图 6-10 二维码定位反向寻车示意图

6.1.1.5 智能停车 ETC 技术和电子车牌技术应用

（1）智能停车 ETC 技术

随着科技的进步，电子技术、计算机技术、通信技术不断地向各种收费领域渗透，当今的停车场管理系统已经向智能型方向转变。其中，将 ETC 技术应用于医院智能停车场中，实现停车场不停车收费，可以解决交付安全性和便捷性问题，向车主用户提供良好的通行体验，同时提高停车场运营企业的管理水平。

医院在停车场出入车辆密度大、车辆通道和车辆泊位资源相对有限的情况下，应对内外车辆出入的管理需求，迫切需要采用自动化程度高、方便快捷的停车场 ETC 不停车收费管理系统，以提高车辆管理水平。

引入 ETC 不停车电子支付技术，可以提升通车速度，降低现金管理成本，提高运营管理效率，并给车主带来优越的用户通行体验。其具体内容包括以下几点：

① 安全监管：以 ETC 支付为主，以停车缴费为辅，对出入车辆进行有效监控和管理。

② 不停车通行：通过 ETC 技术，实现车辆的电子不停车通行，提升车位周转率和进出口通行效率，并给予车主优越的用户体验。

③ 无人值守：结合 ETC 电子不停车支付、以及集中监控等技术，可实现停车场出入口管理的无人值守，提升管理效率和降低运营成本。

④ 非现金支付：采用以 ETC 为主的电子支付手段，可实现无须现金的便捷、快速支付，降低现金管控成本和规避现金管控风险，实现停车费用的便捷征收和统一管理。

⑤ 不停车通行：采用 ETC 电子不停车支付技术，在停车场出入口可自动识别车辆身份并自动缴费，无须停车，提高通行效率和提升用户体验。

⑥ 集中监控与清算：通过 ETC 管理，停车场交易信息和管理信息可实现电子化管理，进而实现对停车场区域的集中监控，并实现停车费用的统一清算和管理。

（2）电子车牌技术

汽车电子标识（electronic registration identification of the motor vehicle，简称 ERI）也称为汽车电子身份证、汽车数字化标准信源、俗称"电子车牌"，将车牌号码等信息存储在射频标签中，能够自动、非接触、不停车地完成车辆的识别和监控，是基于物联网无源射频识别（RFID）在智慧交通领域的延伸。汽车电子标识技术突破了原有交通信息采集技术的瓶颈，实现车辆交通信息的分类采集、精确化采集、海量采集、动态采集，抓住了智能交通应用系统采集源头的关键问题，是构建智慧交通应用系统的基础。汽车电子标识是指由国家公安部制定并予以推广，用于全国车辆真实身份识别的一套高科技系统的统称，由公安部交通管理局统一标准、统一推行、统一管理，与汽车车辆号牌并存，并且法律效力等同于车辆号牌。

随着车辆电子标签的推广完善，也将成为停车场管理系统识别的新介质。汽车电子标识实际安装案例图如图 6-11 所示。

图 6-11　汽车电子标识实际安装案例图

① 汽车电子标识标准的制定：在标准制定方面，针对汽车跨区域流通和快速运动的特点，公安部科信局于 2013 年 3 月向国家标准化委员会提出了编制汽车电子标识国家标准的立项申请，推动超高频 RFID 电子标识芯片的国产化，规范和引领各地涉车 RFID 电子标识的应用。国标委于 2013 年 7 月和 2015 年 9 月分批下达了汽车电子标识 6 项产品类标准和 2 项应用类标准的编制任务。2013 年 9 月，公安部交管局牵头成立了由公安部交管局、公安部科技信息化局、工信部科技司、国标委工业二部等参与的汽车电子标识国家标准编制工作领导小组，直接指导 8 个国家标准的编制工作。公安部交通管理科学研究所作为标准牵头单位，发起成立了汽车电子标识技术论坛，吸收国内近 40 家 RFID 企业、科研机构和高校参与标准研讨、关键技术指标选择、产品研发和测试工作。

目前，首批 6 项国家标准历时 3 年多时间，经过起草、研讨、反复征求意见、指标验证、技术专家论证预审及行业专家审定等编制工作后，已形成标准（报批稿）报送国标委；第二批 2 项国家标准（征求意见稿）已于 2016 年底公开征求意见，正在形成标准（送审稿）。同年，在无锡、深圳等全国公安物联网示范城市开展汽车电子标识试点应用工作。

② 汽车电子标识可实现功能及优势：电子标识在应用上的优势在于：一是可大幅度提升交通感知能力。依托电子标识管理系统，能够准确统计道路交通流量（按车型分类统计），动态监测道路交通状况，有效跟踪车辆轨迹，为优化交通信号配时、实施公交信号优先控制和停车诱导服务等提供实时可靠的数据支撑；二是各城市针对重点车辆的各项管控措施可得到有效实施。依托电子标识管理系统，可方便实现各类通行证的电子化管理，通过识读基站准确采集通行车辆信息，有效落实泥头车、危险品运输车以及黄标车区域限行限号等管控措施；三是可精准打击涉车违法犯罪行为。依托电子标识管理系统，可通过车辆身份的精准识别，高效、快速辨别假套牌车辆、故意遮挡号牌、逾期未年检车辆及逾期未报废车辆等违法行为，增强发现查处嫌疑车辆能力；四是推进多行业信息融合共享。电子标识技术上的兼容性可以方便地将年审、保险、环保等多种车辆信息整合到电子标识中，可用于城市停车门禁管理、公路不停车收费、环保执法、城市交通规划，车辆保险等行业领域，提供跨行业、多部门的"一站式"服务。

③ 工作原理：安装了电子车牌的车辆在经过卡口、重要路口或是安装有路侧单元的地方时，读卡器发射的超高频电磁波被电子车牌接收后，将其转换为电能，启动芯

片工作，芯片验证读卡器身份等信息之后，将所要求的信息发回给读卡器，最后读卡器将这些信息发回指挥中心。现在的国家标准规定车辆行驶速度在120km/h以下能够达到99.95%的准确读取率，而实际测试，车辆在240km/h的时速时，读卡器都能准确读取到电子车牌的数据。12m是指读卡器和车辆之间的距离。

④与ETC之间的区别：和ETC相比，它们各自的标准制定部门不同，ETC是交通部为了实现高速无障碍通知收费为主要目的一种手段。电子车牌是公安部牵头，以城市车辆管理为目的制定的标准。ETC采用的有源芯片，需要车内电力的支持，电子车牌采用的是无源芯片，不需要额外电力。ETC只能在时速低于60km/h时，才能识别到，所以在经过ETC道口时，需要减速行驶。

6.1.1.6 智能停车信息化平台

目前，我国的医院停车场主要还是采用独立的出入管理系统及场内管理系统，各系统间独立运行，没有形成整体的服务及管理。并且各个停车场独立投入人员管理，效率低下，难以达到真正意义上的"智慧化"，对"人工化"管理过度依赖。而在医院这种人员集中并且需要24h提供服务的场所，传统的停车场管理模式已难以满足现代化医院建设的需求，需实现传统的"劳动密集型"停车管理到"技术密集型"停车管理的转型，实现"无人化"管理。对停车场进行"科技化"的升级改造，不仅可以实现车场的"无人化"管理，更可以大大提高停车场的资源利用率和车辆进出停车场的效率，降低停车场管理成本，减轻医院及周边交通压力。

采用集中管理SAAS平台，提升停车场信息服务水平，实现停车场的远程集中控制，有利于实现网络化监控、集中值班、运营数据透明等功能，提升管理效率，降低管理成本；平台还能与医院数据、就诊数据实时对接，便于医院的整体管理。由"多点分散"至"集约管控"过渡，实现：

① 实现医院停车场远程管控功能；
② 结合科技密集型系统，减少人员数量，大幅度降低成本；
③ 职能集约化，单点人员素质提高，服务品质提高；
④ 管理人员"全副武装"，引入智能化设备，提高管理品质；
⑤ 管理人员年轻化，采用现代化企业培训制度，革新行业形象；
⑥ 技术人员驻场，硬件工程师担任项目经理，售后维保10min响应机制；
⑦ 采用两级管控中心，市内医院可统一管控值班各个停车场，医院本地值班多个出入口。

6.1.2 系统主要类型与选型策略

6.1.2.1 智能停车出入管理系统选型策略

目前，常见的智能停车出入管理系统有三种方式：车牌识别系统、车牌识别结合纸票无人化管理系统和发卡管理系统。

内容	发卡	车牌识别	车牌识别结合纸票
入口通行能力	3 辆 /min	8 辆 /min	7 辆 /min
出口通行能力	3 辆 /min	3 辆 /min	8 辆 /min
识别率	99.9%	98%	100%
系统成本等级	1	1.2	1.3
系统建议寿命	3 年	5 年	5 年
是否可"无人化"管理	否	是	是
节省人员成本 / 月	需配备 3 岗 / 天 ×30 天	需配备 3 岗 / 天 ×30 天	无人值守,每个出口收费岗节省约 1W 元 / 月
系统扩展性	较差	较好	较好
驾车者体验	一般	中	优
产权方感受	有时需派人为客户按键取卡	可以无人收费,难以无人值守	可以完全实现无人值守
发展趋势	逐步淘汰	目前主流	发展趋势

医院根据自己的情况,建议选用车牌识别或车牌识别结合纸票的方式。

尤其是车牌识别结合纸票的模式,更容易做到精细化、无人化管理,减少出口排队时间,加快车辆周转,节约管理成本。

6.1.2.2 停车场自助缴费服务系统选型策略

目前常见的停车场自助缴费服务系统有四种缴费模式:自助缴费机、手机 APP/公众号缴费、微信 / 支付宝扫码缴费、预约缴费。

内容	自助缴费机	手机 APP/ 公众号	扫码支付	预约缴费
现金支付	支持	不支持	不支持	不支持
微信支付宝等第三方支付	支持	支持	支持	支持
Apple pay 等手机支付	不支持	支持	支持	支持
银行卡支付	支持	支持	支持	支持
电子发票	支持	支持	支持	支持
下载或关注	不需要	需要	不需要	需要
注册个人账号	不需要	需要	不需要	需要
绑定车牌号	不需要	需要	不需要	需要
系统成本等级	10	2	1	2
发展趋势	成本高,逐步减少	有 APP/ 公众号需求可扩展,单独开发缴费价值不高	发展趋势	发展趋势

医院根据自己的情况，可以结合以上四种缴费模式，一般情况下都是多种缴费模式一起使用的。

6.1.2.3 智能停车诱导系统选型策略

目前常见的智能停车诱导系统有四种方式：超声波引导、视频引导、多模组合式车位引导、手机引导。

内容	超声波	视频	多模组合	手机引导
引导识别率	99%	95%	99.9%	结合视频引导或多模组合式引导
节能车场识别效果	优	中	优	结合视频引导或多模组合式引导
支持寻车	不支持	支持	支持	支持
系统成本等级	1	1.5	1.5	结合视频引导或多模组合式引导
驾车者体验	中	中	优	优
适用停车场	普通停车场	中等停车场	高档停车场	高档停车场
发展趋势	成熟系统	主流，待优化	发展趋势	发展趋势
注册个人账号	不需要	需要	不需要	需要
绑定车牌号	不需要	需要	不需要	需要
系统成本等级	10	2	1	2
发展趋势	成本高，逐步减少	有APP/公众号需求可扩展，单独开发缴费价值不高	发展趋势	发展趋势

医院根据自己的情况，可以结合以上四种缴费模式。一般情况下，小型室内停车场建议使用超声波引导系统。大型室内停车场建议使用视频或多模组合模式，可以实现车位引导和反向寻车两个功能。

6.1.2.4 智能反向寻车系统选型策略

目前常见的智能反向寻车系统有四种方式：视频引导反向寻车、多模组合式引导及寻车、手机结合室内定位反向寻车、二维码定位反向寻车。

内容	视频	多模组合	手机&室内定位	二维码
摄像机像素	标清或高清	超高清		
寻车准确率	95%	99%	99.9%	99.9%
节能车场效果	一般	优	优	优
需手动定位	1	1.5	1.5	结合视频引导或多模组合式引导
车辆位置	不需要	不需要	不需要（需结合视频方式或多模组合方式）；	优
需要（独立运行）	需要	中等停车场	高档停车场	高档停车场
系统成本等级	1.5	1.5		0.2
驾车者体验	一般	优	优	一般
发展趋势	主流，待优化	未来趋势	未来趋势	逐步淘汰
系统成本等级	10	2	1	2
发展趋势	成本高，逐步减少	有APP/公众号需求可扩展，单独开发缴费价值不高	发展趋势	发展趋势

医院根据自己的情况，可以结合以上四种缴费模式。一般情况下视频系统误差率较高，而视频＋超声多模组合的系统误差率较低。手机定位能做到连续导航，高档停车场可选用。

6.1.3 医院停车管理的特殊性要求

医院停车最大的特点就是车流量特别大，人车交汇，管理困难，同时作为国内各种先进技术的试验田，医院对于新潮技术的需求也特别旺盛。

对于医院停车管理，首先要考虑的是安全、稳定、高效性，这就需要设计者提前做好预案，针对各种紧急情况做好应急措施，使医院停车系统能无断点正常运行；其次，随着物联网技术的飞速发展，现在的停车管理也要与时俱进，积极引入新的管理理念和技术手段，真正达到人与物随时随地完美结合，如针对医院停车管理产生了很多个性化设计，衍生出了城市级云平台、微信预约车位、开车通行无感支付、急求车管理、警医联动等先进功能，既能满足医院对先进技术的渴求，对提高医院的管理水平也起到一定促进作用；最后，需要相关部门从规划入手，通过正在进行的城市更新改造升级计划，完善医院停车等功能规划，加大停车位建设和供给。

医院收费的管理策略：

医院停车管理不是以收费为目的，但要依靠收费手段来建立一系列围绕医院管理和就医便利的服务体系。

对职工，在免费停车的基础上，一些院区比较大，地面、地下和立体车库分区较多的医院，可以通过系统建立分块收费的原则，职工停入相对偏远和地下车位或立体车位，把便利留给就医停车，对于未停入规定区域的职工车辆，系统统计分析后按照医院管理规定进行罚款、按临时车计费等原则进行处理；停车系统应具备对应的软硬件设计。

对就医停车，系统要和 HIS 系统及医院门户 APP 或公众平台进行数据对接，实现预约挂号车辆的预约停车功能，保证此类车辆不等待进入预约停车区，对于和社保卡关联的车辆，可以实现出口就诊免费或优惠停车的收费策略，达到服务患者的目的，提升医院的服务水准。

6.2 医院智能停车出入管理系统和自助缴费系统

6.2.1 系统介绍

6.2.1.1 智能停车出入管理系统介绍

停车场出入口管理及收费系统是医院停车场智能管理系统的核心，其包括车牌自动识别系统或电子标签（卡）识别系统、出入口监控系统、收费系统、医疗交互接口、云平台统计分析管理系统及配套硬件设施。

停车场出入口管理系统实现进出车辆的识别和分级管理，实现基于停车场管理平台的统一授权、统一调度、统一收费管理、运行状态实时监控等；实现各类数据的统计分析，如在场车数量实时统计、实时收入预测、过夜车数量、异常车统计、车流量、泊位利用率等；与第三方系统的互联互通，如与挂号系统、HIS 系统、支付宝、微信平台等的对接，实现车位预约服务、进出权限自动判定、患者停车费自动优惠减免等，最大限度地提高出入口通畅性、车场运转率和车主进出体验。还可通过公共界面或者窗口将车场剩余空车位、收费规定等情况实时、准确地显示，实现有效的指引、导航和出行指导。

停车场出入口管理系统主要分为电子标签（卡）管理系统和自动视频识别形式。相关设备包括自动挡车器、出入口控制机等。车牌识别技术应用日益广泛，主要采用视频车牌识别代替原有的取卡模式。随着国家标准电子车牌的试点推行，电子车牌识别预计也将成为下一阶段停车场管理系统的组成部分。

（1）视频识别停车场管理系统介绍

视频识别停车管理系统是目前主流应用的停车管理系统，主要是采用视频识别系统对进出停车场的车辆进行有效管理及计费，实现了从车辆快速进场、快速缴费、快速出场等过程的全自动化智能化管理。

系统采用车牌及车型、车辆颜色作为车辆出入停车场的凭证，通过出入口识别车牌号码及识别车型、车辆颜色来判断车辆进出场的权限，并判断车辆的停放时间及所需缴纳的停车费。

该系统可让泊车者方便快捷泊车，使停车场车位管理更加规范、有序。通过出入口的数据采集、上传和调用、处理等系列动作，实现出入口管理收费功能，简化设备和降低管理成本、提高出入口通行率。

视频识别停车场管理系统原理：视频识别中的车牌识别系统由触发、图像采集、图像识别模块、辅助光源和通信模块组成。当车牌识别系统运行时，必须事先对光学系统进行调整，以保证到达指定位置的车牌能清晰成像；当车辆到达适合位置时，就会发出触发信号，控制摄像；随后进入图像的预处理程序，即对拍摄到的视频图像进行处理，去除噪声和调整参数，对车牌进行定位与字符识别；最后，将识别的结果输出。

车辆全信息识别是一种基于图片二次识别技术，通过对车辆前部、后部特征进行三维建模，可以对车头抓拍与车尾抓拍图片进行车辆号牌、车辆品牌、子系、年款、车身颜色、制造厂商、车辆种类识别，基于外形特征进行机动车和非机动车自动挑拣，实现机非分离的精细化管理。如图6-12所示。

图6-12 车辆信息识别效果图

（2）汽车电子标识停车场管理系统介绍

汽车电子标识停车场管理系统是由道闸、汽车电子标识、汽车电子标识读卡器、车牌识别摄像机、出入口控制机等硬件构成，利用RFID射频技术与车牌识别技术作为凭依，结合公安网，可以实时采集车辆行车数据，用于车辆和出入口管理系统。

汽车电子标识作为车辆电子身份的唯一标识，给智能停车场的应用带来了优于车牌识别的精准识别。

目前，基于汽车电子标识的停车场管理系统已经在无锡、深圳等试点城市开始推行。图6-13为无锡市民中心的基于汽车电子标识的停车场管理系统示范项目现场图。

图 6-13　无锡市民中心的基于汽车电子标识的停车场管理系统示范项目现场图

6.2.1.2 医院自助收费系统介绍

（1）基本组成

停车场管理及收费系统是智能停车管理系统的核心组成，体现了停车管理系统的运营管理水平，系统主要包括基础数据管理、权限管理、收费管理、智能分析等，以及车位引导、寻车系统、多元化支付系统等的接入与管理。

医院的停车管理及收费系统趋向于与医院安防系统集成、与 HIS 系统集成以及与城市停车云平台集成。

随着基于物联网技术和移动应用的智慧停车平台的建设，即"互联网 + 智慧停车 4.0"的出现，停车管理与收费系统功能日益丰富，客户体验特别是就医停车体验则愈加便捷。

（2）主要功能：数据采集、资源管理和分析功能

① 出入口车辆数据采集：基于车牌识别或取卡读卡系统，实现不同类型车辆的数据采集和数据管理。

② 停车资源管理：集成车位诱导系统，实现全方位的停车诱导信息服务。

③ 统计分析功能。

源数据：指目前正在运行的停车管理系统和相关外部数据，包括出入口采集数据、停车收费数据、车位监测数据、人员管理数据等。统计分析功能的数据访问通常是大量且成本较高的访问，为了保证停车管理系统的性能与安全，在停车管理系统的基础上建立同步的备份数据库，统计分析功能以备份数据库作为数据源，通过将生产库与统计功能进行有效隔离，保证数据的安全性和高性能。

数据存储：统计分析功能的数据存储不同于停车管理系统中操作型的功能，数据的存储方式、数据表结构都有所不同，需要按照业务管理主题对源数据进行重新整合。

数据访问：通常统计分析功能的访问方式有联机查询访问、统计报表访问、操作型访问等。

联机查询访问：如查询停车业务清单、明细数据，需要实时访问统计数据表。

统计报表访问：如查看当月停车费缴费情况等统计报表，统计报表通常事先已经生成完毕，具有固定的格式。

操作型访问：为完成特定的管理应用，通过操作型功能与统计分析功能进行交互，例如预期停靠车辆评估。

统计分析功能通常使用前端功能界面来完成数据的访问工作，以满足高效率和多样性。

6.2.2 系统特点

6.2.2.1 视频识别系统的特点

（1）对固定车管理

解决"卡管理"时，一卡多车的情况；

解决"卡管理"时，卡未携带的情况；

解决"卡管理"时，卡丢失、损坏带来的换卡、补卡的工作；

解决"卡管理"时，控制机安装摆放位置的问题。

（2）对临时车管理

解决"卡管理"时收费上的资金漏洞；

解决"卡管理"时，有的临时车混出停车场，同时损失临时卡和停车费的情况；

解决入口发卡机的卡容量有限，需要不断往发卡机里装卡的问题；

自动对大车、小车进行车型区分，执行不同的收费标准。

（3）对收费管理

临时车主和收费人员之间没有金钱介质往来；

付费更快，资金电子化，不用担心找零问题，出场也更快；

随时查看财务报表，资金管理安全便捷，数据明确。

6.2.2.2 汽车电子标识停车场管理系统特点

汽车电子标识停车场管理系统基于卡识别停车场系统和车牌识别停车场系统，但又衍生出了独属于自己的特性，它具有国家性，在理想的情况下，它与现有的道路监控系统处于同一地位，由国家统一制定标准，由公安部统一执行，免费强制发放给汽车驾驶员，与人们的出行密不可分；它具有识别唯一性，此系统使用汽车电子标识卡作为唯一凭依，是汽车的身份证，不管使用哪个品牌的停车场管理系统，都必须兼容汽车电子标识卡；它具有多样应用性，主要分为政府管理类应用和便民服务类应用，政府管理类应用分为交通信息采集处理分析，涉车违法犯罪查处，环保监测管理，重点车辆运行监管等，便民服务类应用分为年检、环保标识电子化，公交优先控制，智能门禁管理，智能停车管理，车辆防盗防套牌等。

汽车电子标识是"电子车牌"，在汽车上安装一个芯片，然后实现高速运动状态下对车辆身份的识别、动态的监测，附带实现流量监测，助推城市交通智能化管理。其主要功能和作用有以下四点。

① 防伪。每张 RFID 标签都有全球唯一 ID 号码，而且是不可修改的，因此 RFID 技术具有无可比拟的防伪性能。RFID 标签中，除了 ID 号码外，还有一部分 DATA 区，若有需要是可以写入一些数据信息的。可以把车辆号牌和车证信息加密写入到这个区域，从这一点上说也具有很高的防伪特点。通过读写器对过往车辆的检查，拥有假证或不合法车辆是很容易被识别出来的。

② 防借用。由于车辆号牌信息可以加密写入到标签中，以及调用系统数据库内的信息资料，可以辨别出某一车辆是否有权使用这张车证（即电子标签），从而可以防止车证借用的现象，做到证、车统一或证、车、驾驶员三者统一。

③ 防盗用。如果某车证不慎遗失，不仅仅可以通过上述手段从车证号码和车证的统一性上判别某车辆是否有权使用该车证，还可以通过失主挂失的方法使该车证失效，一旦某车辆使用挂失车证试图出入时，就可以被识别出来。

④ 防拆卸。每个电子标签都附带有防拆卸功能，安装好以后，一旦进行拆卸，电子标签将无法工作，从而避免了电子标签被拆卸后重复使用或作他用。

6.2.2.3 医院自助收费系统的特点

通过便捷支付的解决方案，可以提升医院出入口通行效率，优化医院第一形象，舒缓病患心情。遇到急救、会议车辆时，通过车牌预登记的方式，达到快速通行、就诊及时的目的。对日常车场数据管理也起到了重要作用，及时汇总车流数据、现金流，提升了内部管理效率。医院面积较大，通过院内分区停车引导，为快速就诊起到了辅助作用。

通过这些方面达到提升医院综合管理与安全水平的目的，如表 6-1。

表 6-1 便捷支付管理提升解决策略

管理诉求	解决方案
高峰时间进出医院排队较严重，并导致周边交通拥堵	电子支付：出入不停车，手机电子支付的极致顺畅停车体验
根据功能区域不同需要精细化（到车）的分区管理与计费	出入证网上办理：网上办理出入证审批、续费，提高效率
医院内部面积较大，需要地图和停车指引，对违章停车需要加强管理	信息推送：定制化的活动信息、地图的精准推送
活动会议的来宾停车，目前管理流程复杂，存在安全隐患	医院内违章停车管理：违章停车信息即时推送、处理情况的归档管理
希望和病患车主建立互动和通知机制	手机寻车：先进的停车场车位级导停和手机寻车（GPS）
期望加强医院内部车辆安全管理与监控	车场内后服务：停车时间享受停车场的车辆服务（洗车、美容、保养、充电等）

6.2.3 选型策略

6.2.3.1 各应用系统的对比选择

各应用系统的对比选择如表 6-2 所示。

表 6-2 出入口设备功能对比

类项	（取卡／人工）	视频识别	电子车牌
进场速度	慢	快	快
出场速度	慢	快	快
投入设备成本	参差不齐	较高	高，目前要配合车牌识别
运营成本	设备维修多 人工成本高	故障率低，管理人员少	故障率低
车主体验	差	好	好
发展趋势	逐步淘汰	主流	尚待完善
管理缺陷	系统缺陷导致资金流失	财务漏洞小，易监管	电子标签在支付方面的可靠性尚待验证
扩展性	无	可集中管理 支付宝应用 微信应用 手机 APP ……	可集中管理 支付宝应用 微信应用 手机 APP ……
总体评价	中	优	良

6.2.3.2 视频识别系统选型策略

随着车牌识别系统的日趋成熟，视频识别一体机有着集成性强、安装简单（接入一根电源线和一根网线接入即可）、故障率低、维护方便的优势，原来立杆分体式安装的车牌识别系统在逐渐被视频识别一体式控制机代替。

视频识别摄像机性能参数要求如表 6-3 所示。

表 6-3 视频识别摄像机参数要求

类项		规格参数
高清摄像机技术参数	有效像素	1920（H）× 1080（V）
	帧率	仅 JPEG 或者 H264 全幅 25 帧 / 秒
	信噪比	双码流：H264 25 帧 / 秒，JPEG 15 帧 / 秒
	最低照度	≥ 50dB
	快门	0.1Lux
	增益	150us ~ 40ms 自动 / 手动模式
	图像输出格式	0 ~ 32dB 自动 / 手动模式
	镜头接口	双码流 JPEG 和 H.264，支持 RTSP 协议
汽车牌照识别技术参数	车牌定位率	C/CS 型接口
	车牌整牌识别率	≥ 99%
	识别时间	≥ 97%
	识别车牌格式	＜ 0.1S（注：不包含抓拍与传输时间）
	工作电压	可识别符合"GA36-92"（92 式牌照）和"GA36.1-2001"（02 式牌照）标准的民用车牌照，04 式新军牌和新武警车牌的汉字、字母、数字、颜色等信息，新能源车牌
其他技术参数	功耗	≤ 15W（不含辅助光源）
	通讯端口	RJ45 100Base-T 网络接口 TCP UDP RTSP FTP
	车辆通行速度	＜ 220km/h
	测速精度	符合 GB/T 21255—2007 标准
	工作温度	−35 ~ 70℃
	工作湿度	＜ 95%（相对湿度）
	无线模块（可选）	1 个 GLE 电信全网通模块
	防护罩防水等级	IP66

6.2.3.3 智能道闸选型策略

随着汽车数量的日益增加和停车场管理品质要求的提高，对道闸的性能也提出了更高的要求。如道闸一体化机芯、离合装置、智能防抬功能、遇阻返回装置、升温功能（确保在 −40℃环境下使用）、抽风降温系统（及时降低电机温度）、自动离合装置、防撞脱杆装置等。

（1）道闸功能的发展

道闸已越来越向高科技方面进化发展，以适应市场对产品的需求，在停车场系统管理中成为关键的车道设备。传统道闸通常为机电道闸和数字道闸，功能上仅仅满足最基本的需求。图 6-14 为传统道闸图例。

图 6-14 传统道闸图例

随着时代发展，停车场的管理更加注重设备的智能化和人性化的使用体验，所以智能闸的使用已经越来越普及，加上车牌识别系统的普及推广，视频识别一体化控制道闸因其安装方便、故障率低，使用量也在大大提高，如图 6-15、6-16 所示。

图 6-15 视频识别一体化控制道闸

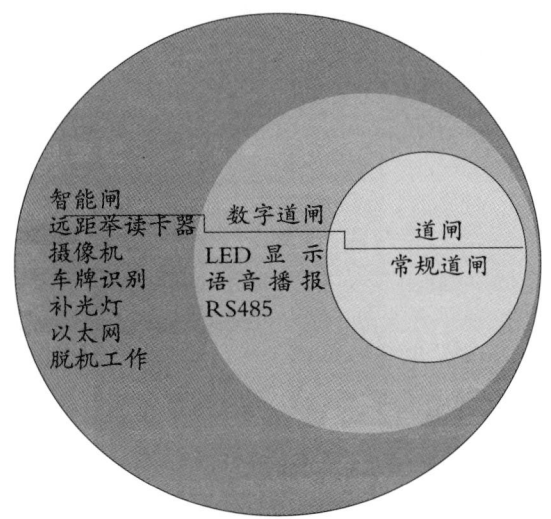

图 6-16 道闸功能进化图

（2）品种选择要点

由于道闸品种较多，表6-4是按道闸指标的分类。

从起降速度选择。视频识别和远距离电子标签识别系统一般选择快速或中速道闸，在选择快速道闸时，由于杆长只能在3m以下，因此要配合道口的土建设计，以防止空缺过大而过车。

表6-4 道闸起降速度对比

类项	快速（S）	中速（S）	慢速（S）
起降速度	0.5~1.5	2~4	＞6
配套道杆长度（m）	2~3	3~4	＞5

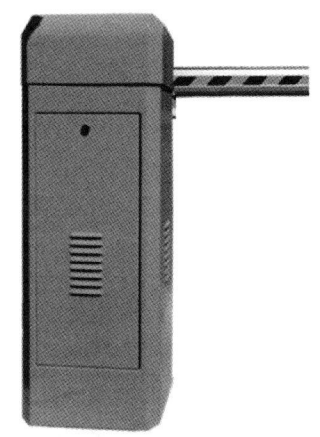

图6-17 直杆道闸

折臂道闸：一般用于地下等空间高度不够的场合，需要道闸折弯使用，折臂一般分上折臂和下折臂。如图6-18所示。

栅栏道闸：用于要管制行人的场合，一般起降速度比较慢。如图6-19所示。

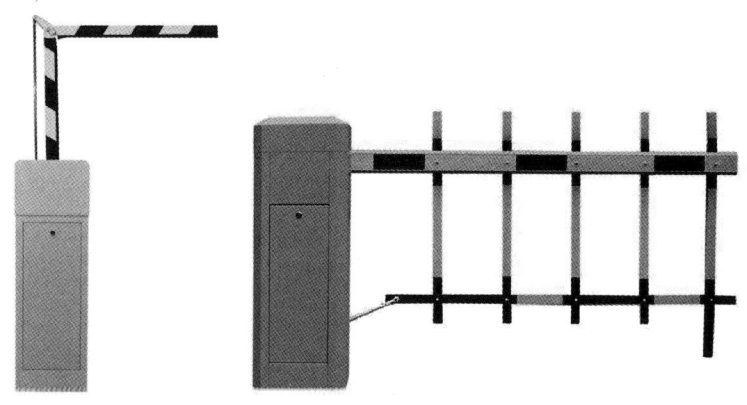

图6-18 折臂道闸　　图6-19 栅栏道闸

广告道闸：道闸箱体或道杆上设置广告位，用于广告宣传，一般起降速度比较慢。如图6-20所示。

图 6-20　广告道闸

6.2.3.4 医院自助收费系统选型策略

针对各个支付系统不同的特点，先对其做如下选型对比，如表 6-5 所示。

表 6-5　选型对比

序号	功能列表	自助缴费机	移动支付	信用支付	Apple Pay
1	现金缴费	√			
2	微信支付	√	√	√	√
3	支付宝支付	√	√	√	√
4	查询车场信息	√	√	√	√
5	发票打印	√			
6	支付凭证	√	√	√	√
7	先出场后缴费			√	
8	城市卡电子钱包	√			
9	城市卡在线账户		√	√	
10	医院一卡通	√			
11	导航寻车	√	√		

6.2.4　技术要点与安装要求

6.2.4.1 汽车电子标识停车场管理系统

（1）进场流程

① 通过设立在入口处的 LED 显示屏，为用户提供停车场使用情况，如果停车场仍有空余车位，表明停车场可向外界开放。

② 当车辆到达入口处，地感线圈检测到车辆到来，车辆检测器向汽车电子标识读卡器和车牌识别摄像机输出车辆存在信号；接到信号后读卡器和摄像机进入工作状态，读取汽车电子标识卡并识别车牌；系统进行有效性识别后，长期用户自动进场，临时用户由停车场管理员登记确认后进场。系统将车辆信息存入本地数据库并通过公安网同步上传至公安服务后台。

③进场车辆驶过安全感应线圈后，车辆检测器向系统输出车辆已经离开的安全信号，栏杆自动放下，完成进场流程。

（2）出场流程

①出场车辆行至出口第一组感应线圈时，系统启动收费终端程序，设备进入工作状态。

临时用户：所有出场临时用户由摄像机识别车牌信息，读卡器识别汽车电子标识卡，双重识别，对比认证，由系统根据费率表将交费信息在收费员终端及费率显示器上同时显示，收费员执行收费操作，将找零、发票给客户。收费操作完成后，按确认键后栏杆升起将车辆放行出场。

长期用户：长期用户经过摄像机识别车牌和读卡器识别汽车电子标识卡，系统识别有效后，将车辆放行出场。

系统将车辆信息存入本地数据库，并通过公安网同步上传至公安服务后台。

②出场车辆驶过安全感应线圈后，车辆检测器向系统输出车辆已经离开的安全信号，栏杆自动放下，完成出场流程。

注1：收费员必须用自己的工作卡进行上岗认证后，方能进入收费工作站应用程序。

注2：系统自动计算停车时间、数量、收费，与系统中央数据库实时通信，进行查询、统计、分析、打印等处理。

6.2.4.2 视频识别停车场管理系统的出入口流程

通过视频识别系统和智能道闸以及对应管理软件，可实现有人值守、无人值守、多种缴费方式的各类应用场景，具体的系统体验流程如图6-21所述。

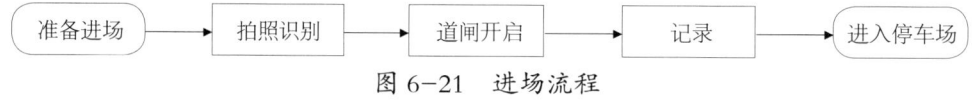

图6-21 进场流程

（1）人工缴费出口流程

对于出口岗亭有人值守可进行人工收费，体验流程如图6-22所示。其中收费管理部分也可在停车场内另行部署自助缴费机、中央人工收费处等，或利用移动终端实现多种缴费方式。在出口处，高清视频识别摄像机识别出车牌号码后，对应后台数据库中的缴费记录，对于已完成缴费的车辆直接自动开闸放行，对于未提前缴费或缴费不足的车辆，进行人工收费后，开闸放行车辆出场。

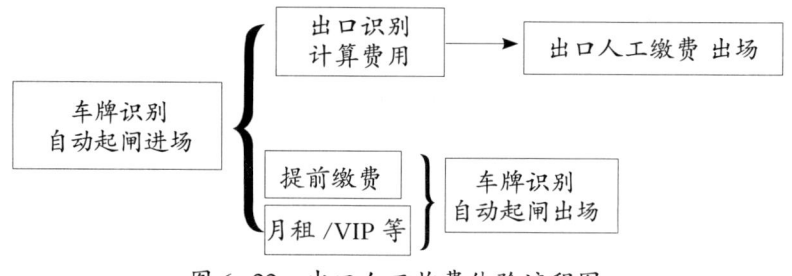

图6-22 出口人工收费体验流程图

无牌车辆或车牌严重污损的车辆进出场时，本方案同样应支持出入口收费管理。该类特殊情况的体验流程如图 6-23 所示。

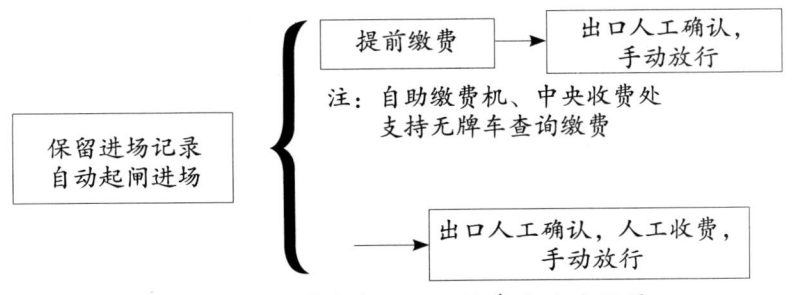

图 6-23 无牌车出口人工收费体验流程图

在入口处，视频识别摄像机未识别出车牌号码，但可将车辆入场记录保留在管理系统数据库中。入口处通过人工手动开闸，或者拍照后直接自动开闸放行。车辆入场记录包括车辆入场时间、型号、颜色等特征数据以及车辆入场图片。

在出口处，岗亭工作人员进行人工对比，匹配进出场信息，确认车辆后系统自动计算出应缴费用，工作人员进行人工收费后手动开闸放行车辆出场。

在中央人工缴费处和自助缴费机上，均可支持车牌未自动识别的缴费模式，通过中央缴费处的工作人员确认或车主在自助缴费机上自行确认车辆，提前完成缴费，则可在出口处通过工作人员匹配车辆信息，直接手动开闸放行，不再进行出口缴费，从而提高出场效率。

（2）出口无人值守体验流程

对于出口岗亭无人值守的停车场管理系统，需进行中央人工缴费、中央自助缴费或移动端自助缴费。车辆进出场流程与上述流程类似，如图 6-24 所示。

出口处岗亭无人值守时，如出现特殊情况未能成功识别车牌号码，则进行巡检人员辅助管理。

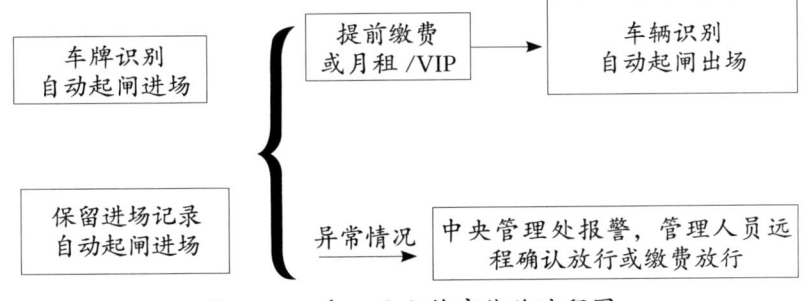

图 6-24 出口无人值守体验流程图

6.2.4.3 医院自助收费系统技术要点与安装要求

自助缴费机安装需要一定的空间，安装位置优先选择在电梯间旁，目的是为了方便下电梯寻找，进一步方便车主寻找车辆，若电梯间无位置，需选择一个比较醒目的位置来安装，医院一般可以选择门诊或住院楼的一层大厅，有条件的医院也可以在户外适合停车的位置设置自助支付岗亭，主要需要考虑停车场原有线路的布置，尽量使用原有材料进行接线安装。图 6-25 为自助缴费机安装示意图。

图 6-25　自助缴费机安装示意图

对于移动支付只需要在车场内合适位置处喷涂一些二维码即可，车主需在手机上安装相应的软件或者关注微信公众号。

6.2.5　系统配置和主要设备介绍

6.2.5.1 标签（卡）停车场管理系统的基本构成和配置

医院对外出入口应配置机动车出入口防砸挡车器、地感线圈（车辆通过检测）、出入口 LED 指示屏、自动吐卡机、远距离读卡器（可选）、车牌记录/比对摄像机、收费岗亭等，值班室应有专人值守，具备收发卡、进出车辆控制、比对等设备。对于无专设停车库（场）而允许车辆出入的医院，对外出入口应具备停车库（场）智能管理系统的全部功能。图 6-26 为医院内停车库（场）出入口配置示意图。

具体参考标准：《停车场（库）安全管理系统技术要求》（GA/T 761—2008 于 2008 年 6 月 1 日颁布实施）；《关于停车库（场）出入口控制设备的技术要求》（GA/T 922—2012 于 2012 年 7 月 19 日颁布实施）。

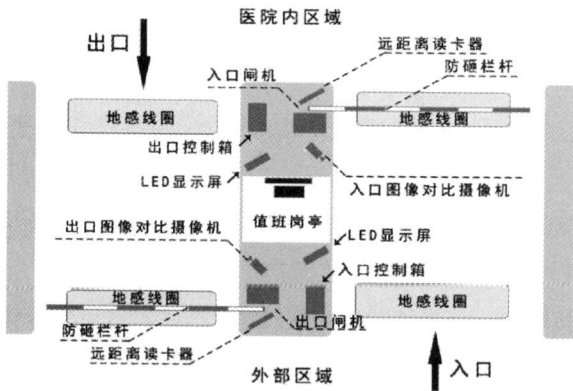

图 6-26　电子标签（卡）停车场管理系统出入口配置示意图

如医院拥有地下停车库,也需权限管制的,应在地下停车库出入口配置如图6-27的系统。

6.2.5.2 视频识别停车场管理系统的基本构成和配置

车牌识别系统与发卡系统相比,在设备上的区别主要是取消了发卡设备,增加了车牌识别装置。

医院对外出入口应配置机动车出入口防砸挡车器、地感线圈(车辆通过检测)、出入口LED指示屏、车牌识别摄像机、收费岗亭等,岗亭应有专人值守,具备收费、进出车辆控制、比对等设备。图6-27为视频识别停车场管理系统示意图。

可参考标准:《停车库(场)车辆图像和号牌信息采集与传输系统技术要求》(SZJG 44-2017);《停车场(库)安全管理系统技术要求》(GA/T 761-2008);《关于停车库(场)出入口控制设备的技术要求》(GA/T 922-2002)。

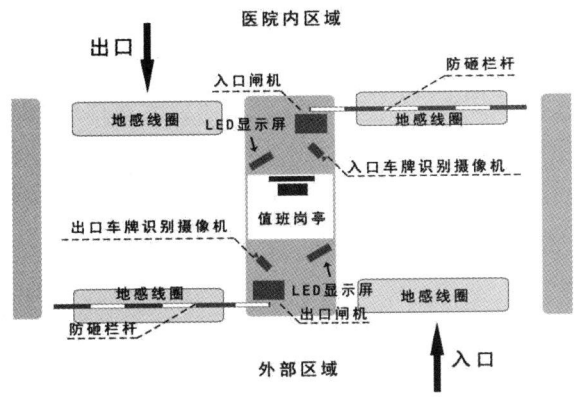

图6-27 视频识别停车场管理系统出入口配置示意图

6.2.5.3 医院自助收费系统组成

便捷支付是未来的发展趋势,主要理念体现为快捷和方便。医院停车场时下流行的支付方式有出口城市卡支付、中央自助缴费机缴费、绑定银联卡不停车支付、移动支付、信用支付、Apple Pay和医疗一卡通付费等。这些智能支付方式凸显了预付费或自动扣费的概念,在用户得到良好付费体验的同时,也大大减少了出院排队等待的时间,缓解院内交通压力。

表6-6 各类缴费模式

分类	项目	描述
提前缴费	中央人工收费	支持现金等支付方式; 支持优惠抵扣券、会员积分等抵扣停车费用
	自助缴费机	支持现金支付方式; 支持微信、支付宝扫码支付; 支持优惠抵扣券等扫描支付
	移动终端	支持微信、支付宝、手机APP进行支付; 移动端绑定车牌后可支持各类优惠抵扣方式

续表

出口缴费	巡检辅助人员收费	VIP车辆、月租车辆、警车等特殊车辆自动识别，直接出场；临时车辆自动识别判断是否缴费，已缴费直接出场，未缴费补缴后出场；支持纸质优惠券抵扣停车费用；城市卡（市民卡、院内一卡通快捷支付）
	巡检辅助人员收费	出口处无人值守时，如出现特殊情况车辆未正常出场或车流量较大时，可由巡检人员通过手持机进行人工辅助收费

（1）出口人工缴费

在收费管理软件的交互界面中可查看进出场车辆的图片信息和实时的视频信息，可查看VIP用户，进行系统设置等功能，使用城市卡（市民卡）或医疗一卡通的车主可直接刷卡支付，省去了现金支付找零发票的过程。

（2）中央自助缴费

自助缴费可以采用人工平台，也可以采用自助查询缴费一体机，如图6-28所示，既可以作单一缴费应用，也可以和反向寻车整合在同一台设备中。车主可通过该设备缴纳停车费，支持纸币、硬币、市民卡、银行卡缴费等多种缴费方式；车主可通过该设备寻车，支持车牌、时间、车位等多种查询方式，为停车场提供自动化、安全化、人性化的管理。

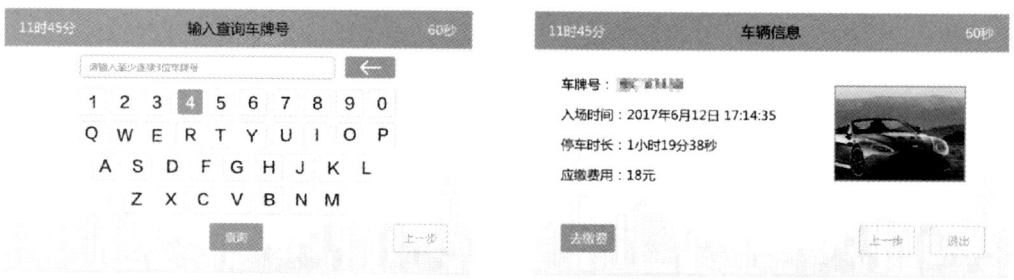

图6-28 自助缴费机缴费界面

（3）移动支付

移动支付也称为手机支付，就是允许用户使用移动终端（通常是手机）对所消费的商品或服务进行账务支付的一种服务方式。移动支付将终端设备、互联网、应用提供商以及金融机构相融合，为用户提供货币支付、缴费等金融业务。

现在常用的移动支付方式通常使用微信和支付宝作为付费平台。微信支付和支付宝支付主要通过扫描二维码关注对应停车场的公众号，进入公众账号之后寻找相应的支付项，完成支付。另外也可以通过专业公司开发的停车支付APP进行支付。

① APP应用的功能模块。表6-7为APP应用功能模块和功能描述。

表 6-7 APP 应用功能模块和功能描述

功能模块	功能描述
查找车位	定位或者指定地点周围停车场停车位查询
预订车位	提前预订目的停车场车位
月票查询购买	定位或者指定地点周围范围内的月票查询
支付停车费	移动端实时停车费查询与支付
锁定车牌	锁定车牌禁止出场，增加安全性
解锁车牌	解除锁定正常出场
记录查询	查询停车缴费记录
停车场查询	查询绑定车辆信息、车位情况、收费规则、停车优惠信息
停车场预订	提前预订目的停车场车位
缴纳停车费	快捷支付，卡号、车牌、优惠券支付，缴费记录查询

② 支付宝支付功能。图 6-29、图 6-30 为支付宝用户使用流程。

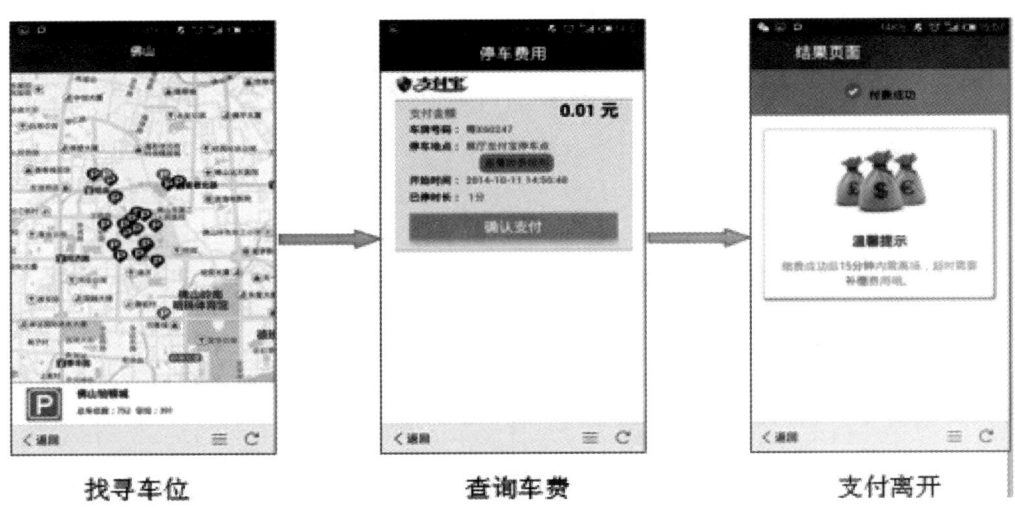

图 6-29 支付宝普通用户使用流程

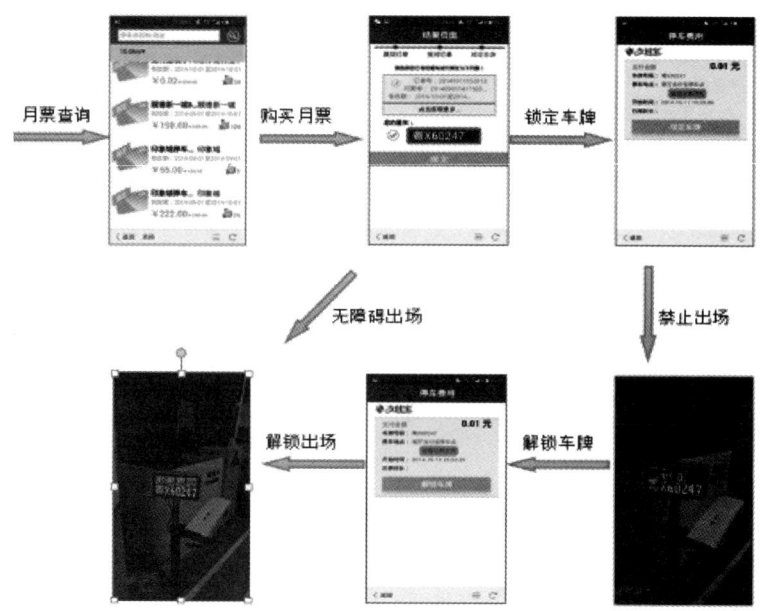

图 6-30　支付宝月租用户使用流程

③ 微信支付功能。微信支付功能与支付宝基本相同，图 6-33 为使用流程。

④ 信用支付。信用支付是目前较为新潮的一种支付形式，它是通过车牌识别技术在进出场时对车辆进行识别，停车场管理系统会给相应的车辆一定的信用额度，即车辆进出场时只对其进行识别，并不用进行缴费，等待车辆驶出车场后车主方便时再通过移动支付形式进行支付，若车主有不缴费行为，则车场管理系统会将该车辆自动划到黑名单中，待其下次出场时，需将欠费缴纳之后方可出场。

信用支付分银行卡信用支付和充值用户信用支付，就是给予车主一定的额度，可以负数支付，如图 6-31 所示。

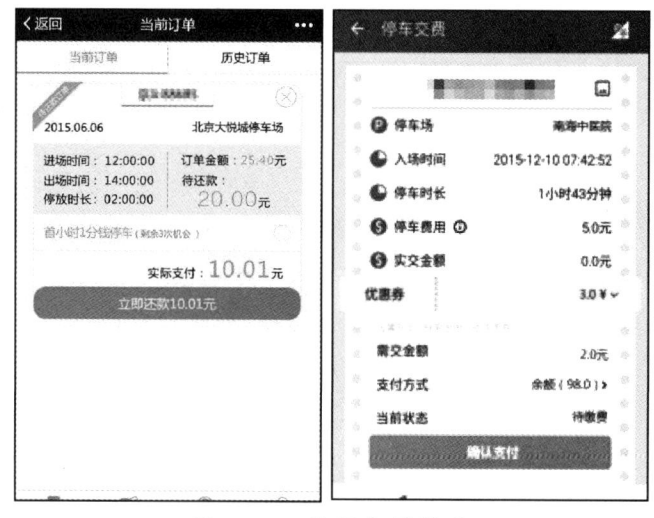

图 6-31　信用支付界面

⑤ Apple Pay。Apple Pay 主要服务于苹果用户，分为线上、线下两种流程，具体如下：

线上流程：

在线支付医院提供停车费界面，并集成 Apple Pay 功能；用户确认后，点击"Apple Pay"支付按键，发起支付请求；

用户验证身份；

生成用户支付信息；

医院收到支付信息后，用注册时申请的公钥加密支付信息，并将该信息与用户信息一起打包，发送给对应的支付服务提供商；

支付服务提供商核对 token 密文，转换 token 为银行卡号（次过程需要跟支付网络服务商或 TSP 交互完成），然后解密支付信息，使用银行卡号完成支付。

线下流程：

在 NFC 线下支付流程中，Apple Pay 承担的功能仍然是验证 Touch ID 和提供 token，和线上支付流程相似。

从 NFC POS 的处理功能看，POS 机要支持 Apple Pay，相应的发卡行也需要进行改造，以实现对银行卡进行 token 化处理。

信用支付主要依靠手机、二维码（或关注公众号）、支付平台来缴纳停车费。

6.2.5.4 智能道闸设备介绍

道闸又称挡车器（英文名 Barrier Gate），是专门用于道路上限制机动车行驶的通道出入口管理设备，现广泛应用于公路收费站、停车场系统管理车辆通道，用于管理车辆的出入。智能道闸可单独通过有线控制或无线遥控实现起落杆，也可以通过停车场管理系统实现自动管理状态，入场拍照识别放行车辆，出场时收取停车费后自动放行车辆。

随着车牌识别系统的成熟，系统开始在走视频识别系统和道闸一体化集成的产品路线，大大减轻了安装和管线施工的成本，安装速度大幅提升维护量大大减少。

道闸按大致结构由机芯、机壳、道杆、主控制器等几大部分组成。其中机芯主要由一体化的电机和减速机、连杆传动机构、平衡弹簧、光电限位开关、机械限位开关等组成。在电机启动后，由蜗轮、蜗杆减速，再通过连杆传动机构将动力传递给闸杆，由于连杆传动机构的特殊设计，闸杆始终在小于 90°的范围内运行。

前端的控制设备提供开关量或总线信号传输到主控制器后，产生对应的"上"或"下"的控制信号，以控制道闸的抬杆或落杆动作，同时还要有车辆检测器、红外控制器、压力波传感器等检测设备的信号连接到主控制器，防止砸车和完成车过落闸的动作。

6.3 智能停车诱导系统和反向寻车系统

随着医疗资源的区域集中化、私家车辆保有量的不断攀升，医院停车已不仅存在出入口拥堵的问题，院内道路、地下车库的拥堵也已日趋严峻。因此，如何高效、准确地引导车辆入位，合理地分流减压，已经成为医院停车管理不容忽视的课题。

医院停车场场内管理系统主要由车位引导系统、寻车系统等构成。车位引导系统是通过探测器及相关通信设备、软件系统，对车位及车辆进行识别、引导的指示系统，目的在于对车辆进行更好地引导和管理，现在已在许多大型商业综合体、写字楼、公共停车场等场所的地下停车库广泛使用，在医院停车管理中引入车位引导系统能很好地缓解上述问题。

系统主要特点：提高停车场的使用率，更好地管理停车场，降低大中型停车场的经营成本，大大提高了社会效益和经济效益。为顾客消除停车烦恼，轻松停车，节省时间，提高效率，是高级停车场所必备的系统之一。

6.3.1 系统介绍

6.3.1.1 设计策略

①平面停车场：在每个车位正中心处上方安装一台超声波探测器，在车位前面安装车位指示灯或在车位前方安装视频车位探测一体机，在转角和路口处安装室内引导屏，在停车场入口处安装灯箱。车主进入停车场前，入口灯箱显示停车场剩余的总车位数；车主进入停车场内，引导屏方向和空位数指引车主快速找到空余车位；车主进入空余车位，车位前方指示灯由绿色变成红色；车主离开。

②立体车库：可通过无线红外探测器实时探测各个车位的占用状态。无线红外探测器主要负责完成立体车库的车位检测，以及车位状态的及时上报。在组立体车库间的适当位置安放一个管理器，对区域内的无线探测器进行控制。同时用红绿灯显示该组立体车库是否有空车位，引导驾驶者快速停车。

设计参考标准：《停车诱导系统》（DB31/T 298—2003）。

6.3.1.2 超声波车位引导系统设计目标

超声波车位引导系统设计目标，如表6-8所示。

表6-8 超声波车位引导系统设计目标

	整体设计目标
基础设施	1. 空位信息采集：安装探测器设备，实时采集停车位的占用状态，上传至后台服务器； 2. 空余车位显示：安装车位指示灯，通过指示灯的变化提醒车位是否空余，有车显示红色，无车显示绿色； 3. 区域车位引导：室内信息引导屏发布实时剩余车位数量，进行车位引导
平台管理	1. 车位使用分析：根据车位占用状态、车位占用时长等记录数据，输出横向、纵向报表，分析车位使用率等结果，核对收费记录明细； 2. 设备在线监测：对于设备运行状态进行实时监测，支持故障预警； 3. 人员管理：对于工作人员基本信息、排班、工作记录等进行管理

6.3.1.3 视频车位引导及反向寻车系统设计目标

视频车位引导系统设计主要目标，如表6-9所示。

表6-9 视频车位引导系统设计目标清单

	整体设计目标
基础设施	1. 泊位信息采集：布置视频探测器设备，实时识别占位车牌并采集占位情况，上传至后台服务器； 2. 信息传输：采用国际标准 TCP/IP 协议，通过无线 WIFI 通信或有线 RJ45 通信传输数据； 3. 区域车位引导：信息引导屏在岔路口发布各方向实时剩余车位数量，进行车位引导； 4. 反向寻车：在楼道口布置寻车查询机，车主可输入车牌查询停车位置并按照最优的路径快速找到车辆
平台管理	1. 实时监控：实时监控场内剩余车位，以地图方式直观查看； 2. 用户管理：可添加设置各级管理员信息； 3. 数据分析：提供全面细致的报表信息，为客户挖掘出更多商机； 4. 寻车查找：提供多种查询方式，提供关键字查询、模糊查询及无牌车查询； 5. 电子地图：独特的跨楼层寻车技术，可以为车主提供最优的跨楼层寻车路径； 6. 设备管理：各设备运行状态实时监控，设备如有异常立刻报警并显示其位置，方便处理异常情况

6.3.1.4 引导信息显示系统

室内信息屏是系统发布引导信息的媒介，主要置于停车场内，用于发布区域车位信息并引导司机快速找到停车位，也支持数字字符显示。

信息显示屏一般分为入口信息屏和引导信息屏 2 种，该类屏可显示中文简体、中文繁体、数字字符以及英文字母，也可用于发布商业广告信息。

在停车场入口安装入口信息屏，显示本停车场剩余空车位总数的实时信息；在行驶车道的分叉路口各安装引导信息屏，发布各行驶方向的空车位数信息，以便于驾驶者对停车场的车位状况一目了然。

服务器将超声波探测器发来的车位信息发送到出口信息屏和引导信息屏，随着车辆进入的变化，入口信息屏车位总数和室内引导屏车位数量随之变化，引导车主快速找到空车位。

图 6-32 车位引导信息显示示意图

6.3.2 选型策略

6.3.2.1 超声波车位引导产品选型策略

超声波检测方式目前常见的有 2 种形式：一种是前置式一体机，一种是标准式。

（1）超声波探测器分类与选型，见表 6-10。

表 6-10 超声波车位探测选型要求

	前置式超声波探测一体机	标准式超声波探测器
车位灯	内置	分体外置
功能	管理器不巡检时能独立工作进行车位引导，但系统总的车位引导数不会更新	管理器不巡检时不能进行车位引导，系统总的车位引导数也不更新
施工	网线接口，施工需要用到超五类网线，网线直径标准需要大于等于 24AWG，施工接线便捷，但对现场要求较高，且通信总线距离 ≤ 150m；建议一路 485 总线上负载数 ≤ 25 个	施工接线较烦琐，通信总线距离 ≤ 400m；建议一路 485 总线负载数 ≤ 32 个
可靠性	安装高度＞3m 时会造成误判断	在车头玻璃上方时容易造成误判断，安装高度可＞3m
性能	功耗＜0.6W	功耗＜0.8W

（2）标准式超声波车位探测器。标准式超声波车位探测器采用超声波测距的工作原理，能可靠地检测到停车位占用情况；可以控制车位指示灯显示不同颜色，具有防误检功能；同时在断电情况下能自动保存数据，提高其车位信息的可靠性。其主要适用于平面车库超声波车位引导项目中。

① 主要技术参数，如表 6-11 所示。

表 6-11 标准式超声波车位探测器参数要求

类项	规格参数
工作电压	DC 24V
功耗	≤ 0.5W
探测距离	0.3～4.5m
探测范围	±15°
通信接口	RS485
工作温度	−10～+55℃
工作湿度	20%～95%，无凝结
尺寸 (D*H)	105mm×61mm

② 主要技术要求。标准式超声波车位探测器主要技术要求包括：一是传感器性能

稳定,超声波探测范围广,反射率高;二是高压喷涂三防漆漆,确保探测器防水防尘等级高,适应停车场环境;三是采用两路独立收发超声波电路设计,有效覆盖探测区域,同时独立工作,双路切换,冗余备份,大大提高探测器的寿命及稳定性、可靠性。

（3）车位指示灯。车位指示灯是用来指示停车位状态信息,根据超声波探测器的检测结果控制车位指示灯显示的颜色:绿灯亮表示无车,红灯亮表示有车。主要技术参数如表6-12所示。

表6-12 车位指示灯技术参数表

类项	规格参数
车位灯	红/绿双色灯
额定工作电压	DC18~24V
环境温度	−10~60℃
单个LED亮度	红灯 60~80cd/m² 绿灯 125~168cd/m²

（4）前置式超声波探测器。前置式探测器是车位引导系统中的重要组成部分,如图6-33所示,它将超声波探头与指示灯集成一体化,安装在每个车位线的正前方,采用超声波测距的工作原理采集停车场的实时车位数据,控制车位指示灯的显示。主要技术参数,如表6-13所示。

图6-33 前置式超声波探测器

表6-13 前置式超声波探测器主要技术参数

工作电压	DC18~30V,建议DC24V
检测方式	超声波
通讯接口	RS485
规格尺寸	130mm×130mm×80mm
工作温度	−10~50℃
工作环境	室内吊装

6.3.2.2 视频车位引导产品选型策略

① 视频车位探测器分类：视频车位探测器一般分一对一和一对多。一对一就是一台摄像机探测一个车位，而一对多就是一台摄像机对多个车位进行探测。目前，常见的一对多视频车位探测器形式为一对二、一对四等。

② 视频车位探测器的选型：视频探测器具有车位状态监测和车牌识别功能，如图 6-34 所示。当车辆停放到车位时，视频探测器会自动检测车位状态，并识别出停放车辆的车牌号码，同时控制车位指示灯从绿色变为红色。支持把车位状态、车牌号码和车位图片通过 WIFI 接口以 TCP/IP 方式上传到数据集中器；探测器 Mac 地址码唯一，且 IP 地址可通过 TCP/IP 远程设置。主要技术参数如表 6-14 所示。

图 6-34 视频探测器

表 6-14 视频车位探测器主要参数表

传感器类型	1/2.7" Progressive Scan CMOS
最小照度	0.01Lux @(F1.2，AGC ON)，0 Lux with IR
快门	1/3 秒至 1/100,000 秒
镜头	4mm，水平视场角为 90°（2.8mm、6mm、8mm、12mm 可选）
日夜转换模式	ICR 红外滤片式
视频压缩标准	H.265 / H.264 / MJPEG
音频压缩标准	G.711/G.722.1/G.726/MP2L2/AAC
最大图像尺寸	1920 × 1080
帧率	50Hz: 25fps（1920 × 1080，1280 × 720）
通信接口	1 个 RJ45 10M / 100M 自适应以太网口
工作温度和湿度	−10~40℃，湿度小于 95%（无凝结）
电源供应	DC12V ± 25% / PoE(802.3af)
功耗	5.5W MAX（当 ICR 切换时 7.5W）
红外照射距离	EXIR: 20~30 m

6.3.2.3 立体车库引导系统选型策略

立体车库因其特殊性,无法采用平面车位的检测方式,一般采用无线超声波检测方式。

(1)技术要点:针对立体车库,采用无线超声波车位探测系统。立体车库是升降横移式,每一个车位在空间上不是固定的,普通的有线车位探测器无法满足移动需求。探测器安装在每个立体车库的钢结构载车板的中央,贴装,探测车位有无车辆停放。

在每组立体车库安放一个控制器,对组内的无线探测器进行控制。同时用红绿灯显示该组立体车库是否有空车位,绿灯表示有1个以上的空位,红灯表示无空车位。

系统最终通过将无线控制器集成连接到节点控制器,再连接到主控器和电脑,实现无线车位探测系统。

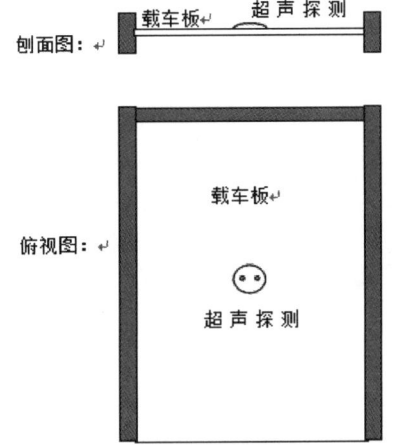

图 6-35 超声探测器安装示意图 1

图 6-36 超声探测器安装示意图 2

图 6-37 实物安装图

（2）产品选型：用无线超声波检测车位状态，车位状态信息通过车位指示灯显示，红色表示占用、绿色表示空闲；同时通过无线传送给上层管理器。主要适用于室内立体机动车库，如图 6-38 所示。

图 6-38 无线超声波车位探测器

① 超声波检测技术，应用于室内，稳定、环保、节能；
② 无线通信方式，不用敷设电缆和管路；
③ 锂电池供电，可维持 3 年；
④ 检测灵敏度可调，可适用于不同的条件；
⑤ 安装方便，贴装在载车板上，不用预留孔洞；
⑥ 组网灵活，可与普通超声波探头、LED 引导屏等集成组网；
⑦ 结构坚固，不怕车辆碾压，密封良好，防水浸。

主要技术参数如表 6-15 所示。

表 6-15 无线超声波探测器参数表

工作电压	3.6V，锂电池
工作频段	2.4GHz
无线功率	1mW
通信接口	Zigbee
传输距离	<50 m

续表

工作温度	-20 ～ 70℃
相对湿度	10 ～ 90%
产品尺寸	144.24mm × 144.24mm × 43 mm

6.3.2.4 LED 信息屏选型策略

（1）室内 LED 信息引导屏，如图 6-39 所示。

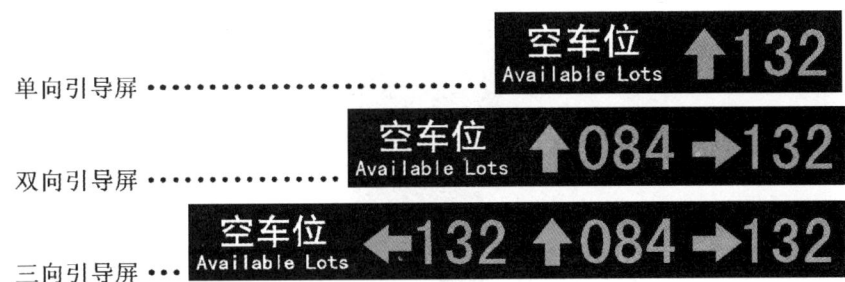

图 6-39　室内 LED 信息引导屏图例

一般常用的室内 LED 引导屏分为单向、双向和三向，参考技术参数如表 6-16 所示。

表 6-16　室内 LED 引导屏主要技术参数表

产品参数	单向屏	双向屏	三向屏
最大功耗	6W	12W	18W
工作电源	AC220V ± 20%		
通信接口	RS485		
EMC	± 4KV		
外壳机械尺寸	590mm × 235mm × 80mm		
显示字符尺寸	97mm × 180mm		
像素点距	10mm		
显示亮度等级	户外及以下		
显示颜色	全绿		
工作温度	-20~65℃		
安装方式：	吊装		
使用环境：	室内		

（2）入口 LED 信息显示屏。入口信息屏放置于停车场入口处，用于显示停车场内部总车位数及占用情况，动态发布信息，便于车主掌握实时车位信息，更便于停车，如图 6-40 所示。入口 LED 信息屏参数要求如表 6-17 所示。

图 6-40 室内 LED 信息引导屏图例

表 6-17 入口 LED 引导屏参数表

工作电源	AC220V ± 20%
典型功耗	单层 < 10W
通信接口	RS485
EMC	± 4KV
外壳机械尺寸	1700mm × 500mm × 150mm
像素点距	10mm
显示亮度等级	户外、半户外
显示颜色	全绿
工作温度	−20~65℃
安装方式	落地
使用环境	室外

6.3.2.5 自助缴费机查询机选型策略

自助缴费机放置于电梯口或者人流量较大的地方，如图 6-41，可完成查询车辆位置、自助缴费等功能，在自助缴费机的顶端有显示屏；可同步播放广告，达到吸引消费者的目的。支持二维码/条形码扫描、消费券冲抵以及现金缴费。自助缴费查询机技术参数，如表 6-18 所示。

图 6-41 自助缴费查询机图例

表 6-18 自助缴费机参数表

显示屏尺寸	43寸 LG 原装屏
触摸屏	红外 10 点触摸
纸币器	支持 1~100 元纸币，自带叠钞功能
摄像头	130 万像素广角
麦克风	支持
扫码器	一维二维嵌入式扫描器
打印机	58mm 热敏打印
机身	前置钢化玻璃
机身尺寸	195cm×64cm×30cm
系统	Android5.0 以上版本，不支持第三方软件安装，内置大屏缴费机软件

6.3.2.6 寻车查询机选型策略

寻车查询机一般放置于停车层电梯厅处，如图 6-42 所示，供车主查询车辆位置及最佳寻车路线。专用的寻车查询终端整体美观、标识清楚、屏幕大、支持触摸操作和打印输出，车主可以放大局部区域，打印最佳取车路线。寻车查询机主要参数要求如表 6-19 所示。

图 6-42　寻车查询机图例

表 6-19　寻车查询机参数表

显示屏	21.5 寸液晶电容触控专用
分辨率	1920×1080
语音	防磁立体声音响
接口	网络
机箱	金属烤漆机柜（银灰黑）
主机	IntelJ1900 主频 2.0G 四核四线程主板
内存	2GB
硬盘	500GB
打印	75mm 热敏打印
扫码	条码枪
产地	中国
其他	预留打印接口和扫描口

6.3.3　技术要点与安装要求

6.3.3.1　超声波车位引导系统安装要求

（1）标准式超声波探测器安装方式

平面车库：每个车位正中心处上方安装 1 台，由上向下发射超声波，根据发射和接收回来的声波距离和锥度面积的不同来确定该车位是否有汽车停泊。超声波管理器统一管理超声波探测器，超声波探测器探测到的车位信息直接上传至服务器。超声波探测器由区域管理器通信管理及供电，超声波探测器之间的通讯方式为 RS485 或 TCP/IP 通信协议标准式车位探测器安装在车位正中上方，车位灯安装在过道车位前。如图 6-43 所示。

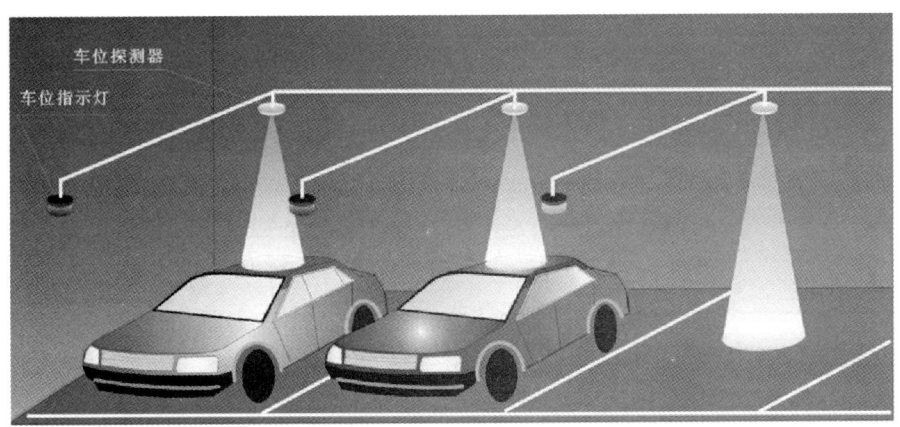

图 6-43 标准式超声波探测安装方式

（2）前置式超声波探测器的安装

前置式超声波探测器安装于车位线上方，如图 6-44 所示。

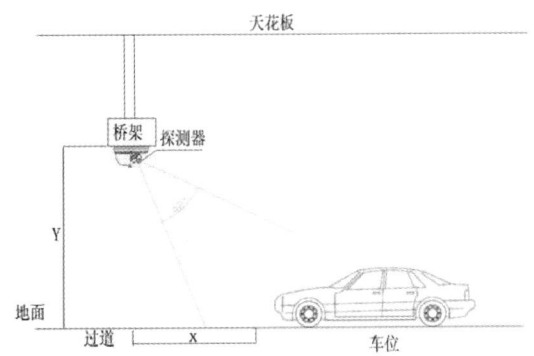

图 6-44 前置式超声波探测器安装方式

X——车位线距离探测器的水平距离。Y——探测器的安装高度。

注：如果车位装有挡车器，建议安装在距离挡车器 3.8~4.5m（从挡车器开始计）

如果没有挡车器，建议车位线距离探测器的水平距离在 0.1~0.8m。（从车位线宽度的中点开始计）探测器的安装高度范围在 2.2~2.6m，建议安装在 2.4m。

6.3.3.2 视频车位引导及反向寻车系统安装要求

建议在对侧车位前方桥架安装摄像头。

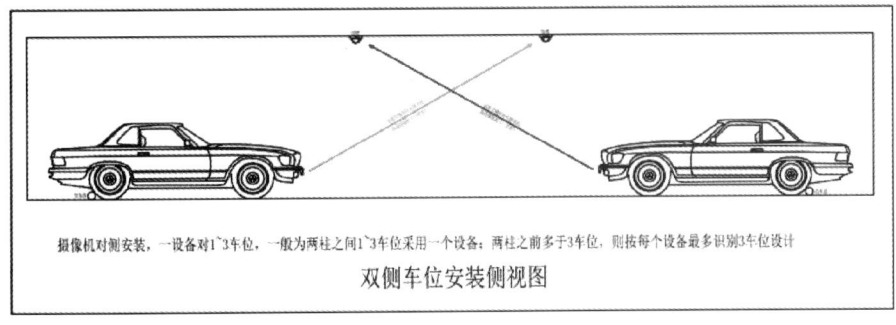

图 6-45 双侧车位摄像头安装方式

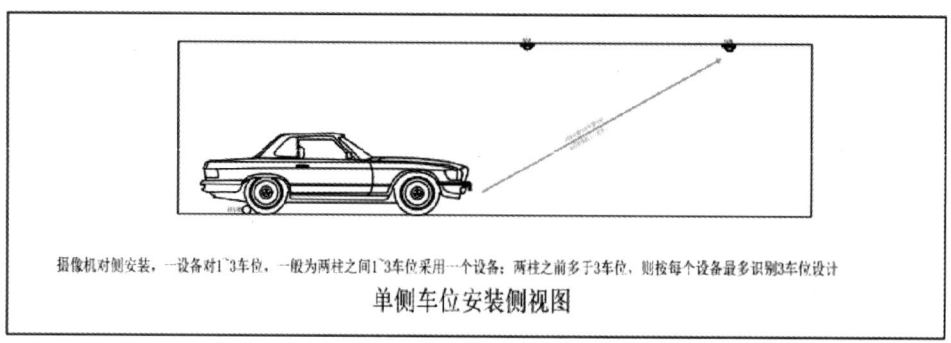

图 6-46 单侧车位摄像头安装方式

在每个车位安装 1 个视频车位检测终端，为前端采集及检测设备，系统使用高清摄像头，支持 130 万像素高清摄像机 1 机对 2 个车位，或 300 万像素高清摄像机 1 机对 3 个车位。摄像机上接终端管理盒，并采取手拉手方式供电。安装如图 6-47 和 6-48 所示。

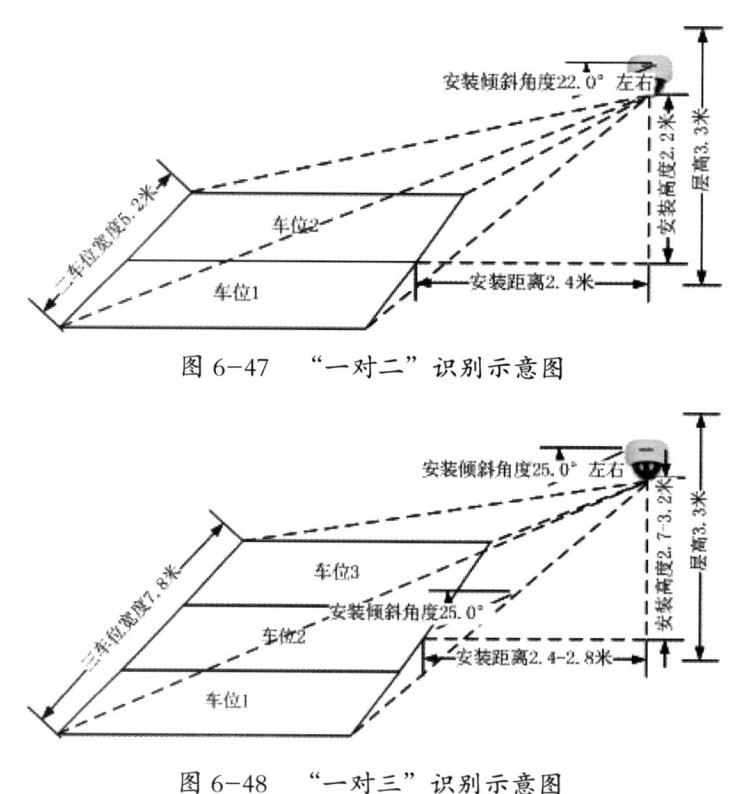

图 6-47 "一对二"识别示意图

图 6-48 "一对三"识别示意图

6.3.4 系统配置和主要设备介绍

6.3.4.1 超声波车位引导系统设计

（1）系统构架

在每个车位正中心处上方安装 1 台超声波探测器，确定该车位是否有汽车停泊；

在每个车位前安装1台车位指示灯，显示该车位是否是空位；也可以采用前置式超声波车位探测器安装在每个车位的正前上方，如立体车库，则在地板安装无线红外探测器，在立体车库每组车位安装1台车位指示灯，显示该区域是否存在空车位。

在停车场入口安装入口信息屏，显示本停车场剩余空车位总数的实时信息；在行驶车道的分叉路口各安装引导信息屏，发布各行驶方向的空车位数信息。

图6-49示意了超声波车位引导系统的安装示意效果图，图6-50为超声波探测车位引导系统拓扑图，体现超声波引导系统个组成设备间的连接架构。

图6-49 超声波探测车位引导系统图1

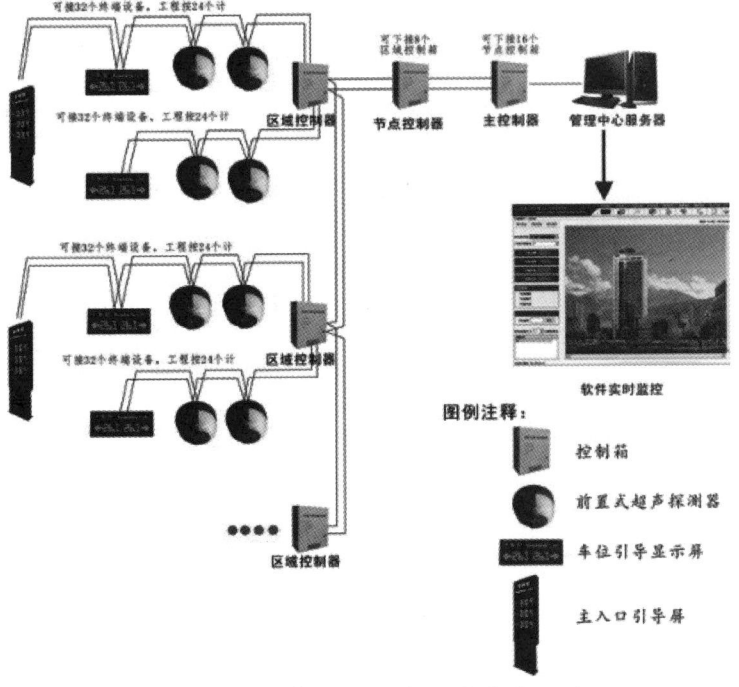

图6-50 超声波探测车位引导系统图2

（2）车主体验流程

图 6-51 为车主从入库到停车入位过程中的车位引导流程图。

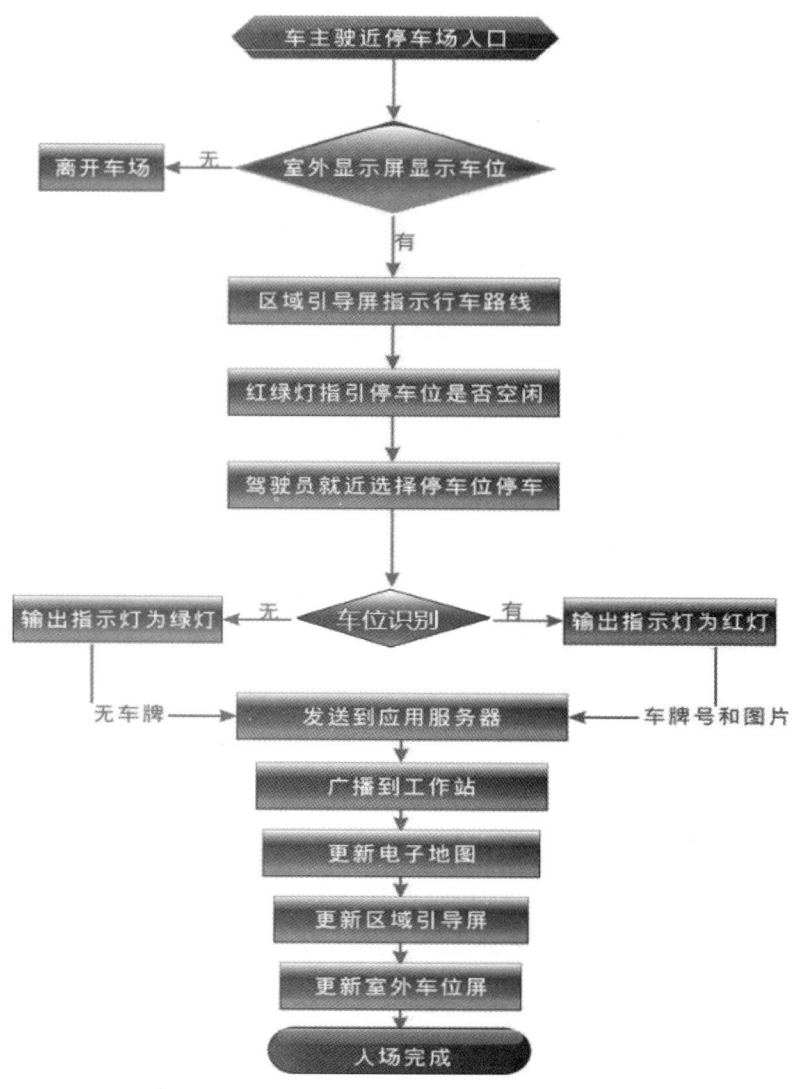

图 6-51　车位引导流程图

（3）系统功能要求

系统后台功能主要包括：电子地图显示车位状况、停车超时报警和设备故障报警、VIP 车位管理、事件记录表、历史记录表、行政管理、图表方式报告表等。

主界面：如图 6-52 所示。

图 6-52 系统主界面示意图

操作界面：在此界面下可进入各个功能菜单进行操作，根据不同的需求进行系统设置、数据查询、报表打印、数据维护等，操作完成后返回到此界面。

图 6-53 系统操作界面示意图

在系统正常工作时，电子地图上的车位会根据车位是否被占用有相应的显示，如果车位上有车，该车位会被置成红色，方便管理人员了解车位使用情况，在界面左侧信息栏显示停车场总的车位使用情况，比如车位总数、空车位数等。

另外，对于某些被长时间占用的车位会发出报警信息，并在界面左下角方框内显示该车位位置，显示提醒系统管理人员注意是否有异常情况发生。

车位及引导屏设置如图 6-54 所示。

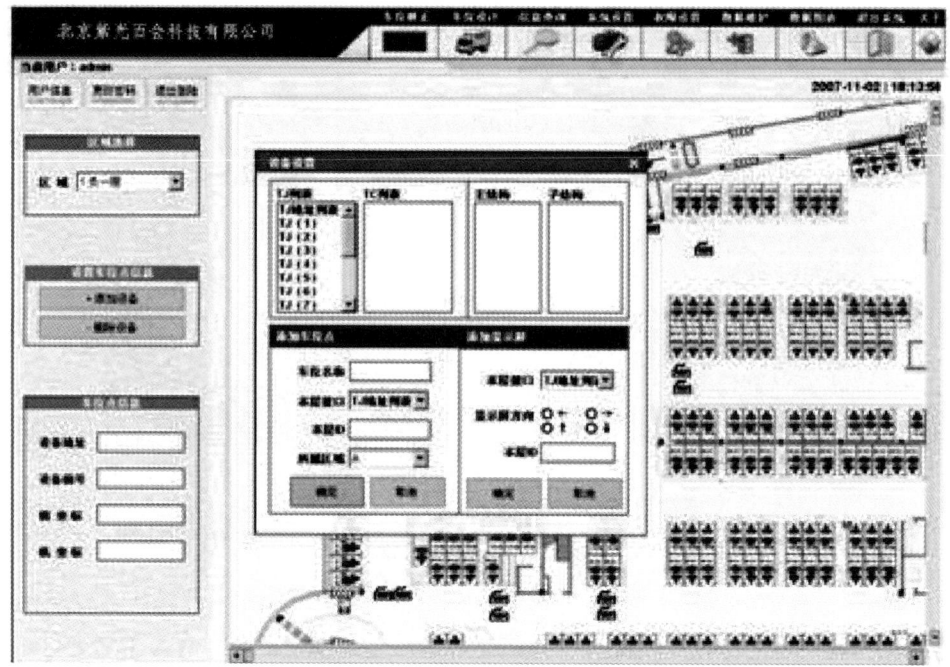

图 6-54 车位及引导屏设置示意图

系统设置功能主要是用于设计车位点、电子地图与实际车位的对应关系设计、各个引导屏的位置设置、引导屏与车位的对应关系设计、系统参数设置、报表、图表等参数设置。

本系统管理软件管理功能完善灵活,根据系统设计,任何一个车位使用情况的变化可以在任何一个引导屏上反映出,可根据现场实际情况或管理需求任意更改。

数据图表:根据停车数据,计算某一时段某一区域停车位的周转率和车位的使用率。对于某时段的车流量自动生成流量图表,通过不同颜色区分,直观显示停车场在每个月的使用情况。

数据查询:数据查询功能可查询管理人员的登录记录(登录时间、管理员代码、退出系统时间等)、事件记录(对系统设置进行操作),并自动生成报表,可打印输出。

可查询某个车位的使用情况,何时占用、何时离开、占用时长等信息,并自动生成报表,可打印输出。

6.3.4.2 视频车位引导及反向寻车系统设计

(1)系统构架:通过车牌识别技术实现的智能反向寻车系统,具有以下特点。

① 用户无须进行定位操作;

② 系统运行稳定;

③ 支持多终端查询功能;

④ 系统结构简单,联网结构好,通信速率高,可与停车场内其他系统进行完美的结合;

⑤ 系统可靠性高,技术成熟,错误率极低,方便实用;
⑥ 系统联网简单,采用标准的网络通信协议;
⑦ 布线少,施工方便,只需将查询终端连接至就近的网络交换机即可使用;
⑧ 查询终端可以作为信息的传播等用途。

(2)针对地下停车场的反向寻车系统,采用图像处理技术,安装视频车位检测终端,为前端采集及检测设备,系统使用高清摄像头,支持一对一、一对二、一对三识别。

① 摄像机上接 POE 交换机,并采取 POE 方式供电;
② 通过交换机将相关信息上传至 NVR;
③ 交换机与应用服务器连接,车位状态及车牌识别工作在应用服务器中完成。

停车场设置一个数据服务器,管理本停车场车牌图像。

系统拓扑图如图 6-55 所示。

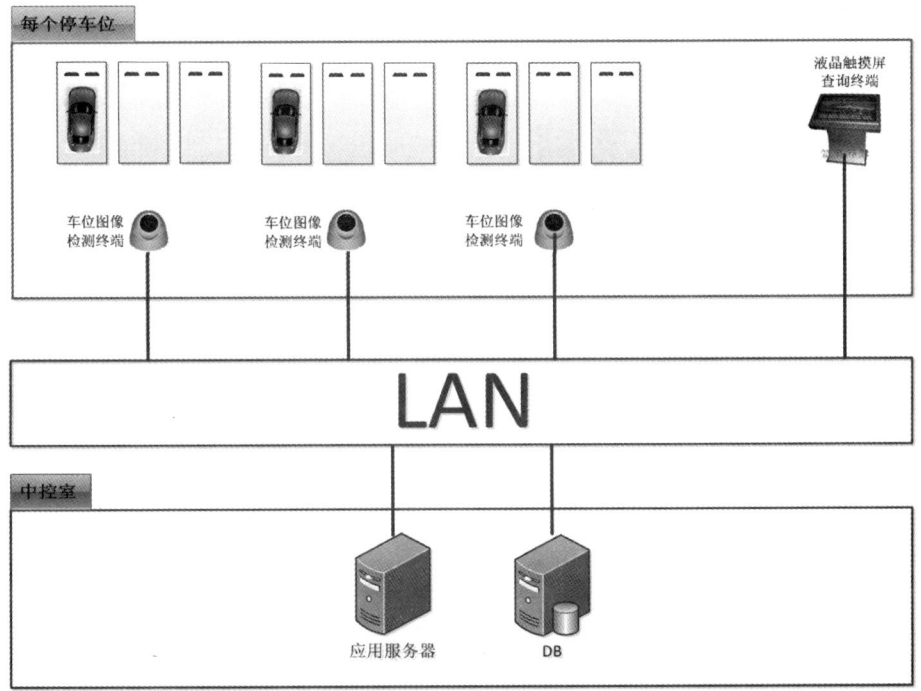

图 6-55 视频车位引导和反向寻车系统架构图

服务器对视频探测器上传的车位信息管理分配,并将实时空车位信息发布到室内信息屏和出入口信息屏,引导驾驶者便捷停车,实现人性化服务。

车主取车时,通过在寻车查询机输入车牌号码的方式进行查询,寻车查询机连接后台数据中心进行数据同步,显示顾客停车位置及车辆图片,并提供抵达停车位置的最优路线,引导顾客快速找到自己的爱车。

车主体验流程如图 6-56 所示。

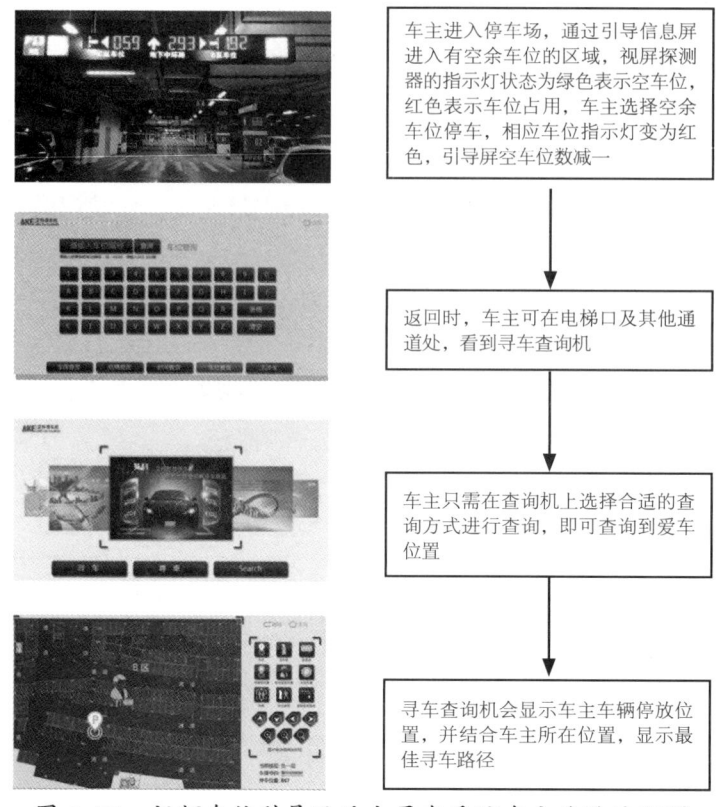

图 6-56 视频车位引导及反向寻车系统车主体验流程图

（3）功能要求包括系统功能要求和系统软件功能要求。

① 系统功能要求：

系统需具备高识别率，车位占用情况识别正确率需达到 99%，车牌识别正确率需达到 95%；

系统的车位、车牌识别功能在前端视频探测器完成，识别结果传送到服务器，避免后端识别传输数据时，数据量过大造成系统整体反应时间过长的问题；

视频探测器在离线状态下，应能实现基本的红绿灯车位状态指示，保证在断网应急时也能具备基础应用；

系统硬件产品出厂前需通过跌落测试、静电放电（ESD）抗扰度测试、辐射抗扰度测试、电快速瞬变脉冲群（EFT）抗扰度测试、浪涌抗扰度测试、传导抗扰度测试、电源电压跌落抗扰度测试，以保证系统设备在复杂现场状况下的正常使用。

② 系统软件功能要求：包括设备状态、系统设置、停车场巡视等。

设备状态：查看设备的通信状态（正常、故障）。

系统设置：主要包括视频采集板设置，显示屏设置，对车位进行锁定、开锁操作；对视频采集板，上传图片的时间间隔，停车场巡视功能的图片滚动时间间隔进行相应的设置；对图片保存时间间隔、图片保存天数、图片保存目录进行相应的设置。

平面地图：查看车场平面地图及占用详情，红色表示已占用车位，绿色表示空车位。

停车场巡视：对停车场内所有车位进行巡检，了解停车场情况。

图片检索：按停车场区域、车牌号、车位、时间检索。

车辆报警：绑定车辆的车位，其他车辆停放时就会弹出信息提示。

统计分析。

查看空车位走向图。

6.4 停车系统信息化平台

医院停车系统信息化平台主要用于医院停车场的集中管控、远程服务，即在医院设置统一的停车集中管控中心，实现停车系统的远程操作，视频图像实时监控，取消或限制现场巡视人员的异常操作权限，统一由集中管控中心值班人员进行管控。

6.4.1 系统架构

医院停车系统信息化平台主要由停车场 SaaS 管理平台、B 端工具（如停车管家 APP）、C 端工具（手机支付、自助缴费终端）、停车场通用数据接口子系统等部分组成，分别从日常业务处理、车场监控管理、车场大数据分析、C 端车主电子支付、其他第三方设备厂商接入等角度提供停车服务。

通过各个停车场进行联网、数据上传的方式对所有数据进行集中管理，从而为之后依据数据驱动决策打下了坚实的基础，也使集团管理、停车场日常使用管理和最终车主的使用完成了一个闭环。

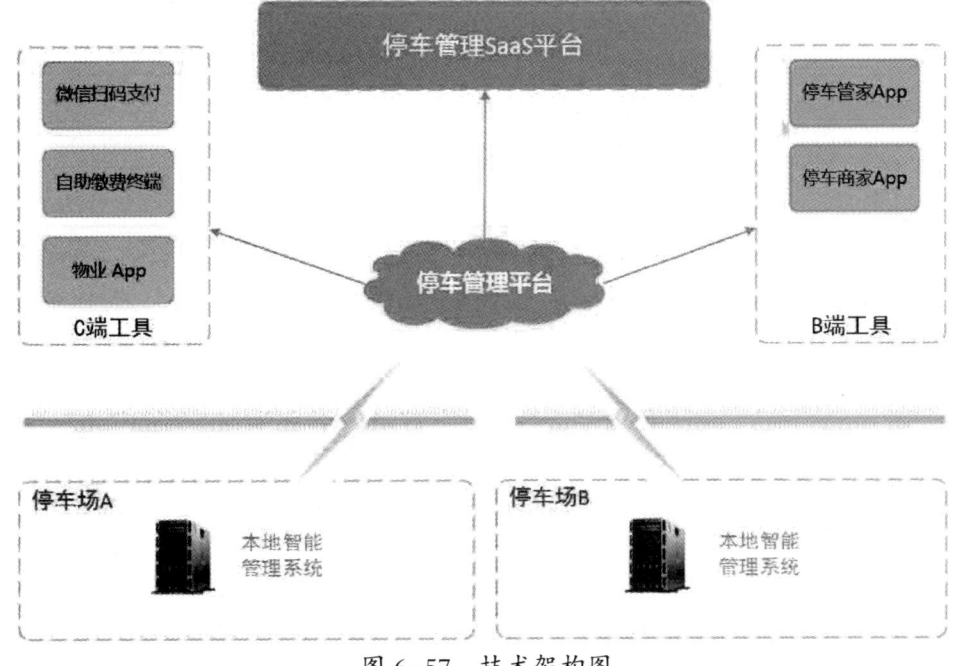

图 6-57 技术架构图

6.4.1.1 停车场 SaaS 管理平台

SaaS 平台的应用是以技术导向的新型管理模式,通过互联网实现远程业务办理和财务管理,可以有效地提升医院停车场管理效率、降低管理成本、扩大管理边界。它可实现基于互联网的信息查询、异常记录、报表管理以及统计分析等功能,最终实现医院停车场业务的集中化管理。

SaaS 平台主要功能包括车场设置、计费规则修改、月卡开卡/续费、特殊车辆管理、订单信息查询、异常记录查询、报表查询、统计 BI 分析、商家优惠管理、用户管理、系统管理等。平台最终会和财务系统集成,实现停车费的自动对账、分账等功能;并根据不同管理层级的需求,系统自动出具不同维度的分析报表。

6.4.1.2 B 端(车场)移动应用

B 端移动应用包括管家端 APP、VIP 车优惠发放端 APP 等。各级停车场管理人员可以通过手机移动应用查看停车场的信息和业务办理。

6.4.1.3 C 端(车主)移动应用

C 端车主对停车场的使用需求主要通过微信公众号和 APP 两个终端形式。功能主要包括停车订单、电子支付、电子发票、车位查询、车位导航、车位预约、车位租赁等。

6.4.1.4 停车场通用数据接口子系统

停车场智能系统通用数据接口子系统是整个医院停车场建设中至关重要的组成部分,是整个解决方案的基石,承担着连接各个医院停车场与云平台的重要作用。

6.4.2 平台主要功能

医院停车系统信息化平台是以技术为导向的新型管理模式,通过互联网实现远程业务办理和财务管理,可以有效地提升管理效率、降低管理成本、扩大管理边界。医院停车系统信息化平台是停车场管理的核心,可实现基于互联网的信息查询、异常记录、报表管理以及统计分析等功能。

医院停车系统信息化平台主要功能包括:车场设置、计费规则修改、月卡开卡/续费、特殊车辆管理、订单信息查询、异常记录查询、报表查询、统计分析、VIP 车优惠发放管理、用户管理、系统管理、管家端 APP、VIP 车优惠发放端 APP 等。

6.4.2.1 信息查询

信息查询模块包括:在场车辆管理、车辆出入查询、订单查询、支付明细、月卡办理记录。

在场车辆管理:查看停车场的在场车辆。

车辆出入场查询:查看某一时间段内停车场有哪些车辆进入或离开。

订单查询:可以查看停车场车辆的停车状态和付费状态,如停车场中预缴费的车辆有哪些,停车场中未付费的有哪些等。

支付明细：每笔费用的详细支付情况。

月卡办理记录：可以查看车场办理月卡和续费的记录。

6.4.2.2 异常记录

异常记录模块包括：未支付记录、出入口抬杆记录、车牌修正记录、删除在场记录及特殊车辆放行记录。

未支付记录：查询一些异常的支付记录，如用户没有支付停车费被手动抬杆出场，或者一些有歧义的支付记录。

出入口抬杆记录：可以查看出入口的抬杆情况。

车牌修正记录：可以查看入场后车牌、大小型车以及车辆类型的修正记录。

删除在场记录：通过此功能可以删除在场的误拍摄记录以及垃圾记录。

特殊车辆放行记录：对于车场设置的特定车辆不收取费用。例如军车、警车、医务车等生成的放行记录。

6.4.2.3 报表管理

报表管理模块包括：日报表、月报表、年报表、结账统计报表。

日报表：对当前日收入的汇总情况，详细列举每个收费员、每个自助缴费机的现金收入及电子收入等。

月报表：对当前月收入的汇总情况，详细列举每个收费员、每个自助缴费机的现金收入及电子收入等。

年报表：对当前年收入的汇总情况，详细列举每个收费员、每个自助缴费机的现金收入及电子收入等。

结账统计报表：记录每个收费员及自助缴费机的实际收入。

6.4.2.4 统计分析

统计分析包括：车位利用率、出入口流量分析、收入分析、收费占比分析、车位周转率、停车时长统计及车位类型占比分析。

车位利用率：通过此功能可以查看停车场的车位占用情况。

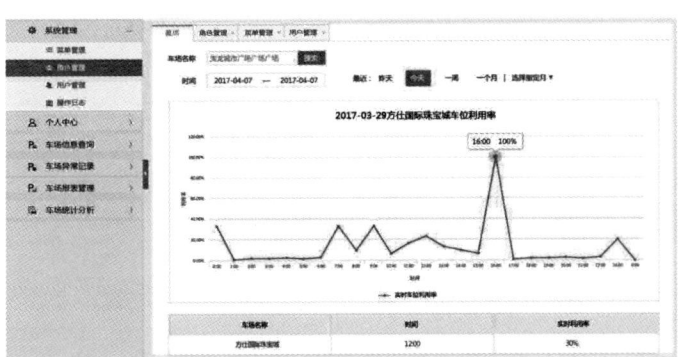

图 6-58　车位利用率界面示意

出入口流量分析：通过此功能可以查看停车场出入口的进出车流量情况。

收入分析：通过此功能可以查看停车场每天/月的收入情况。

收费占比分析：通过此功能可以查看停车场支付方式的收费占比情况。

车位周转率：反映了停车场的服务能力，周转率越高，停车场服务的车辆数就越多，从而提高了停车场的服务能力。

停车时长统计：统计停车场出场车辆都分别停了多长时间，每个统计时间段出场的车辆占比情况。

车辆类型占比分析：统计的是一个时间段内出场的每种车辆类型占比情况。

6.4.2.5 VIP车辆优惠及减免发放管理

VIP车辆优惠及减免发放管理功能可以根据用户的性质对用户进行管理，可以设置按时间优惠、按金额优惠、全免优惠等方式授权，并且对每天/月等时间段内优惠的数量进行管理，达到优惠账单清晰可见，优惠券和车辆一一对应，避免纸质优惠券的重复使用和对账。

VIP车辆优惠及减免发放管理包括：用户管理、优惠券使用记录。

图6-59 优惠券使用记录界面示意

用户管理：通过此功能可以添加具有发放优惠权限的用户，并且根据用户的具体情况添加指定的优惠券，优惠券类型包括：时间优惠券、金额优惠券、折扣优惠券、全免优惠券。

优惠券使用记录：用户给每辆车进行了哪种类型的优惠，这里可以看到详细的记录。

6.4.2.6 个人中心

个人中心包括：我的账户、我的车场等。

图6-60 我的车场界面示意

我的账号：可以修改当前用户的密码以及绑定的手机号。

我的车场：可以查看当前用户所管辖的车场。

6.2.4.7 系统管理

系统管理模块包括：菜单管理、角色管理、机构管理、用户管理和操作日志。

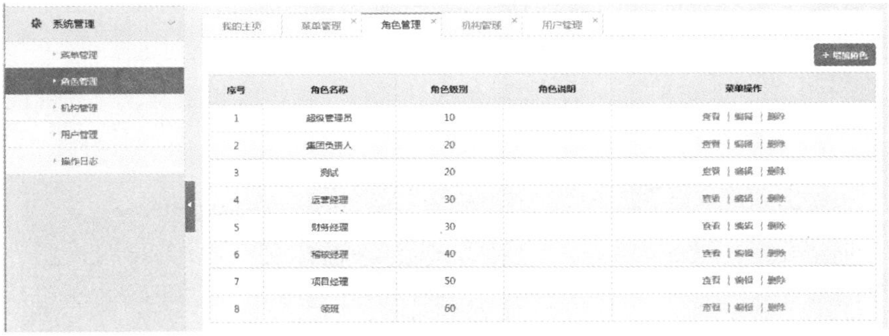

图 6-61　角色管理界面示意

用户管理：用户在使用医院停车系统管理平台时，应高度重视用户管理。一个医院停车场的管理工作相当于一个公司的运作，每个员工都有不同的浏览权限和功能权限。为了区别出不同职能的作用，通过用户管理、用户添加账户、选择角色权限时，应对自己的停车场有一定的了解，方便用户对管理停车场系统有更明确的认识。

机构管理：考虑到医院停车场用户可能是单个车场，也可能是停车场管理公司或连锁物业，需要考虑到一个用户管理多个停车场的需求，做到一个账号既可管理所有停车场，通过机构管理把一个停车场管理公司看作一个机构，在添加机构时为管理公司分配所管辖的车场。再为管理公司分配一个总负责人的账号，管理公司可根据自身员工的工作职能添加不同权限的账号。

角色管理：每个角色对应的权限和功能是相同的，不同的角色有不同的权限和功能。

6.2.4.8 集中管控中心

集中管控中心设大屏幕显示系统，利用屏幕墙展示各个停车场的出入口流量、空车位数量、实时收入、收入分析、设备运行状态和视频监控图像等。

图 6-62　集中管控中心显示系统界面

管辖停车场运行状态：根据用户管辖车场的权限，显示管辖停车场的运行状态和数量，以及区域分布情况。

管辖停车场出入流水：可以查看权限范围内停车场出入口的车辆情况。

管辖停车场收入流水：可以查看管辖停车场的收入情况。

收入分析：可以查看权限范围内每个停车场的具体收入情况。

流量分析：查看停车场的进出口流量和空车位占比情况。

操作台设多台操作座席，分别控制停车场运行，监控视频图像，完成可视对讲以及远程设备操作等。

图 6-63　监控视屏图像

可视对讲：实现客户求助呼叫远程应答，客户和值班人员可以互相看见对方的真人图像，值班人员远程操作电脑，查看现场视频图像，进行相关操作，为客户提供实时服务。

集中管控、远程服务，提升客户服务体验，提升管理服务水平，进一步减少管理人员，减少现场暗箱操作的空间。

夜间值班时，一个值班人员可以管控几十个停车场，节省大量的费用。

6.2.4.9 管家端 APP

管家端 APP 相当于手机版的 SaaS 管理平台，使用管家端 APP，停车场管理人员可以随时查看停车场的运营数据，场内车辆信息、财务信息、车场异常信息汇集一端；对今日营收、车位周转率、车位利用率了如指掌。

登录管家端后选择停车场，进入相应停车场管理页面；可展示在场车辆、订单记录、月卡管理、异常记录、报表查看、财务分析、流量分析、结账优惠等的信息。

在异常记录模块，管家端会记录异常抬杆和未支付信息，并可显示现场车辆图片，方便管理者分析异常情况。

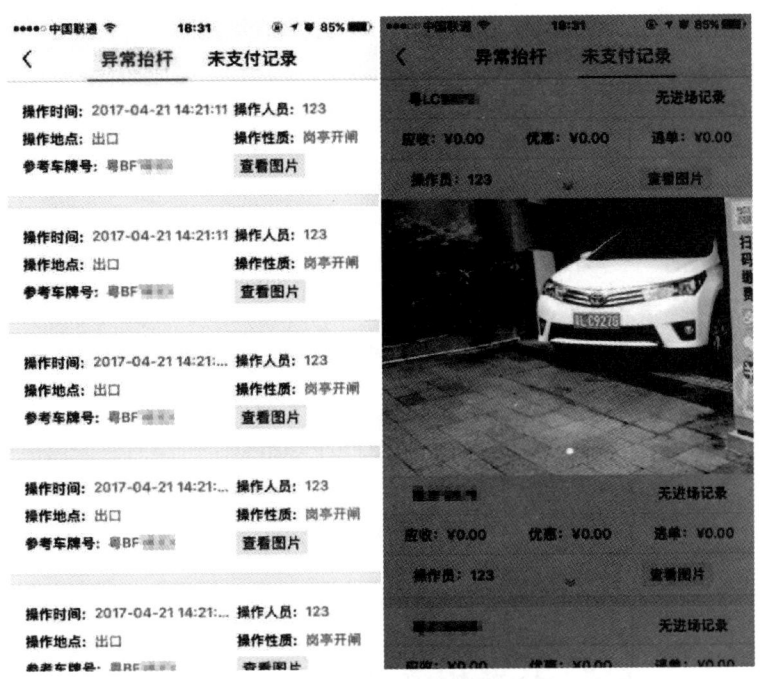

图 6-64 管家端异常记录模块界面

在报表查看模块可以查看以前的营收情况，日数据、月数据都可以分别查看。

财务分析和流量分析模块分别用图表的形式清晰直观地显示停车场近一周的收费情况和车辆相关统计；

6.2.4.10 C 端车主移动应用

C 端车主移动应用按功能业务可分为：找车位、缴车费、长租车位租赁、汽车专家、违章查询、账户充值、停车券、车牌管理、停车记录、我的车位和意见反馈模块。

① 找车位。电子地图：SaaS 管理平台实时采集停车场的空闲车位数，在主页电子地图显示页面，展现了蓝、绿、黄、红四色停车场图标，依次表示车位充足（蓝）、车位够用（绿）、车位较少（黄）、车位紧张（红）。

电子导航：根据停车场的坐标点，软件系统可定位个人位置，并将导航到目的地的路线进行规划，用户可以根据选择的停车场进行路线指引，轻松准确地到达目的地。

停车场检索：搜索功能可以输入地点名称，查看地点附近的停车场情况，以便出行前预约或选择好停车位置，查看车场信息。

停车场详情：停车场的基本信息界面包括停车场名称、总车位、当前空车位、价格信息、营业时间及停车场指数预报、停车场的出入口信息、路线导航等功能。还可以根据目前停车场的位置查询到停车场周边的餐饮、交通、住宿、购物、公共设施、休闲娱乐、银行等服务信息。

② 缴纳车费：支持扫码支付和绑定车牌号快捷支付。

③ 长租车位：在软件平台车位租赁业务中有众多停车场包月租赁车位的详细信息，

以及业务的详细描述，用户可以快速寻找、了解、订购车位。

④ 汽车专家：提供汽车问答服务。

⑤ 违章查询：为车牌号提供违章查询服务。

⑥ 我的账户管理

⑦ 账户余额：为账户充值，方便长租车位租赁、缴纳停车费等功能的快捷支付。

⑧ 停车券：活动获取的停车券收藏、使用、查询功能。

⑨ 车牌管理：绑定车牌号码，快捷管理车辆，支持增加、删除、修改操作。

⑩ 停车记录：停车历史记录查询，支持查询停放停车场、停车时间、缴纳金额等详情。

⑪ 我的车位：我的私人停车位，闲置时间在线租赁。

⑫ 意见反馈：反馈用户使用过程中的体验，使得产品得以不断优化。

⑬ 设置：支持离线地图下载、缓存清除。

⑭ 系统公告：及时提供停车资讯。

6.5 未来停车系统的新挑战

在机动车数量急剧增长、城市道路拥堵日益严重、环保问题更加突出的今天，利用高速发展的现代科技，倡导低碳、绿色、环保的出行方式是大势所趋。未来的医院管理需要考虑遇到的新问题和发展的新趋势，比如共享汽车、无人驾驶、电动自行车等，进行恰当的设计和规划。

一是电动自行车、电踏车、共享单车等快速发展，政府有意将其纳入绿色出行的支持产业，并纳入城市公共交通体系，作为慢速公共交通系统统筹规划。鼓励民众更多地使用，来完成周边日常短距离出行以及公交接驳。目前在医院周边可以见到大量的共享单车和电动自行车，尤其是电动自行车作为医院职工短距离通勤的工具而非常普遍，其电池充电问题以及充电过程中的防火消防问题给医院的管理提出了新挑战。建议医院在规划设计时，预留自行车和电动自行车的专用停放区，预留电动自行车的充电区，并建设特殊的消防和安防系统。

二是共享汽车的发展。汽车共享是指许多人合用一辆车，即开车人对车辆只有使用权，而没有所有权，类似于在租车行短时间包车。它手续简便，通过网络和手机就可以预约订车。汽车共享一般是通过共享公司来协调车辆，并负责车辆的保险和加油等问题。这种方式不仅可以省钱，而且有助于缓解交通堵塞，减少停车位需求压力，减少空气污染，降低对能源的依赖性，发展前景极为广阔。医院的停车场应该在地面或地下醒目的车位上安排停放共享汽车，以方便客户用车，加快车辆周转。

三是汽车无人驾驶的发展。作为与人工智能和人们出行息息相关的应用场景之一，自动驾驶汽车正在被越来越多的人所关注，在可预见的未来3~5年内就会进入我们的生活。未来的汽车在驶入医院后，客户下车就诊后，汽车将自动行驶到地下车库停放，而且在客户完成就诊后，汽车会自动行驶到医院的门口，请客户上车离开。这就要求医院的停车场系统除了车位引导功能外，还需要提供无人驾驶车辆自动的车位预约付费功能、停车场室内定位和导航功能等，以适应未来自动驾驶汽车的发展。

最后还要关注电动汽车的充电问题。未来5~10年，电动汽车将快速普及，尤其是上面提到的共享汽车、无人驾驶汽车等，大部分都是电动汽车。所以，医院的停车场也需要建设大量充电桩，以及未来的底盘不接触充电车位。充电车位应能预约，并能实现自动充电管理，满足共享汽车和无人驾驶车辆的停车和充电需求。

参考文献

庞玉成. 复杂建设项目的业主方集成管理［M］. 北京：科学出版社，2016:133-137，187-193.

附录一　优秀医院停车规划与建设案例评析

医院交通从"人车分流"到"人车分离"

谷 建

一、医院交通现状分析

观察城市早高峰的动态交通路况地图，会发现两个明显的拥堵点：一是中小学；二是医院，尤其是名校、大医院，名院更甚。几分钟的看病时间，往往要付出半天时间，其中，"门难进"贡献率很大。

传统的城市布局中，为了就医方便，医疗用地往往被安排在人口地区，包括我们熟悉的规划千人指标和居住区配套指标，但在可以自由选择就诊医院的"汽车时代"，所有的"计划"都会变成"变化"，自由产生的大量交通穿梭给城市交通带来了巨大压力。为破解交通困局，北京开始向外围疏解名校和名医院，并严控大型医院的规模。

大型医院就诊早高峰的机动车数量极多，堪比体育比赛后的散场，但医院用地规模、周边城市道路条件、停车泊位等本应作为前置条件的交通规划和设计条件分析，却并未得到与大型体育场馆同样的重视。笔者参与设计的深圳新华医院是一座2500床、日门诊量12500人次的新建大型综合医院，用地规模极为紧张。交评数据表明，其日机动车吸发量将超过14000，高峰小时吸发量将达到3300辆，其中进入车辆将达到2500辆，大概是42辆/分钟的吸入量。就数据来看，医院是一个不间断循环演出，且永不谢幕大剧的"体育场馆"。

医院人流量同样惊人。如此规模的医院，每天的人流量将达到40000人次，如此大量的人流与车流，为安全和效率考虑，医院的交通规划设计确实应予以足够的重视。

二、"人车分流"实施背景及优劣分析

在讨论交通组织之前，需要讨论的一个前置条件，就是思考范围。将医院交通组织的思考范围限定在用地红线内，因为用地规模、周边道路交通条件等城市要素在建筑师开始工作时，往往已经成为限定条件，建筑师的任务是完成一个命题作文。交通组织这篇命题作文的要求也很明确，就是在交通动线范围内，对可达性、便利性、安全性和实现交通效率的综合解答。

首先是"边界"问题。从哪里开始到哪里结束，就是交通组织的边界界定。

设计需要使整个院区成为一个安全的场所，因此，一侧的"边界"是院区的红线，包括院区机动车和步行人员的入口，这里是交通组织的起点；另一端"边界"则是建筑，即建筑入口或在建筑内部。无论从心理层面还是生理层面，患者都希望在到达医

院后能够迅速、方便且安全地进入医院、进入建筑，能够得到快速及时的诊治，所以，无论是步行还是驾车而来，建筑都应该成为交通唯一的目的地，建筑应该成为交通的终点。

如果将机动车挡在院区外，使整个院区只允许步行，画面虽美却有失人文关怀；如类似于过境交通，绝对地分离两条线的交通组织，则属于自欺欺人。

机动车从动态到静态、再从静态回到动态，是一个完整的闭环，尽管如此，过程中交通行为却是多种多样的；时下多元化的交通方式虽给患者提供了便利，但却给交通组织增加了难度。

人流则相对简单。两条线的代入，医患人群以不同身份、不同空间目的地、不同使用需求、不同行动能力、不同停留时间、不同交通方式，会叠加出复杂的结果，而这些复杂性和多样性都需要在交通组织中予以关注并解决。

医院的交通组织需要对机动车与步行者达到同等程度的"欢迎"，并以同等程度实现与城市交通和公共交通的有效衔接，医院建筑也借由与城市交通的衔接完成与城市空间的融合。

交通组织规划需要先明确交通过程，由行为入手去编排路径并寻找答案。步行者的交通过程需要延伸到城市的范围，包括与城市公共交通或非机动车（共享单车）的联系，过程相对简单；机动车则复杂得多，包含有私家车、出租车（网约车）、货运车辆、救护车，动态-静态-动态，伴以不同顺序的上落客行为。

"人车分流"为人流与车流划出了"道"，交通组织问题似乎得到了解决，其实不然。"人车分流"仅仅给人流与车流划定了路线，未将复杂的行为代入。如将人流与车流进行叠加：计算人流与车流的流量和密度，涵盖各种行为的可能性，考虑大量患者行为，就会产生大量的交叉点和路径盲端。

究其根源在于："分流"只是孤立地去设定分离的两条线，并将两者割裂开来单独思考，未考虑整体的使用过程及叠加效应；片断式地仅考虑人流与车流在某个孤立的点位和空间的连接关系，这些都使得交通组织陷于片面和不完整。

三、"人车分离"医院交通组织建设规划方式

人流与车流两条线必须摆在一起协同思考，将使用过程代入交通组织才能实现真正的"分流"，并能实现交通组织整体的安全。"分流"只是强调了路径，如果在此基础上代入使用过程，并将人流和车流进行叠加，就会发现交通组织的结果会完全不同，"人车分离"才是整体的过程目标。

所以，可以抛开"人车分流"，我们需要的是"人车分离"。

代入了交通的过程以及行为，产生了三个核心要素：边界、路径和节点。实现"人车分离"，在于处理好这三个关键要素的关系，并将其纳入人流和车流的整个使用过程，予以协同思考，而不是将两条线分离、各行其道。

常见的医院建筑门前、远离城市道路的大广场，就是关于"边界"的一个反面例证，这种方式从起点开始就斩断了人车分离的可能性。

交通的效率和安全来自于封闭的单向渠化方式，如高速公路。大广场的尺度为交通提供了多样性，这意味着交通组织中的可变因素增多，除了效率的下降外，同时也带来了安全性的降低。反之，两侧的"边界"越紧凑，交通的秩序感、便利程度、效率及安全就越能得到保障；小，反倒更精彩，特别是对于步行交通以及需要与城市公共交通站点接驳的人流。毕竟，医院是个医疗场所，无须以"距离感"展现威严和礼仪，表现出高大上和唯我独尊；不割裂城市空间和交通联系、形象亲民才是主题。

城市公共交通与医院接驳的区域性交通规划，由于地块切割、行业行政管辖等原因，难以统筹协同，因此城市公共交通与医院的衔接往往存在一个盲区。有些城市已开始进行多部门的协调及规划，努力打通这种产生隔离的"最后的距离"。10多年前，巴士站已进入香港将军澳医院的院区内，我们接触过的多家北京和深圳的医院已开始规划通过地下通道将地铁站点与医院进行连通。对于大型，特别是超大型医院，与城市公共交通最好的接驳关系，就是将公共交通纳入医院建筑内部，形成垂直的交通联系，将医院作为公共交通的"上盖物业"。

路径规划决定了交通组织的效率、秩序和安全，体现在交通规划的每个细节上。

四、北京协和医院门急诊外科手术楼停车规划建设案例

北京协和医院门急诊外科手术楼是一座面积达22万平方米的医疗单体建筑，占据了一个街区。因为北京协和医院坐落于此，所以在项目建设之前，现场疏导东单北大街的交通拥堵是交警每天上午必需的工作。在交通如此繁忙的地区新建一个拥有2000多个停车位的"巨无霸"，如果交通规划得不好，后果将是灾难性的。

凡事都如同硬币的两面，正是由于其一个街区的体量，这个"巨无霸"给区域交通带来了明显的利益，因为它用自己的"宰相肚"连通了周边道路，并形成了循环，南北四座大型坡道，使周边道路的利用率显著提高，区域交通状况得到了整体改善。

这个案例给了我们一个启示：大未必可怕，可怕的是产生路径盲肠。

五、路径规划的细节体现

（一）车流

（1）充分利用周边城市道路资源，多方向的进出，使效率提升最大化。

（2）独立的单向渠化路径：根据高峰小时吸发量计算车道数量或宽度，可满足多车同时并行。

（3）车行路径的直接程度：过多的弯道、上下坡及转弯半径过小，都将影响车速，造成交通瓶颈和栓塞。

（4）较低的车道及停车区域的混合度：即停即走的车辆与计时、长期停放车辆

在车道及停车区的分离；普通车辆与货运车辆、救护车的分离以及在寒冷和炎热地区急救车的入室设计。

（5）数量足够的停车位及明确、清晰的路线引导及空位引导指示。

（6）停车区域与建筑功能空间的连接路径：停车区域如果与人流在同一层，则需建立步行通道与建筑内的功能空间联络；如在不同楼层，则需有便捷的垂直交通联系。

（7）"动态-静态"转换方式：包括车库管理方式，停车场库进入的识别、离开时的缴费方式；静态停车的方式（平层、机械、立体自动）等，均影响机动车的效率表现。

（8）信息技术和人工智能，可以在提升车库管理效率方面做出贡献。在深圳，2016年大部分停车场已实现了车牌识别自动抬杆进站，出站自动识别车牌计算停车费，完全不再需要停车卡。人工智能还可以在更大的范围内运用，为优化城市交通服务，阿里巴巴在杭州的城市大脑智能交通系统通过识别车牌和车流控制交通。深圳机场停车库的缴费环节，利用扫描二维码实现手机缴费，每一个柱子、每一面墙都可以成为一个缴费"窗口"。

（二）人流

（1）可达性：较低的步行强度，包括从公交站点与院区入口，以及从院区入口与建筑入口的步行距离，以及入口相对步行路径具有清晰、明确的辨识度。需要以步行者的步行强度来考虑步行距离，正常成人的平均步行速度为80m/min，60岁老人行走的速度为50m/min，若以此速度作为患者步行速度计算距离，建议步行强度在200~300m的范围内为宜，也就是4~6min的步行距离。

（2）便利性：非机动车（包括共享单车）的停放位置。非机动车的停放区域应该在步行路径的周边，以方便步行者，同时将步行的安全区域限定在一个合理的范围。在建筑的地下空间设立非机动车停车区域不是一个好主意，上下坡道将给使用者带来不便。至于共享单车，城市道路的人行道特定区域就是一个约定俗成的停车场。

（3）辨识性：独立的、与建筑入口有直接联系的步行路径。路径的合理规划避免了人车的交叉，使得人车碰面的场合只剩下了上落客的接驳点这类节点化空间。因此，节点空间的安全性及对行为多样化的适应性成为设计的重点。

① 集中设置接驳节点，减少接驳节点数量。

② 合理的上下客接驳节点的空间位置：接驳点的位置需要考虑与建筑功能使用空间联系的便捷，并与就诊时序紧密结合，如与门诊大厅、电梯等公共空间和交通体的连接。

③ 独立的上下客接驳车道及足够的车道长度：由于患者的行动能力较弱，上下车的速度较慢，因此接驳点需要有充足的长度，能够满足多车同时停靠。

④ 接驳点的空间环境需有良好的气候适应性：由于患者体弱，在恶劣的天气、季

节及寒冷、炎热地区，接驳点应具备遮风挡雨、防寒及遮阴的设施，避免对患者造成次生伤害。

⑤ 上下客接驳点与车库、停车场的连接路径有较高的适应性：需考虑交通行为时序的多种适应性，落客后离开、落客后前往停车空间的路径；由停车空间前往接驳点上客的路径；出租车、网约车的等候及上客，都需要可行的连接路径。

⑥ 接驳点独立的步行安全区域。

六、小结

功能主导决定着交通组织的模式选择，与入口及功能空间的关系是第一要务，因为这是交通的目的地。所以，从人车分离的交通组织三要素的顺序排列，有了入口，就产生了边界，定义了节点，路径才能产生，也就生成了交通模式。

立体化的交通组织形式无疑为实现"人车分离"提供了便利，从源头就开始分离开的人与车，以不同的走向使"分离"得以实现。设置地下车库也使这种人行地面、车行地下的立体交通方式更符合逻辑。

对于建筑群，利用地形高差或不具备使用地下空间条件的建筑来说，整体提升的方案也是不错的思路，通过架空层，车辆可直接到达各个建筑的出入口，其余的架空空间可以满足停车的需要，相关的案例有由六角鬼杖设计的北京建外SOHO，地面结合车库提供给车行，二层各楼宇之间由连桥连接，形成步行层，各公寓楼由此进入。与此异曲同工但楼层翻转的例子则有巴马丹拿设计的北京东方广场，裙楼屋顶结合屋顶花园被作为机动车道，由城市道路经由坡道直接进入，成为城市道路的延续，可直抵架在裙楼屋顶上的各功能楼宇的入口，而作为商业用途的裙楼则供人们从地面直接进入。

立体交通组织不是人车分离唯一可行的方式，也可以通过同层平面组织得到同样的效果，需要人流与车流形成不同的进出通道，从而避免交叉，节点化的交叉点可以在建筑内部产生汇合。

解决办法殊途同归，人车分离在于从开始、全过程的人车"分离"，即在过程代入的条件下，做到两条线的单向渠化及保障交通组织的整体安全性，达到可达性、便利性、安全性、效率与秩序的统一。

贵州茅台医院项目停车设计规划案例
——高标准医疗中心的交通规划

张远平 庹 量 蔡琳玲

一、医院概况

贵州茅台医院位于贵州省仁怀市,医院定位为**赤水河流域高标准医疗中心**,床位数1000床,总建筑面积22万平方米。建设内容包括门急诊医技住院综合楼、行政楼、专家楼、洗衣房、感染科、液氧站、污水处理等,其中,门急诊医技住院综合楼共19层(地上17层,地下2层)。

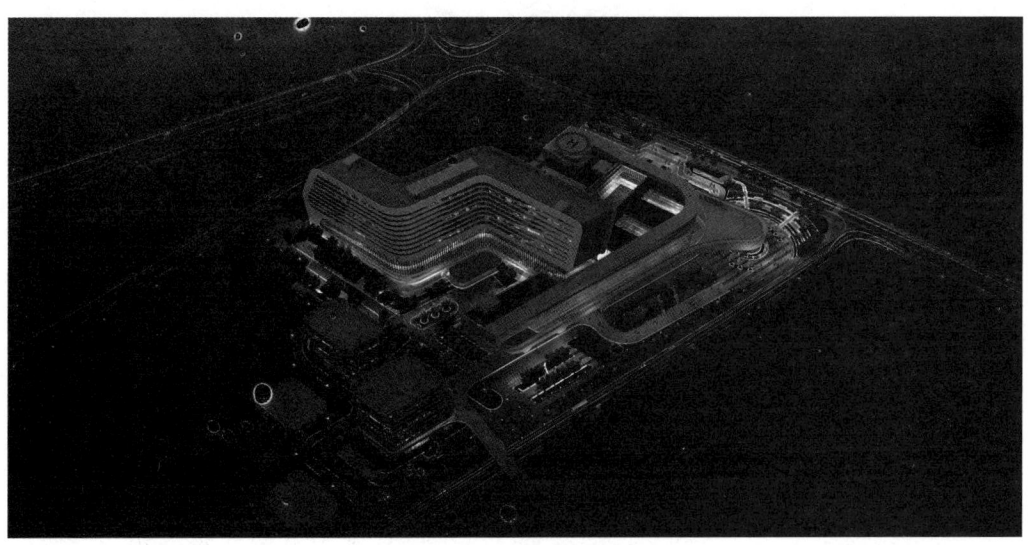

图1 项目整体鸟瞰图

二、核心设计理念

(1)项目目标定位为打造一所一流的国际医院,从而带动整个医疗流程及服务模式的创新。这些创新具体体现在以患者为中心的服务理念、多学科合作的医学模式、职业化的医生团队、跨国界的资源调用能力等。

(2)项目突破传统医院形象,融入一定的地域与文化特色,打造"酒店式"医院建筑与服务环境。

(3)总体规划受两大用地条件限制:一是用地规模相对较小且呈不规则形状;

二是用地内地形有较大高差。项目在设计中充分利用场地原有地形高差，综合解决了城市与医院内部交通联系以及内部竖向医疗流程的对应关系。

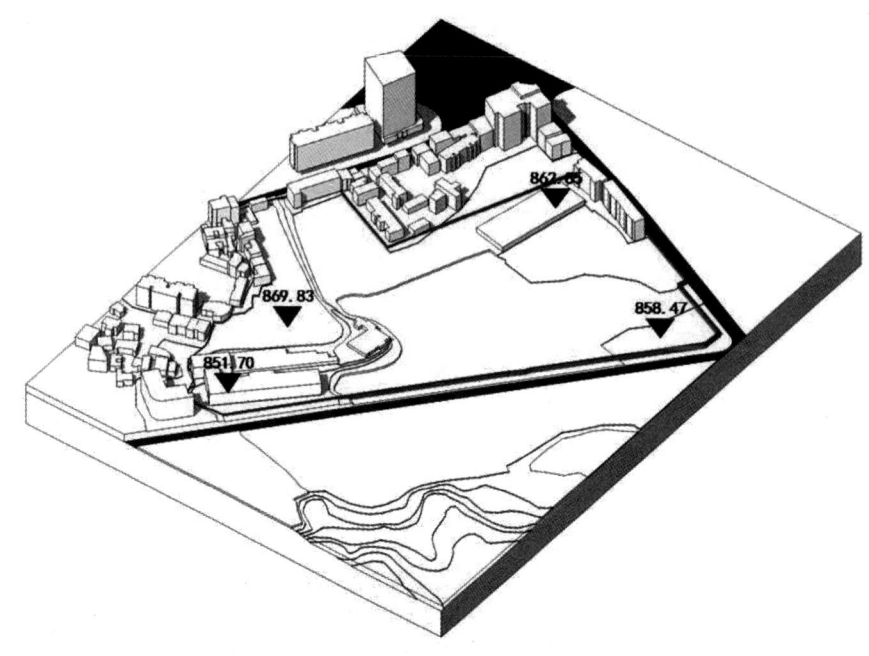

图 2　原始地形高差图

三、交通现状及问题分析

用地周边三面临路，其中北侧玉壶东路宽 18m；东侧玉液中路宽 21m；西侧符阳路宽 10m。北侧和东侧均为城市主要交通道路，但道路宽度较窄，交通压力较大；西侧符阳路仅临项目局部用地。因此，医院各功能出入口需均匀分布于北侧和东侧道路，对城市交通容易产生不利影响。用地北侧到南侧最大高差约 15m，北侧和东侧道路相对高差约 6m。设计需充分利用场地原有地形高差，综合解决城市道路与医院内部交通之间的联系以及内部竖向医疗流程的对应关系。

四、医院交通组织规划方案

（一）城市外部交通应对策略

方案根据场地地形高差，在场地内设置了三个不同标高功能台地，依次对应门诊诊疗体系、住院及院内生活体系、后勤保障体系，保证与城市道路便捷联系。为缓解城市交通压力，在两个不同标高门诊广场之间设置立体车行匝道，连接两条不同标高道路，采用交通分时分区管理模式。在城市交通高峰时段，门诊车辆从北侧道路进入院区后，可通过车行匝道直接到达不同诊疗单元，再通道匝道直接行驶至 -6.0m 标高门诊广场进入地下车库，避免大量进入院区车辆在城市道路上排队等候，造成交通拥堵。在城市交通正常时，门诊车辆则可分别从两个不同标高广场直接进出地下车库。

从而综合解决了对城市交通的不利影响以及地形与道路的竖向联系问题。

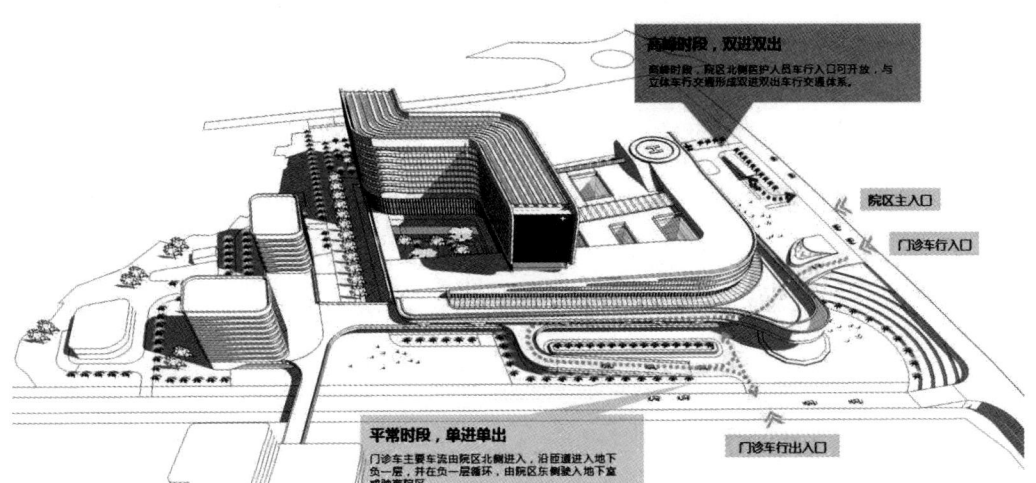

图3 立体交通＋分时分区策略

（二）医院内部交通应对策略

通过对内部功能分区及流线的合理组织，实现了各功能流线之间互不影响、互不交叉，提升了医院的整体运行效率。

医院各出入口分别与三个台地标高对应，与城市道路平接。其中，门诊主入口位于北侧道路，用地北侧设有门诊广场。门诊人流经广场可直接进入门诊大厅；门诊车流经门诊主入口进入院区后，可通过立体车行匝道进入地下车库或驶离院区。急救入口位于用地西北角，急救广场内设有急救车回转场地及急救车专用停靠位，保证了抢救的高效与便捷。住院出入口分为普通住院出入口和国际诊疗出入口，其中普通住院出入口位于东侧，入口处设有院内生活服务广场，与住院部、体检中心、行政办公、专家楼便捷联系。国际诊疗出入口位于用地西侧，与普通住院出入口水平联通，实现住院流线整体便捷与通达。靠近两个住院出入口处均设有地下车库入口，车辆进入院区后可直接进入地下室，实现了地面人车分流。同时在住院出入口处另设临时车辆停靠和回转场地，保证紧急情况时，车辆可直接行驶至住院大厅入口处。在南侧城市下风向处，另设有感染科、洗衣房、污水处理及地下污物专用出口，通过绿化隔离带与专家楼、行政楼、主体医疗区相隔离。其中，感染科设有独立出入口及门诊筛查体系，不与主体医疗联系，避免交叉感染。

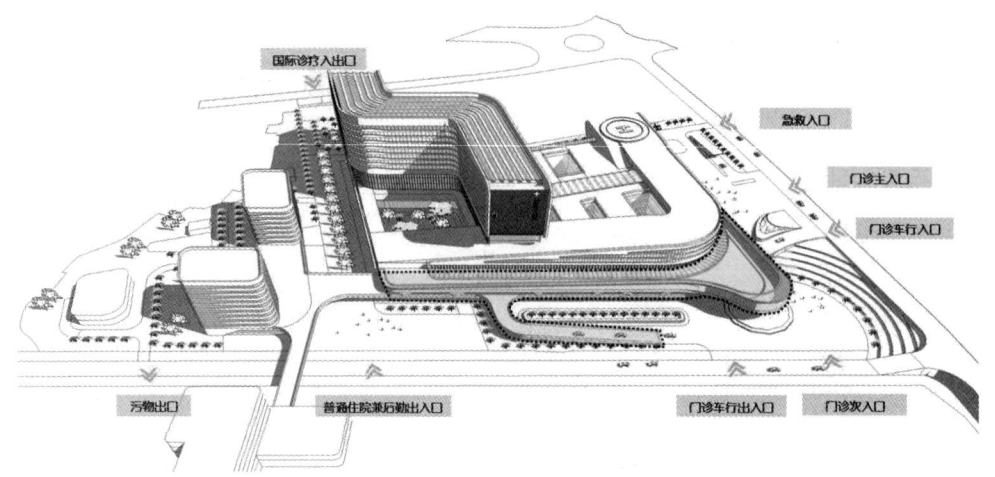

图 4 出入口分析

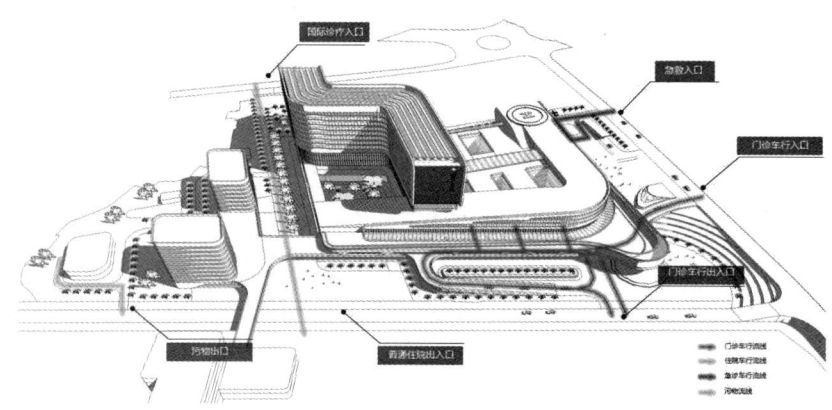

图 5 流线分析

（三）建筑空间与医疗流线

方案围绕国际医院"以患者为中心"的设计理念，采用MDT多学科联合诊疗模式。主体医疗建筑采用集约式建筑布局，提高医院整体运行效率。通过医疗主街连接门诊与住院两个人性化广场及服务大厅，主街一侧设置多个学科诊疗中心，另一侧为医技中心，根据与各诊疗单元的对应关系分层布置，有效缩短流线。住院部位于裙房正上方，通过多组竖向交通体系与医技中心直接联系。

设计充分考虑了医疗工艺与建筑空间相契合，打造多个医疗服务体系，包括急诊抢救体系、手术抢救体系、后勤供应体系、国际诊疗体系等。急诊部位于一层，120救护车可通过北侧急救专用出入口直接到达急救广场；裙房屋顶另设有直升机停机坪，通过专用抢救电梯可直达急诊部及手术中心，从而形成三位一体的急诊抢救体系。手术部位于裙房四层，手术中心内通过多部抢救专用电梯与急诊部、住院部及直升机停机坪直接联系，平层还设置有 ICU、血库、病理等，形成了完备的手术抢救体系。后勤供应体系实现了供应流线的便捷通达，如消毒供应中心对手术中心洁净库房直供，药库对药房及静脉配液中心直供等。医院还设有气动管道物流传输系统，将医院的各个部门通过专用管道紧密地连接在一起，全面解决了医院物流自动配送问题。

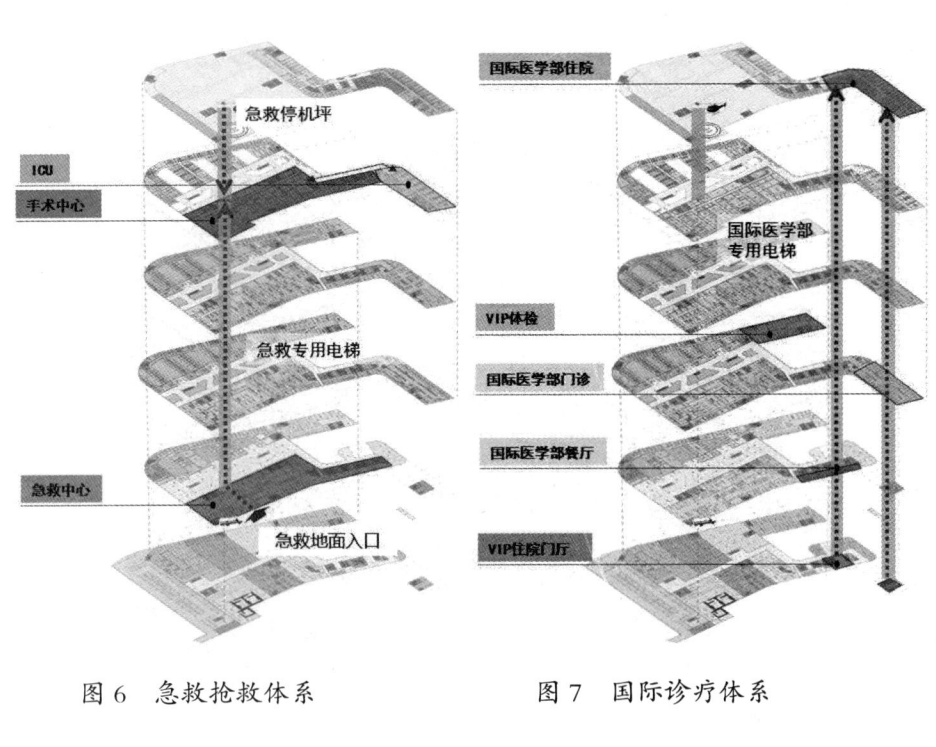

图 6　急救抢救体系　　　　　　　图 7　国际诊疗体系

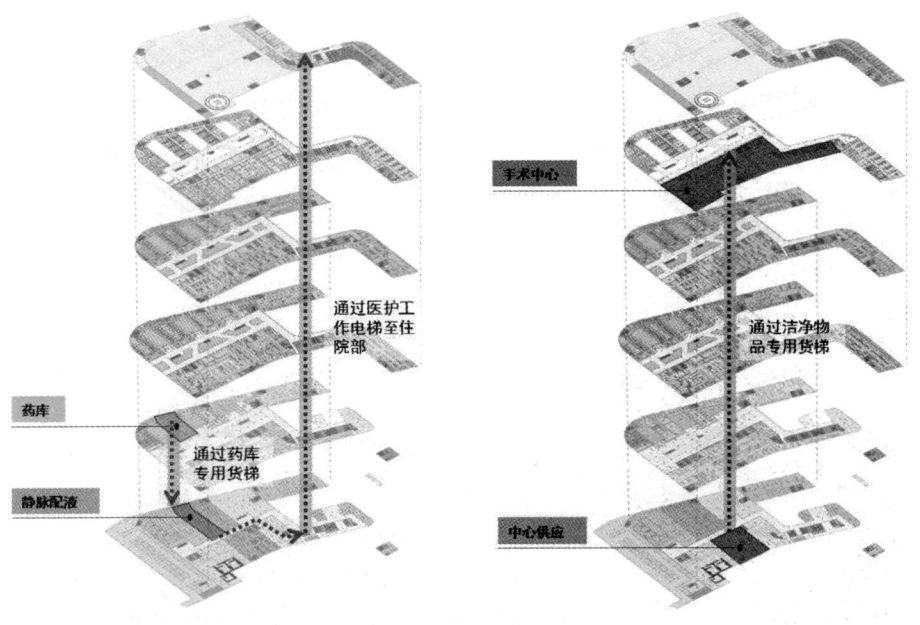

图 8　后勤供应体系

（四）人性化设计策略

茅台作为全国驰名的百年品牌，其酒文化源远流长。茅台医院作为其造福一方的民生工程，设计选取的文化元素应当挖掘其文化的深层内涵。赤水河流与大娄山脉具有鲜明的地域特征。因此建筑造型与立面、河流、山体相呼应，医疗主街则模拟赤水河流及两侧巍峨的山势，向大自然的鬼斧神工致敬。门诊大厅及医疗主街内设有多处人性化服务设施，包括分散式咨询台、自助服务区、阅读区、咖啡休闲区、自动扶梯、无障碍电梯、无障碍卫生间等。

图 9　医疗街效果图

医院外部环境涉及周边自然环境，其风格不仅要和建筑协调一致，还要能体现出自身场地条件特色。如院前广场台地间高差，通过梯田形态与多种药用植物搭配，打造"神农百草园"的医院特色景观。门诊广场及住院生活服务广场设置有景观雕塑、小品、休闲等人性化服务设施，有利于缓解病人紧张的情绪。

图 10　沿街透视图

五、设计要点总结

项目方案设计立足于医院整体定位及用地现有条件，利用地形现状高差及总体医疗布局解决城市外部交通及医院内部交通联系问题。建筑内部通过对急诊抢救体系、手术抢救体系、日间诊疗服务体系、后勤供应体系、国际诊疗体系等多个医疗体系的打造，不仅提高了医院的整体运营效率，同时实现了医疗工艺与建筑空间的完美契合。医院整体形态则采用建筑景观一体化的设计方法，营造出"酒店式"医院建筑与服务环境。在医院内外部空间中，通过人性化服务环境空间与设施的打造，为患者、家属及医护工作者提供人性化服务及舒适的康复、休息空间。医院整体按照绿色建筑二星等级进行设计，采用了大量绿色节能理念及措施，保证医院在今后运营中实现绿色可持续发展的目标。

设计档案

名　　称： 中国建筑西南设计研究院有限公司

所　　属： 中国建筑集团有限公司

成立时间： 1950 年

企业地址： 四川省成都市天府大道北段 866 号

经营范围： 建筑行业建筑工程、人防工程设计及相应的咨询与技术服务；市政公用行业给水、排水、热力、桥梁、隧道、风景园林等工程设计及相应的咨询与技术服务；智能化建筑系统工程设计及相应的咨询与技术服务等。

经典案例： 成都天府国际机场、重庆袁家岗奥林匹克体育中心、西藏博物馆、中国－欧洲中心、华西第二医院锦江院区（西南妇女儿童医学中心）、四川大学华西天府医院等。

北京大学国际医院停车规划设计案例

杨 帆

一、医院概况

北京大学国际医院院区北侧临玉河南路，为城市主干道，红线宽为 40 米；南侧为医疗园路，是城市支干道，红线宽为 25 米；西侧为生命科学园西路，是城市次干道，红线宽为 28 米；东侧生命园路，为城市次干道，红线宽度为 35 米。主入口开向东侧生命园路，临近昌平轨道交通线路，并设有公交站和轻轨停靠站。西侧生命科学园西路为高架快速路。

北京大学国际医院总建筑面积 44 万平方米，医疗区总建筑面积约 32 万平方米，其中门诊医技楼 12.7 万平方米，住院楼 11.8 万平方米，总床位数为 1500 床，手术室 30 间，设计门诊量约为 8000 人次／日。北京大学国际医院总体设计目标为立足于国内外医疗建设经验和理论成果，构建系统化、简约化、人文化的医疗环境。医院总体布局要求功能分区明确，满足现代国际化医院就医、科研、学术讨论的需求，并预留未来发展空间。

建筑平面布局合理，做到了洁污、医患分流，设计动线简洁、营运经济合理。建筑的功能组织、空间布局、形体的选择和组合简洁大方，给患者、医护人员以良好的就医及工作环境。

图 1　项目区位图

二、医院停车现状调查和分析

北京大学国际医院现有机动车位 2485 个，其中地下停车泊位 2115 个，地上停车泊位 370 个。医院南侧的医疗园路上设有机动车扫车牌放行的闸机，通过这个闸机后，院区的各机动车出口位置也设有自动扫码闸机，在出车的位置设有人工和自动的收费系统。

医院于 2014 年开始运营，原本所处的位置就远离城区，在地铁昌平线未投入使用的时候，周边公共交通条件十分不完善，前来就医的患者，主要为附近昌平区的居民，多选择自驾和出租车形式。因为医院需要 3~5 年的成长期，北京大学国际医院开业之后，日就诊和探视人流虽处于持续增长状态，到目前为止医院的停车位仍处于较为宽裕的状态。

笔者在上午高峰就医时间考察医院的停车状况，当天的气温为 37℃，就算在如此炎热的天气里，地面停车位的占有量依然达到了 95%，同一时间地下停车场车位却十分宽裕，说明自驾前往就医和探视的人，会首选地面停车位。分析其原因，是因为在地面停车，下车后更容易找到医院的主要公共交通门厅。如果进入地下车库，在寻找车位的时候，容易迷失方向。

三、地上交通系统组织规划方案

北京大学国际医院院区分为综合医疗区（一期）和后勤保障区（二期）。综合医疗区内包含体量巨大的医疗综合楼，该楼西侧用连廊与肿瘤中心和科研教学楼进行连接。医疗综合楼北侧是高压氧治疗中心和感染楼。医疗区西北侧的后勤保障区内有 4 栋倒班宿舍楼和一栋行政办公楼。

医院在生命园路上为门诊患者开设了门诊主出入口。在距离这个出入口以北约 100m 的位置，开设了为急诊急救和感染患者专用的出入口，救护车会通过这个专用的出入口直接驶达急救中心，这个出入口不对社会车辆开放，用金属围栏进行了管制。

图 2　急诊急救及感染患者专用出入口

南侧医疗园路上开设为住院中心使用的住院出入口。因住院部为长338m的一座体量舒展的横向建筑，其南侧设有三个独立的出入口，每个出入口都与园区主环路交通有机动车道连接，园区南侧的住院出入口相对交通流量较大，所以南侧住院出入口的宽度为40m，东侧门诊出入口宽度为28m。

生命科学园西路上开设的机动车出入口（医院西门），同时也是后勤科研和员工的出入口。这个出入口双向四车道，两个车道中间还有绿化带进行隔离，因为该出入口的进出车辆类型较多，对车道进行更多样化、更细致的物理隔离，有助于对车辆进行管理。

在西门的南侧，设有专门为污物和垃圾车辆通行的出入口，污物车道与该出入口直接连通，坡道口设管理闸机，污物和垃圾车辆不进入院区地上，也不会与社会车辆在院区内的流线产生交叉。

北侧玉河南路上开设办公及生活出入口，相对于院区另外三个主要出入口，尺度较小，净宽只有10m，可以容纳双向进出的两股车流。

四、地下停车库出入口交通组织规划方案

院区的地下车库出入口共有7处，其中综合医疗区4处，后勤保障区3处。后勤保障区的地下车库为医院内部人员服务。

医院车流具有潮汐式的通行特点，在车流集中的高峰时段，通过限行和地面车流流向的组织，可以有效避免车流的拥堵。地下车库的出入口设计为双向车道，为了方便进出地下车库的驾驶员就近选择出入口，距离院区机动车出入口，除了2#坡道的195m之外，其余的都在150m左右。地下车库出入口规划位置如果距离机动车院区出入口距离过近，车辆在排队入地库的过程中，减速慢行会导致车辆在入口处堆积，排队过程中容易影响到主路车流通行。

表1 院区地下车库出入口规划

坡道编号	净宽（m）	净高（m）	通往楼层	使用性质	通行方向
1#	7.30	2.50	B1	社会车辆	单向入
2#	7.00	2.60	B1	社会车辆	出入
3#	7.50	2.60	B1	员工、后勤车辆	出入
4#	7.25	4.00	B2	污物车辆、货车	出入（内部使用）
5#	/	/	/	/	/
6#	/	/	/	/	/
7#	/	/	/	/	/

门诊就诊人流从主入口进入后，右转到达院区主环路，门诊部的地下车库出入口设在主环路直达门诊大厅的环状支路右侧，从主路左拐进入支路的车流，可以在不影响地面车流的情况下，右行进入地下车库。该出入口设计为双向车道，但设置有明确的禁行标识对逆向车流加以管制。

医疗综合楼东侧，靠近妇产科门诊的位置，为2#地下车库出入口，同样也是双向车道，从住院主入口进入的车流，可由此出入口进入地下。该出入口因设在道路左侧，对出车车流来说属于右行顺位，这样可以有效提升通行能力，加快出车速度。

医疗综合楼在靠近生命科学园西路机动车出入口附近，设置有员工后勤车道。这条车道双向行驶，平时也可以兼顾社会车辆的使用。进出地下车库的车流在地面因为良好的交通组织，两股车流基本上不会产生交叉，可以有效保证车道的放行能力。

五、医院停车库设计中的理念和存在的问题

北京大学国际医院地下停车库的柱距，直线柱网为9000mm，弧形柱网最大直线距离为10000mm，最紧张的地方为8055mm，从柱网距离来看，相比一般的商业和办公建筑地下停车场，布置3个停车位十分宽松。因为柱网较大，背靠背的车位，两侧的柱子在车头靠前的位置，对司机来说，进出车的视野会受到部分影响。

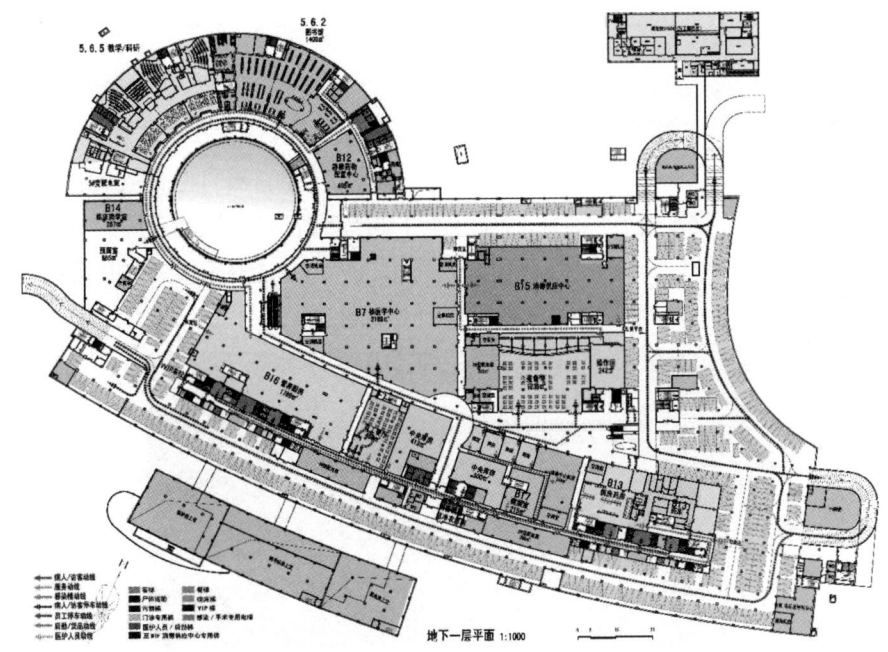

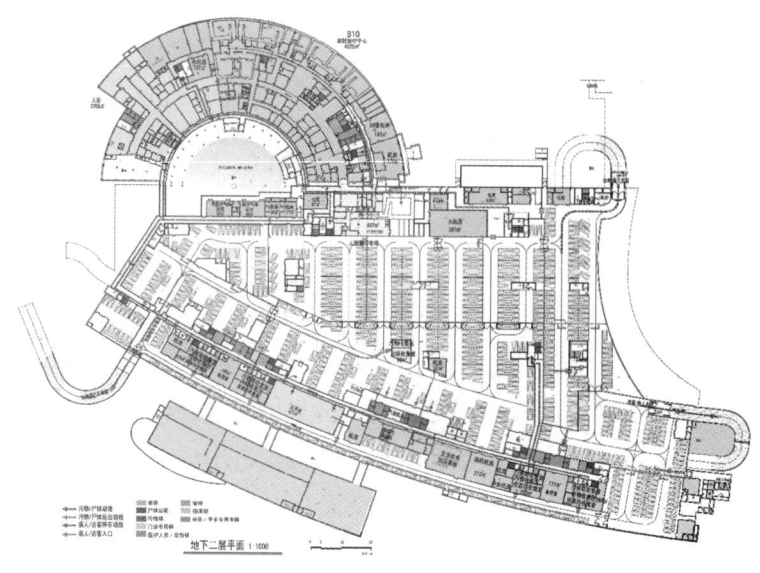

图 3 地下车库平面图

由于医院是由弧形柱网和直线柱网组成的,在两个柱网交接的位置,形成了部分难以利用的三角空间。

因为医院占地面积较大,地下停车库设置了详尽的交通导向标识,帮助人们方便快捷地找到自己需要去往的科室。如果不是初次来院的人,熟悉地下停车划分的区域,自驾到地下停车场相应区域,比通过地面停车场解决完停车问题之后再步行至相应科室,会更加便捷有效。

地下车库的地面和墙体用不同的颜色进行了分区和编号,并使用醒目的字体,在司机视线高度位置涂刷明显的导向箭头和科室名称,并配有垂直电梯的图标。

在地下一层,如住院部通往美食街的位置,可能会有较大量的人流穿过机动车道,形成人车混流,这样的区域,地面涂刷有人行道斑马线,提醒过往司机减速慢行。一些交通流量比较集中的区域,地面会划定禁止停车区域。

图 4 地下车库地面及墙体标识

设计档案

名　　称：中国电子工程设计院有限公司

成立时间：1953 年

企业地址：北京市海淀区西四环北路 160 号

经营范围：工业工程、民用建设、节能环保、能源化工。

经典案例：北京大学国际医院、成都军区总医院、曹妃甸医院、龙岩市妇幼保健院、清华大学玉泉医院等。

南京天印山国际医院
——以医院功能性为主线的交通组织探索

郭 良　万 励

一、项目背景

南京天印山国际医院位于南京江宁区，天印山景区内，方前大道北侧，是一所定位"以疾病为中心"的高端民营非营利性医院。医院功能涵盖高端医疗、肿瘤药物研究、配套生活等功能。用地条件如图1所示，医院被一条市政道路切分为两个地块。南侧为医疗用地，北侧为科研教学用地。未来项目周边均规划为公共娱乐设施用地，并计划引入梦工厂这样的主题公园，存在非常严重的交通压力。

另外，项目南侧地块四面临路，北侧地块仅两面临路。规划部门建议在项目南、北侧组织主要出入口，但不希望主要交通都放在南侧的方前大道，会增大该路的交通压力。

那么，如何利用交通组织起两块被打断的地块？如何梳理地块组织交通才能降低周围交通压力并且符合医院功能组织？这就是我们需要研究探索的问题。

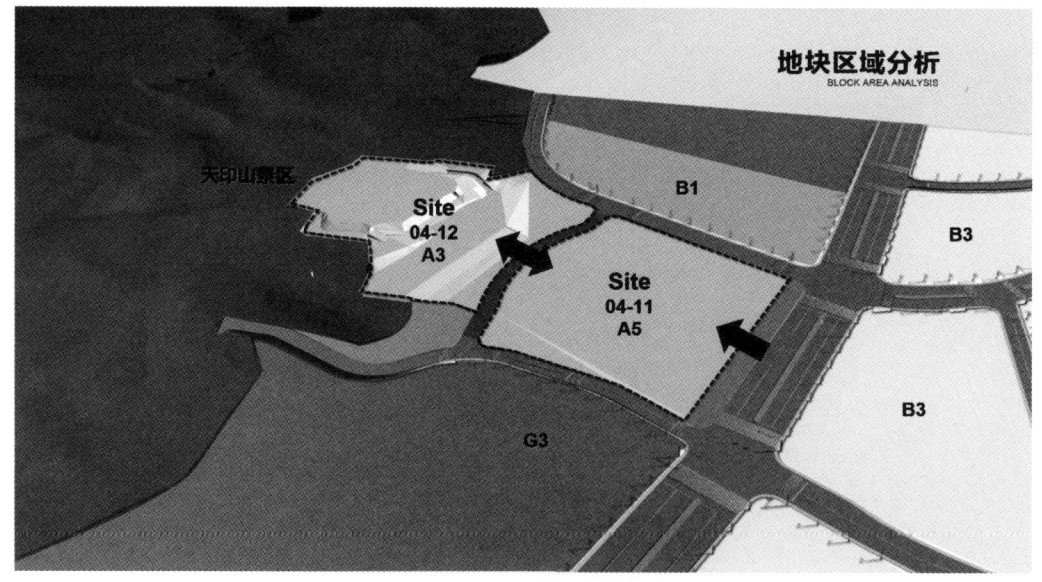

图1　地块基本信息

二、总体交通组织概念

（一）南北地块间的组织

项目整体用地功能规划考虑地块南侧为纯粹的多中心模式的综合医疗区，北侧则规划为研究、后勤保障、行政办公等综合性功能，而两个地块中间联系被市政道路所分割。

因此，在南北地块的交通组织上，我们采用空中、地面、地下三个维度进行联系，来削弱南北地块受市政用地切割的影响。

图 2　地块功能性规划

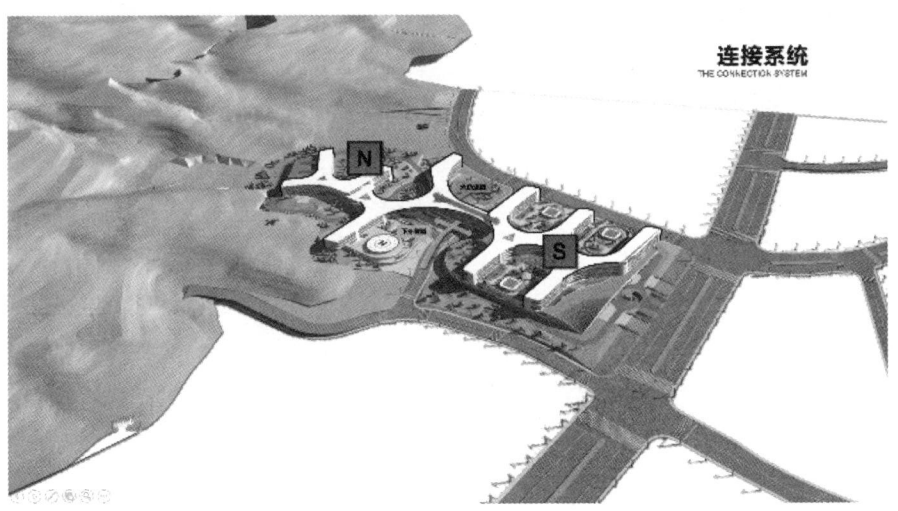

图 3　南北地块连接系统

具体措施：

（1）在建筑体的横向界面上采用跨街连廊连接，解决医护人员与后勤生活间的步行交通问题。

（2）在这条规划道路上则考虑使用一条下穿隧道组织多股车行交通，使医院到达的车辆都通过下穿隧道到达目的地。而且大型箱式货车与大巴都能够有条件进入医院地下室，形成到达体系与物流体系。

（3）地面交通则作为临时停靠与过境车辆考虑，最大程度优化地面交通组织。

图4　南北地块地面交通组织

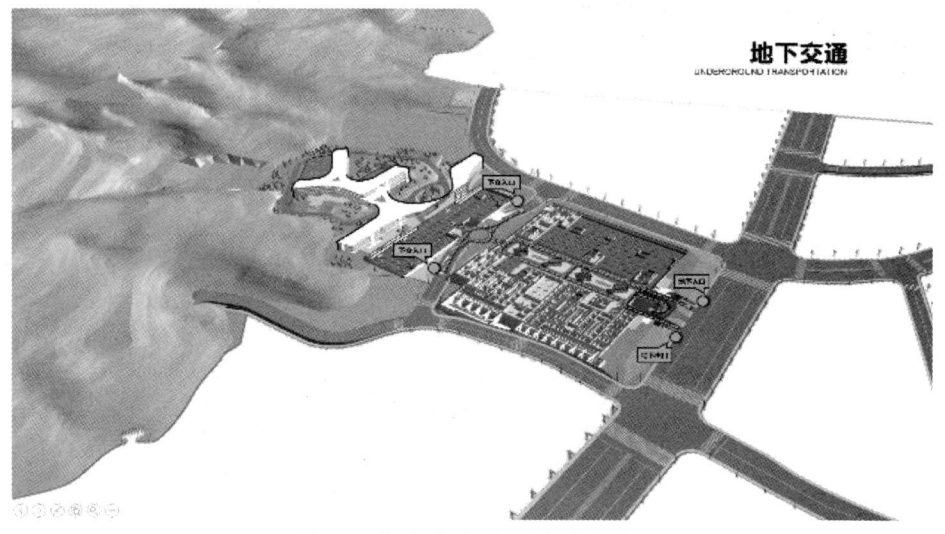

图5　南北地块地下交通组织

（二）南侧医院的地下交通组织

在南侧的交通组织考虑上，我们根据功能为导向组织交通。在医疗区内，设置四个疾病诊疗中心与一个综合诊疗平台的五中心模式。

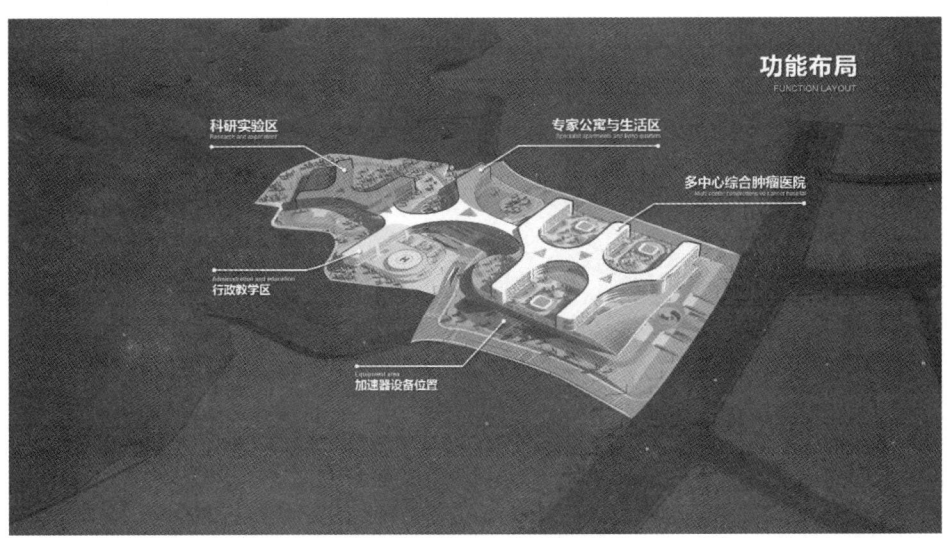

图 6　多中心综合肿瘤医院中的五个分支即为五个诊疗区

南侧地面交通主要考虑单进单出的形式，禁止机动车左拐，引导其他车辆通过北端下穿隧道进入院区，从而让医院南入口具备一定交通进入量又不至于影响方前大道的市政交通。通过这样的设计去缓解因建造大型医院对周边区域交通的影响。

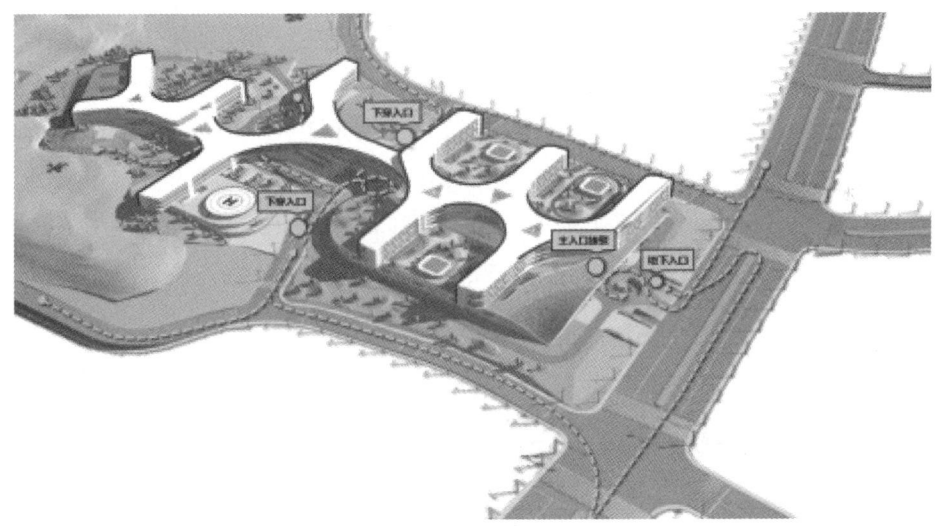

图 7　南侧院外交通的组织方式

地下室空间的交通我们提出"直抵目标站点"的到达理念，通过地下大型接驳区能够直接抵达每一个疾病诊疗中心。五个诊疗中心分列地下接驳区两侧，各自的地下到达区都能与大型接驳区实现无缝对接。

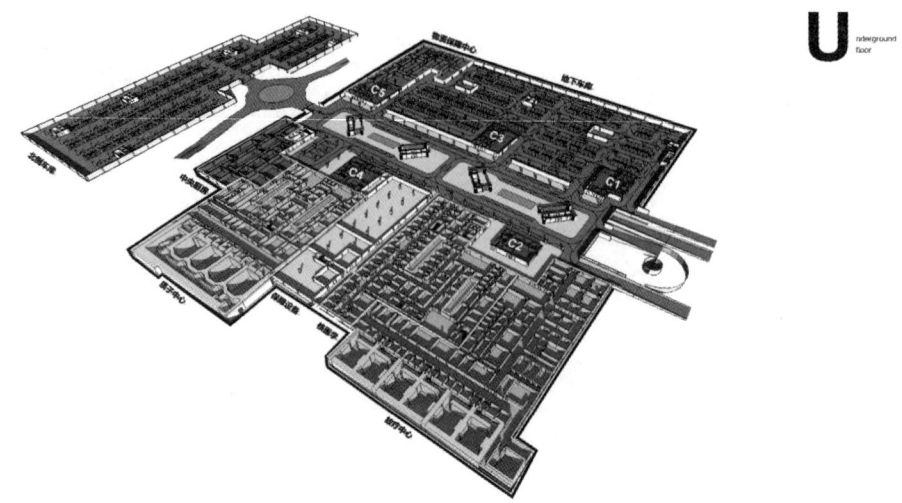

图 8　五大诊疗中心到达区与接驳区

大型接驳区根据地形，在北侧平接下穿隧道。在南侧通过坡道组织进出院车辆。在车辆进入院区之后通过超过 60 个的路边临停泊客，在完成下客后通过接驳区通道进入医院地下层的停车区。这样的设计将本属于市政的交通压力引入了医院地下空间进行消化，更重要的是每个中心到达区都设置了服务中心，使得医疗前端功能延伸至地下空间，极大地方便了病患就诊流程，改善了就诊体验，提高了人文关怀。

另一方面，北侧的地下室因与下穿隧道相连，使得在层高上具备很大优势，案例中甚至提供了四部大巴车泊车位，对应团队体检的停车需求。同时，较高的层高也为中大型箱式货车下地提供了有利条件，净化了地面的各种流线体系，使得医院物资流程也上升到了新的水平。

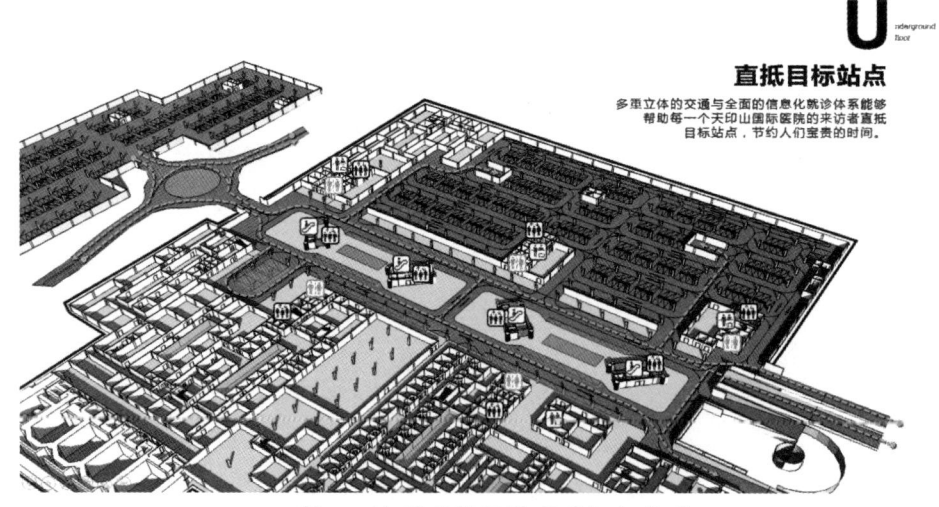

图 9　地下室接驳区交通组织体系

三、关于未来医院交通组织的思考

在未来，随着疾病诊疗的细化，"以疾病为中心"模式的中心制医院将会越来越多，如何方便病人就诊，提高交通到达效率，甚至如何缓解周边市政交通压力这些方面都对未来医院交通组织提出了新的要求。我们认为除了考虑交通组织中的外部因素与地块因素以外，更应该着重考虑功能因素对交通的影响，利用现在交通到达的多样性，设计直抵站点式的交通模式，应该是未来医院显著趋势之一。

但是在传统医院设计中，我们参照的《综合医院建设标准》对于床均 90m² 这样的指标配置，往往都是没有考虑医院未来发展所需的空间，例如：去医院化配套服务街，大型的地下交通接驳区，在规划设计中受制于面积约束，设计师很难实现这些空间，现行标准与日益增强的就医体验中的矛盾也将日益明显。

此外，除了现行标准与需求之间的矛盾以外，目前还缺乏合理的医疗规划，因此，在未来医院的建设中，加入医疗规划环节是必要的，而在医疗规划环节中融入对"去医院化"的考虑、交通组织的考虑、人文关怀的考虑是将医院设计得更好、更合理且不可省略的过程。

设计档案

名　　称：香港澳华医院建筑设计咨询有限公司
成立时间：2010 年
香港地址：香港九龙旺角花园街 2-16 号
成都地址：成都市高新区交子大道 88 号 AFC 中航国际广场 B 座 5A
经营范围：医院建筑设计、医疗工艺设计、医院装修设计、医院文化设计。
经典案例：内蒙古伊金霍洛旗人民医院、成都市第七人民医院（天府医院）、深圳市中医院、红河州第一人民医院、重庆医科大学附属儿童医院、中国医学科学院阜外医院、青岛颐生健中西医结合骨伤医院、香港大学深圳医院、眉山市中医医院、北京太和妇产医院。

淮南市山南新区综合医院交通组织规划

苏黎明　袁恺星　张　玢

一、医院概况

淮南市山南新区综合医院工程设计项目位于淮南市山南新区，车行 15 分钟即可到达淮南市市中心。项目总用地面积约 17 万平方米，总建筑面积约 19 万平方米，住院床位达 1200 多床。医院建成后预计有职工 1800 多名。医院开设 33 个专科、专病门诊，3 个特需门诊，26 个临床诊疗研究中心，日门、急诊量平均 4000~6000 人次以上，年住院人数 20000 人次以上。

图 1　淮南市南山新区综合医院区位图

山南新区综合医院根据当地规划部门要求，需设机动车停车位 1325 个。在本案例的停车设计中，共设置地上停车位 265 个，地下停车位 1060 个。所有车位均面向患者开放。停车场采用高效率的电子收费系统，大大提高车辆进入与驶出的便捷程度，一辆车进入医院停车、刷卡、采集照片信息只需要 5~10 秒。车辆进入医院后，每一个路口均有导视系统对车辆的行进路线进行引导，以方便驾驶员在最短时间内找到车位。夜间，医院同时为周边的居民提供停车服务，车辆可停至次日早上 7：00。采用这种模式，不仅有效利用了停车资源，还为周边居民提供了便捷的停车服务，优化资源配置。

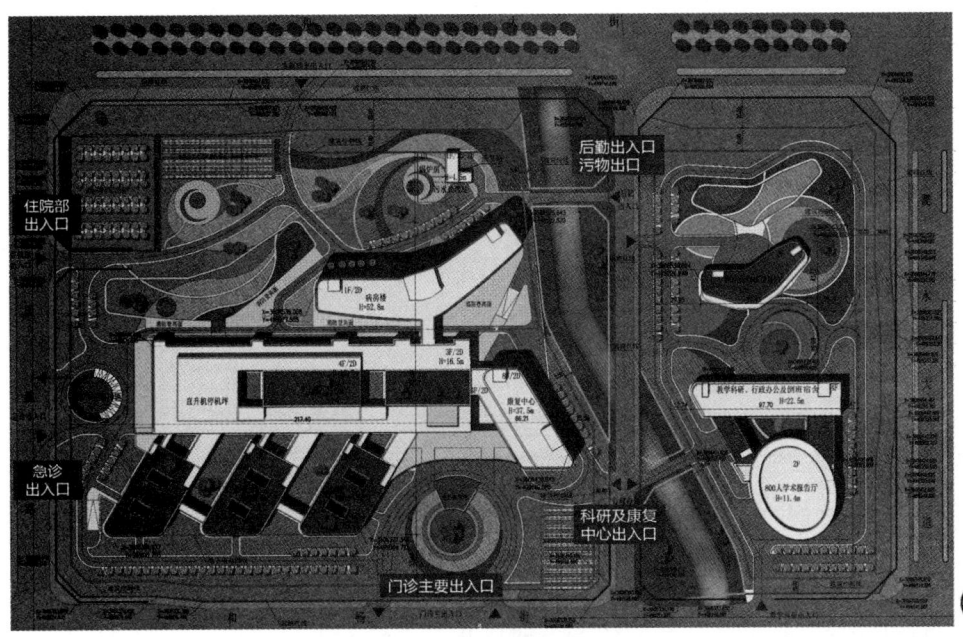

图 2　总平面图

二、用地与城市车行系统的接口

医疗建筑车行出入口的位置，主要受城市道路因素的影响，同时，其设置的合理性，反过来会影响城市交通体系。在淮南市山南新区综合医院建设项目的设计中，首先，考虑到和风大街为城市主干道，车速较快，通行量大，不宜设置主要出入口，因此，将院区门诊主要出入口设置在南边道路等级次一级的和畅街上。考虑到车辆的行驶习惯，出入口的布局采用"右进右出"的模式。同时，在主入口与和畅街的接口处，设置一定的缓冲空间，保证车辆顺畅驶入。其次，考虑到医院的门诊与急诊人流量都较大，在和畅街布置了门诊主入口之后，为了不给和畅街造成过大的交通压力，将急诊主入口布置在了用地的西侧，即国槐路上，以达到门诊车流与急诊车流分流的目的。第三，考虑到住院部车流的目的性较强，因此在国槐路靠北侧的位置，设置了住院部车辆的专用出入口，采用双车道模式，与门急诊车流分离。

最后，南北向穿越院区的支经四路由于道路宽度最窄，不利于大量车流通行，因此，设置后勤出入口及污物出口，仅供院区内部车辆使用，避免与院区内的就诊患者流线干扰。根据医疗功能的使用需求，合理布置院区的出入口，有效缓解了周边道路的车辆通行压力。

三、用地内交通路线组织设计

基地内的交通流线组织，是基于用地与城市之间合理的组织关系，结合医疗建筑总平面布局及各功能空间关系，合理安排各类流线与建筑之间的关系。传统医院的内部交通组织方式，通常是通过平面型分流，即将不同功能的人流、车流从周围的两个以上的方向引入院区，达到各自相应的入口广场、车型路线或停车场，从而达到分流的目的。

在淮南市山南新区综合医院建设项目的平面交通组织中，用地南侧主要为门诊就诊车流，西侧为急诊就诊车流，西侧靠北为住院患者车流，三部分患者车行流线通过门急诊医技部建筑周围的环形车道相连接。住院部由于楼层高、人流量大以及消防的需要，高层病房楼建筑周围自成一条环形车道，同时连接了西侧住院部出入口和东部的后勤出入口，形成一条贯穿院区东西的车道。

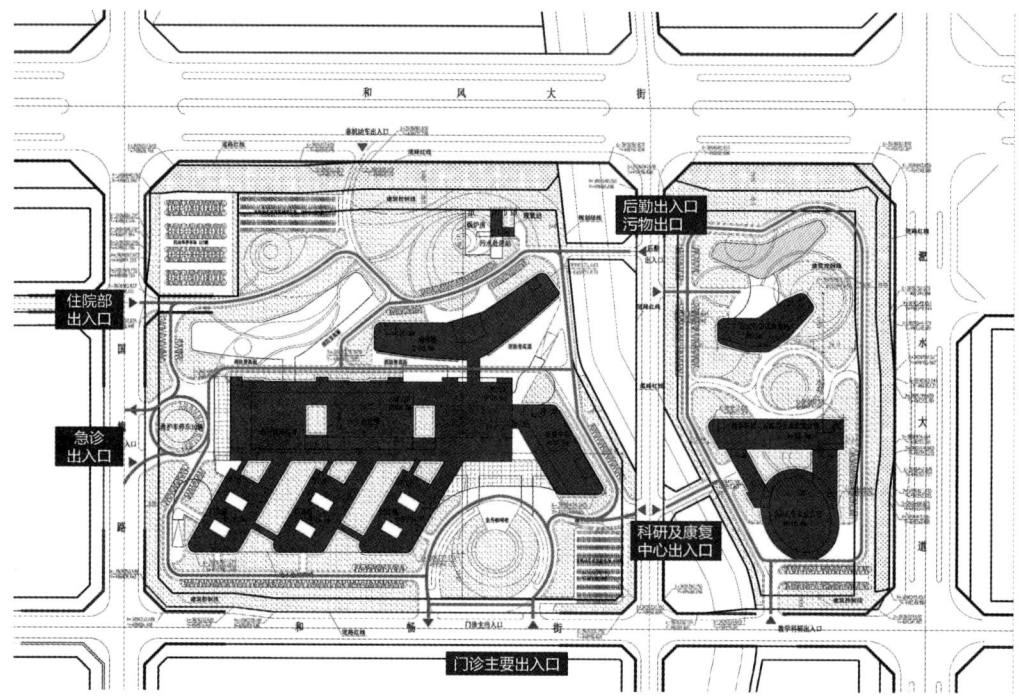

图 3　基地出入口及交通流线组织

在该项目的交通组织中，除了考虑到以往的平面型分流模式，同时引入了立体型分流的概念。在该项目的门诊区主入口的设计中，采用双层立体型交通模式，利用下沉广场的形式，将人流、车流在两个标高层面上进行组织分流：针对到门诊区域即停即走的车辆，可以选择首层环形交通路线，到门诊主入口区域放下患者，即可离开，减少其在院区中的穿行时间及距离；针对需要到地下停车场或是需要有一定停留时间的车辆，即可在主入口处选择向下的坡道进入院区的地下停车库，在车库停车完毕后，通过分布在不同区域的电梯，迅速到达目的地科室就诊。

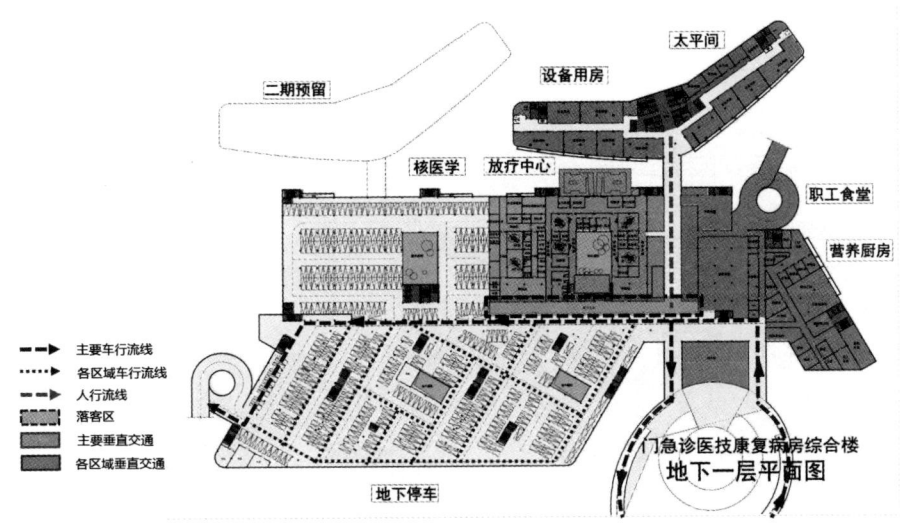

图 4 地下一层交通流线组织

四、停车问题分析

针对大部分医院建筑停车难、停车拥堵的问题，淮南市山南区综合医院项目中，采取了以下措施，来解决医院的停车问题。

（一）停车方式多样化

在该项目的停车场设计中，共采用了两种停车方式：地下停车及地面停车。

地面停车：地面停车主要是沿院区设置，共计有车位 265 个。通过对以往医院的调研发现，医院门急诊停车多为临时停车，一般 2 小时左右即可。通过设置路面临时停车位，以达到快速就诊快速撤离的目的。

地下停车：充分利用医疗综合楼的地下空间，采用两层地下车库，共设置地下车位 1325 个。其布局模式采用鱼骨状布局，在主要车行道路两边，采用分区域的方式布置停车空间，方便患者停完车后，快速通过垂直交通到达需要的科室。

（二）停车人群分区化

考虑到不同人群对于停车场的使用有不同的需求，因此，在该方案的设计中，针对不同的使用人群，设计了不同的停车模式。针对院区的工作人员，地下车库中设有专门的院区职工停车区及医护通道，工作人员停完车后，可通过竖向交通体系迅速到达医护工作区；针对院区的探视人员，停车需求大概在半天及以上，则主要停在地下车库区域；针对运送患者的私家车及出租车，设置专门的私家车下客区及出租车下客区，即停即走，提高效率的同时，避免造成院区拥堵。

（三）出入口功能设计

在出入口的分布上，院区共有 7 个机动车出入口，编号如图所示。

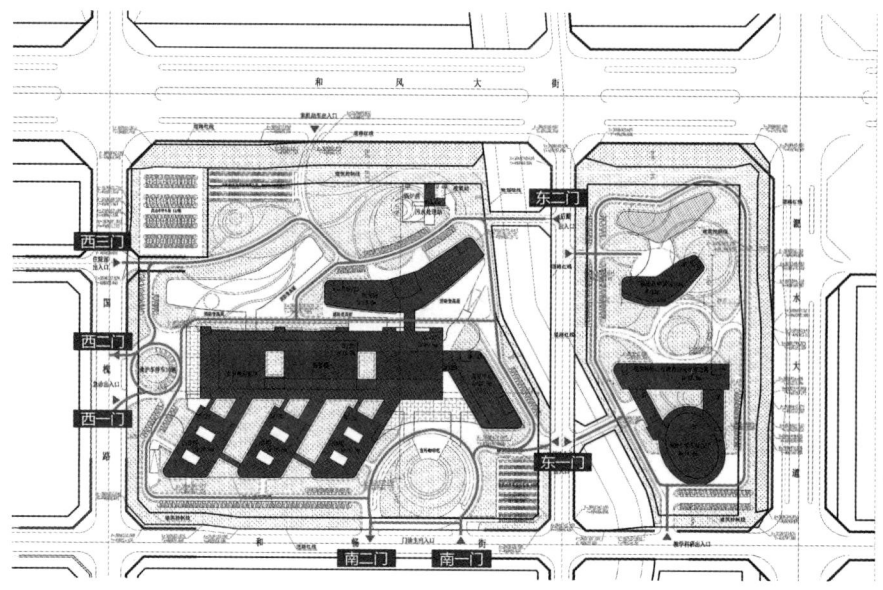

图 5　院区机动车出入口示意

南一门及南二门：门诊主要入口出口，以及院区绿色通道，全天候开放。车辆从入口进入后，快速在首层门诊入口处即停即走。此通道不准临时停车排队，保持通畅。需要进入地下车库的车辆，则在入口处通过向下的坡道进入院区的地下停车场。两条流线互不干扰，保证运行效率。

西一门及西二门：急诊主要入口及出口，以及急诊区绿色通道。车辆进入后，通过绿色环岛进行分流，向南至门急诊部分临时停车区域，向北至住院部临时停车区域，或在急诊部即停即走，快速驶出院区。

西三门：住院部出入口。采用双车道，双向行驶，针对住院及探视就诊人群，方便其快速到达住院部及快速离开，同门急诊的车行流线分开。

东一门：机动车出入口，主要针对去康复中心的健康体检人群，保证其与就诊人群分离。

东二门：后勤出入口，针对院区内部车辆的进出口。与院区其他功能区域的车流分开，避免流线干扰。

（四）高效的电子停车管理体系

停车场采用高效率的电子收费系统。车辆进入医院后，院区的地下车库空间，通过不同的颜色分成若干停车区域，每一个区域及路口均有导视系统对车辆的行进路线进行引导，以方便驾驶员在最短时间内找到车位。

（五）优化停车资源配置

通过调研发现，医院的停车由于就诊患者的使用需求，多集中于 7:00~21:00，因此，夜间，医院可以同时为周边的居民提供停车服务，车辆可停至次日早上 7:00。采用这种模式，不仅有效地利用了停车资源，还为周边居民提供了便捷的停车服务，达到优化资源配置的目的，还可以为院区创造更多收入。

淮南市山南区综合医院项目通过高效的停车组织模式及停车流线设计，不仅满足了院区本身的停车需求，同时还减少了对出入口及周边道路的干扰，大大减少了院区车流量对城市交通的影响。

设计档案

名　　称：北京五合国际工程设计顾问有限公司

成立时间：1993年

企业地址：北京市海淀区正福寺75号-1号南区2层202

经营范围：专业承包；建设工程项目管理；工程勘察设计；投资咨询；经济贸易咨询；房地产咨询；货物进出口、技术进出口、代理进出口。

经典案例：许昌市中心医院新院区；淮南市山南新区综合医院；腾冲市人民医院；天津康汇综合医院。

河南驻马店市中心医院智能停车场综合体项目方案

(在建)

——存取车速度最快的智能化多出入口塔式车库

王 潇

一、项目概况

该项目位于河南省驻马店市中心城区原卫校地块,考虑客户对车位数量和存取效率的要求,为保证车流的顺畅,我们采用了目前世界上**存取车速度领先的智能化多出入口塔式车库**。

图1 项目鸟瞰图

停车场有4套半圆形塔库和4套方形塔库,总占地面积约1500m²,停车位800个:(轿车648台,商务车152台)。具体设计如下:

半圆形塔库地上20层,高度约51.2m(含机顶层);

方形塔库地上18层,高度约44.75m(含机顶层);

车库地面 1 层为出入口层，层高 3.4m；

车库北侧与西侧作为绿化广场，面积约为 2761m²；

绿化广场地下一层作为配套商业，面积约为 5000m²；

停车楼所有停车位可安装新能源汽车智能充电位；

外立面设置 LED 广告屏。

该车库共有 8 套升降系统，设置了 16 入口和 16 个出口，出入口与升降机完全分离，存取车时驾驶员不需进入升降机，进出车时间不会影响设备的运行，出库入库车流也互不干扰；**平均每次存取只需 60 秒，8 个车库每小时可存取约 480 台**，可真正解决存取车高峰期等待时间过长和车库前道路堵塞的问题。

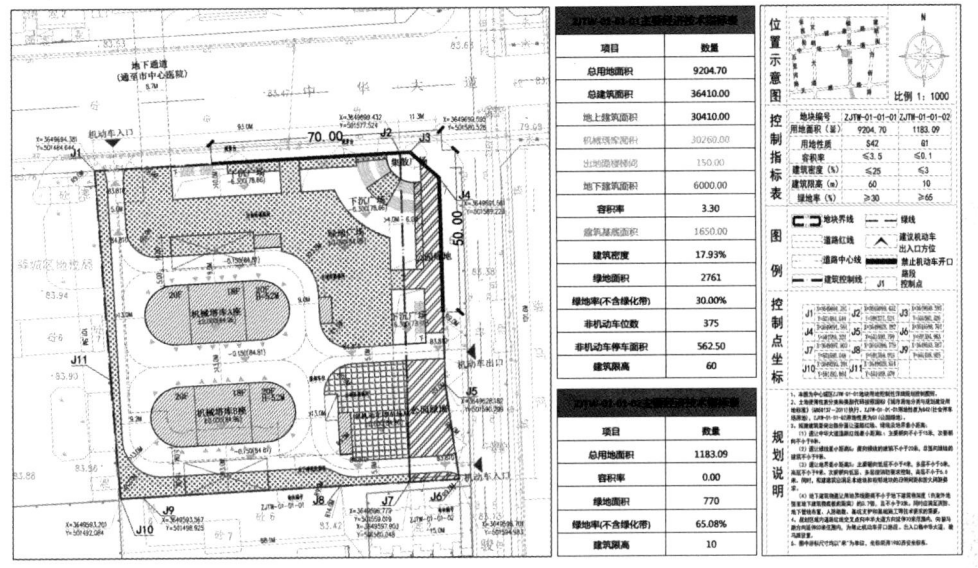

综合经济技术指标		
项目	面积	单位
总占地面积	9204.7	m²
总建筑面积	36410	m²
地下建筑面积	6000	m²
车库建筑面积	30260	m²
建筑占地	1500	m²
密度	17.93	%
容积率	3.3	—
停车数量	800	辆

图 2　总平面图及相关指标

二、项目周边交通环境分析

据调查统计,现在医院的停车需求量非常大,驻马店医院每天的停车需求约为3000车次,然而由于配建的停车位严重不足,平面车位仅有600个,远远满足不了实际的停车需求,而周边并没有足够的停车场可以用于分散和减压。每天进出医院的员工、患者及陪护人员等无奈地将车辆无序地停放在路侧两边,导致该区域经常性的拥堵,严重影响了市政市容和该区域路段的交通畅通。

本项目根据项目地块的位置特性以及缓解中华大道与周边辅道的行车压力的目的,停车场总入口设置在中华大道(城市主干道)紧挨车库一侧,停车场总出口设置在骏马路(城市辅道)紧挨车库一侧。建议被设置停车场总出口的骏马路改为由北向南的单行道,而另一条骏马路则被改为由南向北的单行道。

项目设计要点:

(1)中华大道一侧设置为总入口,车辆可由图3所示流向进入车库存车或取车;

(2)由北向南走向骏马路一侧设置为总出口,且两条骏马路均设置为单行道,只准由中华大道右转进入一条骏马路,在车库取车后的车辆也只能右转由北向南行驶,车辆若要回到中华大道则在指定地点换道另一条骏马路由南向北行驶,右转进入中华大道;

(3)医院门诊楼附近设置临时停车港湾,临时停车不超过5分钟。

将停车场出入口分别按以上方案设置,既可以分流停车场的交通流量,较大程度缓解驻马店市中心医院的停车难问题,又能够避免出库车辆再次对中华大道造成更严重的交通压力。

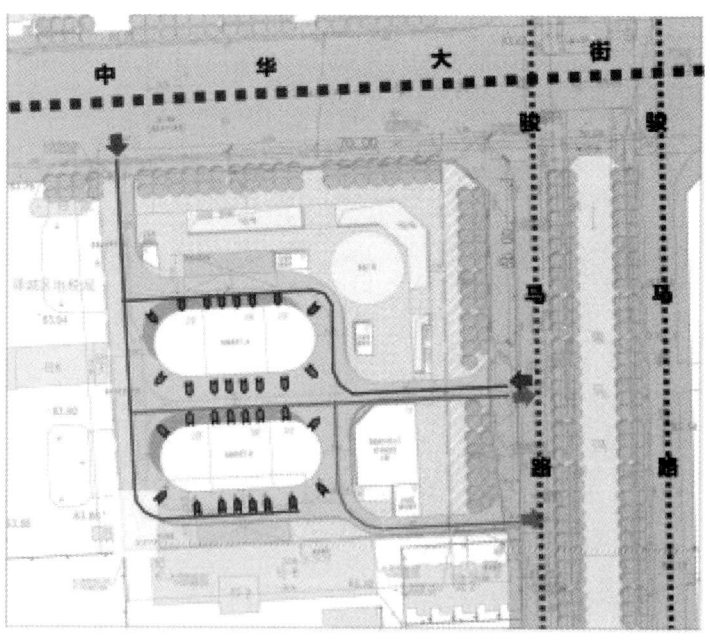

图3 交通流线图

三、项目规划方案

项目规划方案见图4至图7。

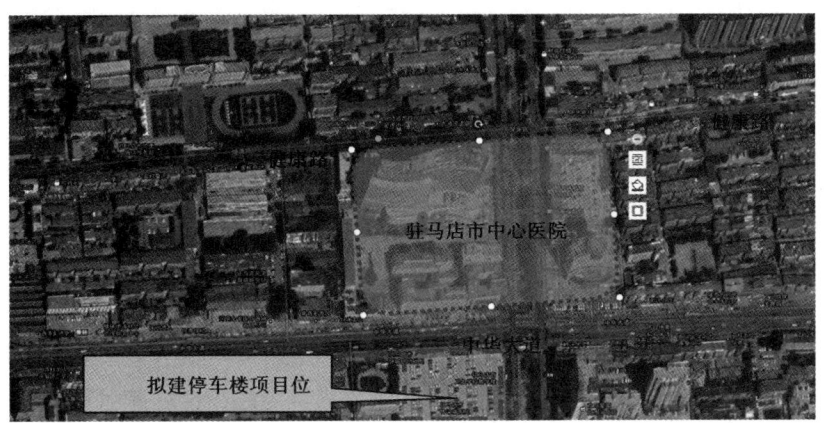

图4 驻马店市中心医院区位图及停车楼拟建位置

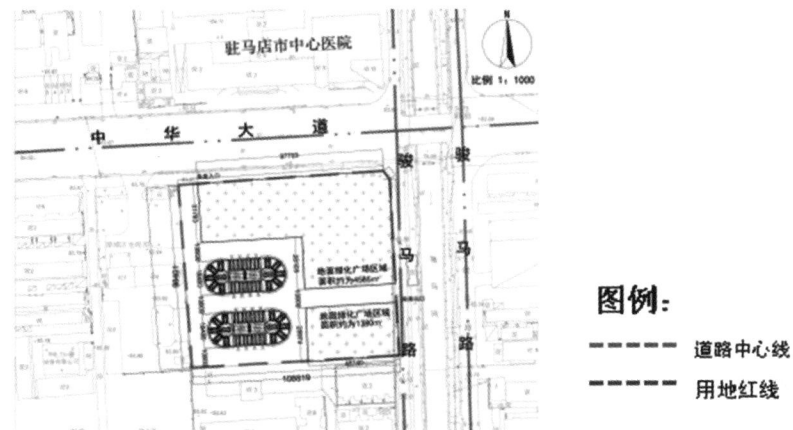

图5 驻马店市中心医院停车楼平面图

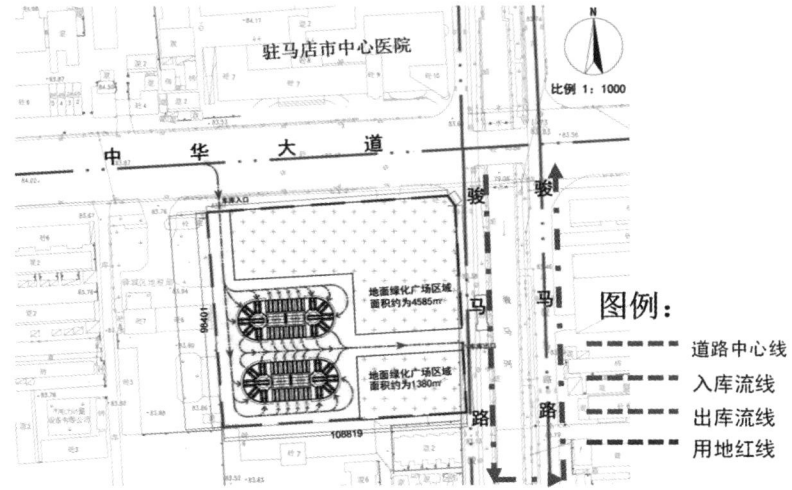

图6 驻马店市中心医院停车楼交通组织规划图

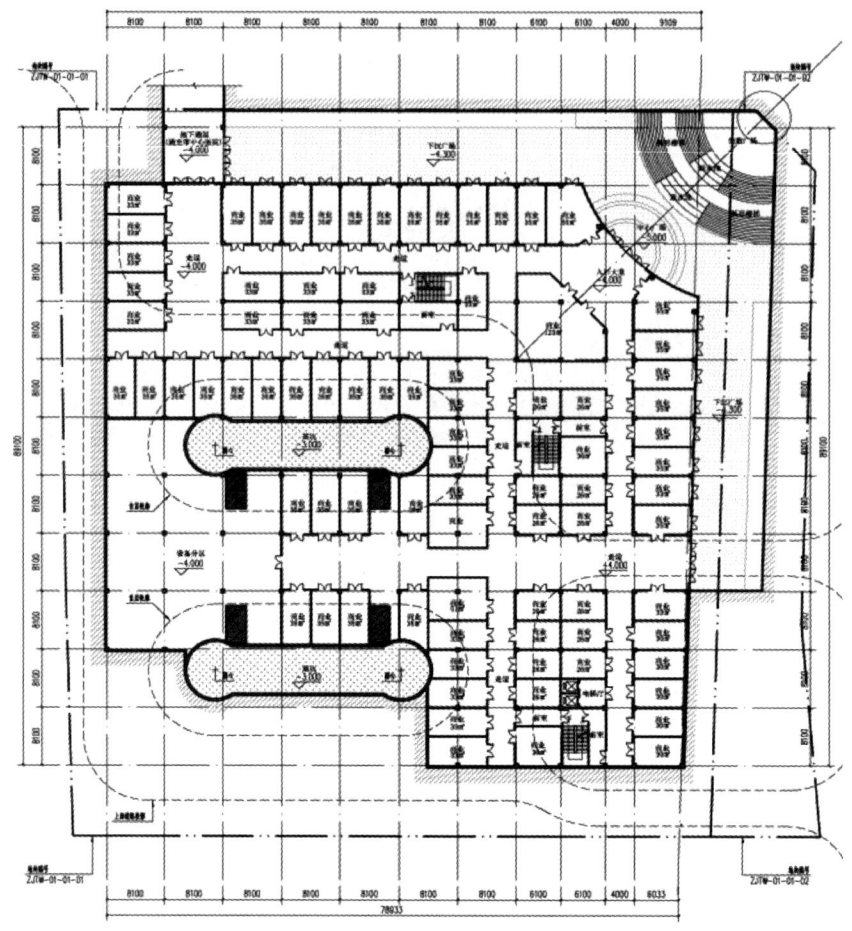

图 7 驻马店市中心医院停车楼地下一层平面图

四、项目设计要点总结

（1）车辆从中华大道入口右转进入，行驶至立体停车楼停放，平均每分钟可同时存放 20 台车，最多同时入库 8 台车，能完全覆盖进车高峰的车流量，不会造成医院周边道路拥堵。取车时由停车楼驶出后右转进入骏马路，平均每分钟可取 8 台车。

（2）出入口道闸智能化与车库 8m 行车环形通道设置：停车场的缓冲车道直接利用中华大道，车库入口的道闸采用智能识别系统，一车一杆不会造成拥挤和堵塞，加宽停车场入口和出口的车道，且将车道设计成环形通道，实现车辆出入分流、人车分流，使车辆能够快速进入停车场入库，减少排队车辆对外部市政道路的影响。

（3）驾驶员在出入口道闸取卡或刷卡（车牌自动识别），根据语音提示将车开到空闲的出入口，驾驶员根据出入口内的显示屏及语音提示的引导将车停好，拉好手刹，下车后再次刷卡确认（在门外使用手机扫描二维码），即可离开，无须等待。车辆输送系统在升降过程中自动旋转，将车辆准确运送至电脑分配好的车位，取车时可在任意出入口的读卡器刷卡取车，车辆输送系统在升降过程中自动旋转，将车辆准确从所存车位输送至指定出入口，车库门打开，车辆自动调头，驾驶员从出入口直接驶出，出道闸时刷卡缴费，即可离开。

（4）独特优势。

安全快捷：多出入口设置，存取车分流，且出入口与升降机完全分离，驾驶员操作时间不影响设备运行，既保障人员安全，又不会造成出入口拥堵。

车辆搬运速度快：采用输送带平移车辆，速度行业领先。

节能：采用永磁无齿同步曳引机作为提升动力，存取车一次耗电低于 0.2 度。

故障率低：因搬运小车不需拖线移动，且车位完全无动力设计，结构简单，运行可靠。

（5）停车楼建成后，对外开放车位数量可增加 2.5 倍。驻马店中心医院对外开放的停车位数量合计约增至 1500 个车位（包括地上、地下和机械车库）可以提供，能够较大程度地缓解医院停车难的问题以及周边道路承受的动态交通压力。

（6）节约土地资源：平面停车场加上道路，每车位平均面积为 35m^2，800 个泊位需占地 28000m^2。本项目 800 个车位占地面积需 1425m^2，节省土地约 26575m^2。

（7）减少驾驶员找车位及停车时间，节约汽车燃油消耗，同时减少尾气排放量。因存取车不用找车位、无需倒车，所以每次可节省存取车时间约 5 分钟以上。

（8）机械车库完全采用电脑控制，司机不用进入车库，完全自动存取车辆，相当于提供"代客泊车"服务方式的车库；而且车辆停放在机械车库内，可以防刮、防盗、防雨、防晒，减少了被损毁、盗窃及破坏的危险。

设计档案

名　　称：中城创展集团有限公司

成立时间：2016 年

企业地址：北京市平谷区中关村科技园区平谷园兴谷 A 区 9 号 -13-05

经营范围：项目投资、股权投资；投资管理、资产管理；投资咨询；污水处理等。

经典案例：1. 中城创展集团与中国二冶联手打造西安静态交通系统；2. 中城创展集团成为淮安市盱眙经济开发区建设指定合作伙伴。

中日友好医院停机坪规划设计案例

——医院立体停车楼楼顶的航空救援停机坪

张雨思

随着中国低空空域开发以及航空医疗救援体系的逐步完善,直升机凭借其机动灵活、高效快捷的特点,打造出了一条空中绿色救援通道,为病患争取了宝贵的黄金抢救时间,必将成为现代化医院建设的标配。

一、医院概况

新建成的中日医院立体停车设施是北京市城区地面最大的立体停车设施,也是北京市所有医院中第一家并且是最大的自走式立体停车设施。建成后的院内停车位520个,比建成前增加53%,车辆出入口由一进两出升级为两进四出。刷卡系统使用智能停车系统,加快车辆流动速度。建成后急救车将能够快速进入医院,同时患者停车难问题和医院周边道路拥堵状况将得到极大缓解。另外,朝阳区市政市容管委(交通委)将与中日医院积极合作,对车辆停放做到精细化管理,改善首都交通秩序,为患者和广大市民提供更加优质的服务。

为开通医院"标准化空中医疗应急走廊",建立空、地联合急救体系,加强空中医疗救援队伍、设施设备标准化建设,中日医院克服没有足够空间建设停机坪的空间难题,创新性地在停车楼楼顶建成了直径20米、荷载8吨、具备24小时全时段响应和夜航起降功能的医疗专用停机坪。

图1 中日医院-999航空医疗救援学术研讨会全体与会人员合影

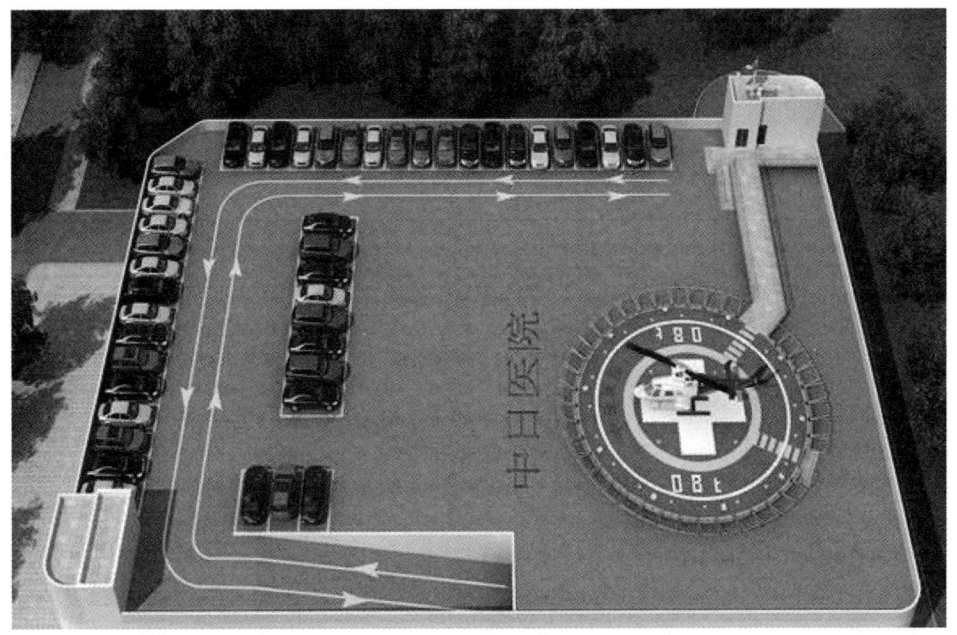

图 2 停机坪效果图

二、停机坪规划设计

现由于直升机独有的飞行特点，使其在航空医疗救援领域得到越来越广泛的应用，然而停机坪的选址对于周边环境要求较高，常规的有地面停机坪和高架停机坪的区别，其中地面停机坪依据净空要求至少 50×50 米范围内不能有树木、路灯、电线杆等容易对直升机起降有影响的净空障碍物，并且地面停机坪有不易管理容易破坏等不利因素。因此目前建设停机坪一般都放置在楼顶为高架停机坪，一是可保证空域完好，二是方便病人直接转运到手术室急救。

（1）直升机停机坪的设计通常主要包含总图工程、飞行区工程、助航灯光工程、给排水、消防工程、辅助设施工程这五大部分。直升机坪设计资质不同于普通工业与民用设计资质，须有专业单位设计方具有合法性，此外停机坪所采用的助航灯光系统等作为民用机场专用设备。根据民航局最新文件要求，其必须要取得民航局机场司指定的检测中心的合格检测报告，方可在停机坪内使用。

（2）中日友好医院地处北三环和四环之间，临近京承高速，地面交通便利，可最短时间将危重病人转运到北医三院、协和医院等综合医院；其空域上属于禁飞区之外，医院周边无超高层建筑，空域条件非常有利于直升机起降。建成后中日友好医院的直升机停机坪将是距离城区最近的医疗救援平台。

（3）结合中日友好医院目前的院区布局，地面没有足够合适的空间建设停机坪，另一方面停机坪由于本身自重较大（自重约 40~120 吨）无法在已有的楼顶上增设。新规划的停车楼刚好可以解决以上两个问题。

（4）直升机停机坪选址在北京中日友好医院停车楼项目楼顶。外型为直径20米的圆形，建筑面积315m^2，设计机坪的最大承载重量为8吨，设计可起降为机型全尺寸为17米及以下，最大起飞重量8吨以内的全部直升机，结合目前北京地区的医疗救援直升机型，可停放北京999急救中心H135，北京120急救中心BELL407和BELL429，北京警航总队AW109、AW139等全部机型。直升机转运病患到达停机坪后，担架车可通过连廊直达停车楼电梯，再由专用的紧急通道直达手术室急救。

图3　专业医疗构型直升机AW-139

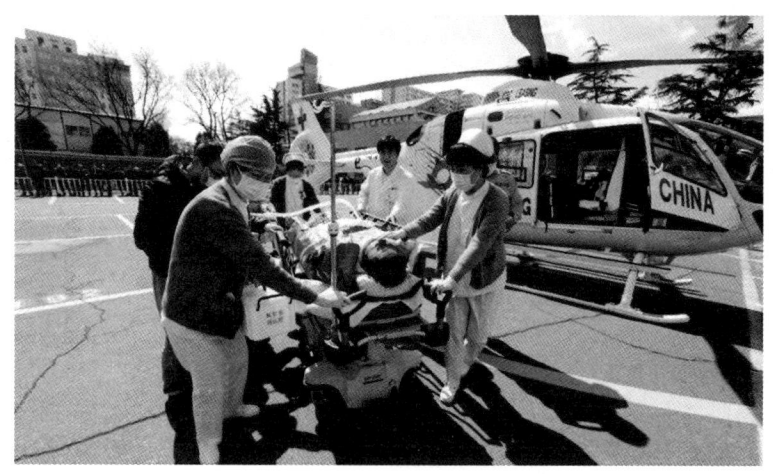

图4　中日医院转运来呼吸危重症病人

三、建设要点

（1）中日友好医院直升机停机坪采用国内最先进的钢结构网架支撑，上铺航空铝合金甲板的结构形式。由于停车楼的整体结构为钢结构框架，屋顶的停机坪钢结构网架与停车楼的钢结构框架无缝结合在一起，可有效地保证整个停机坪的支撑受力。

（2）本项目停机坪使用的航空铝合金甲板适合任何直升机场的起降要求，航空铝合金比普通铝合金的优越性及特点,有良好的机械性能、易加工、使用性好和耐磨性好,更具有抗腐蚀性能和抗氧化性能。表面铺有防滑条,以及适应任何气候的涂料;在钢结构和铝合金甲板之间用氯丁橡胶隔离,防止两种金属长时间接触而发生化学反应,且能减轻直升机起降甲板整体的震动;独特空腔结构设计,减轻机坪起降时产生的震动,防止直升机起降时与楼体产生的共振,有效降低噪音;配合钢结构使用可有效地防止扰动气流;铝合金材质,不锈蚀,拆装简易方便;使用年限长达50年,并可回收利用,满足绿色建筑要求。

(3)直升机停机坪周边安装有铝合金活动式安全防护网,铝合金安全防护有质轻耐久、外观漂亮、易于操作等优点。在有直升机起降任务时,安全网可放倒作为防止机坪上人员意外跌落的保护网;没有直升机起降任务时,安全防护网的网片竖立90°,其可作为直升机平台的护栏使用。另外停机坪还配备了专业的助航导航照明系统,即使在夜间也能保障直升机安全起降,实现停机坪全天24小时随时启用。

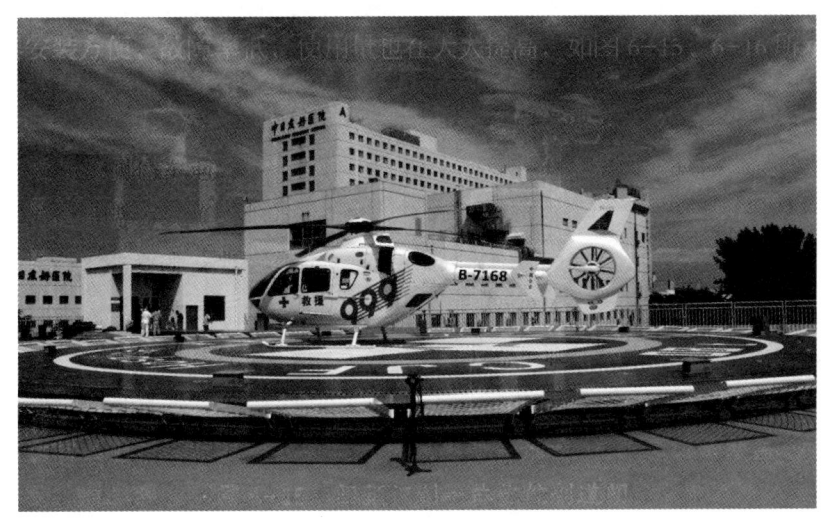

图5 停机坪使用航空铝合金甲板

设计档案

名　　称:上海直玖机场设备有限公司

成立时间:2009年4月8日

企业地址:上海市奉贤区青村镇唐家村237号

经营范围:机场设备的技术开发、技术咨询,工程管理咨询,机场设备、通信设备(除卫星电视广播地面接收设)批发、零售及安装;从事货物及技术进出口业务,市政工程施工,钢结构工程、消防工程设计、施工、安装等。

经典案例:北大国际医院、天津医院、成都军区总医院、青岛市立医院、内蒙古林业总医院、江苏如皋港人民医院等众多综合三甲医院。

附录二 全国城市停车政策评述

程世东　王淑伟

一、国家层面政策

2015年前,在城市停车领域,国家层面也出台过一些政策、标准,如《关于城市停车设施规划建设及管理的指导意见》(住房和城乡建设部、公安部、国家发展改革委,2010年)、《城市道路路内停车泊位设置规范》(GA/T 850-2009)等,但未形成体系,也没有得到充分重视和深入落实。2015年8月,国家发改委等七部委共同印发了《关于加强城市停车设施建设的指导意见》(发改基础[2015]1788号,以下简称《指导意见》),并在随后发布的《加快城市停车场建设近期工作要点与任务分工》中进一步推动落实,加快了相关专项政策的出台,国家层面较为完备的停车政策体系开始形成。

这一时期,国家层面从城市停车规划、设计到建设、管理各个环节的专项政策密集出台。规划、设计方面,住房和城乡建设部先后发布了《城市停车规划规范》(GB/T51149-2016)、《城市停车设施规划导则》(2015)、《车库建筑设计标准》(JGJ100-2015)等;建设方面,住房和城乡建设部发布了《城市停车设施建设指南》(2015);管理方面,住房和城乡建设部发布了《关于加强城市停车设施管理的通知》(2015),公安部出台了《城市道路路内停车管理实施应用指南》(GA/T1271-2015)等。

另外,在土地、投融资、收费、信息化、新能源车设施等领域,也出台了一些专项政策。土地方面,住建部与国土部发布了《关于进一步完善城市停车场建设及用地政策的通知》(2016),该文件是七部委《指导意见》中关于土地政策的细化,实现了两大突破:一是明确利用地下空间分层规划停车设施;二是明确停车场可以依法办理不动产登记。投融资方面,国家发改委出台了《城市停车场建设专项债券发行指引》(2015),从拓宽融资渠道、降低融资成本方面,支持停车设施建设。收费方面,国家发改委出台了《关于进一步完善机动车停放服务收费政策的指导意见》(2015),核心原则是谁拥有产权,谁拥有定价收费权。信息化方面,公安部出台了《停车服务与管理信息系统通用技术条件》(GA/T1271-2016)。新能源车设施方面,国家发改委出台了《关于统筹加快推进停车场与充电基础设施一体化建设的通知》(发改基础〔2016〕2826号)。

总体看,以七部委共同发布的《指导意见》为统筹引领,逐步形成了国家层面的停车政策体系,目前已经基本完善,个别领域还需进一步补充。

二、地方层面政策

自2015年8月七部委发布《指导意见》以来,各省(市、自治区)和城市人民政府积极响应,纷纷出台了城市停车政策(在七部委发布《指导意见》以前,部分城市已经制定发布了一些停车政策)。据不完全统计,至今为止,全国所有省级政府(不包括香港、澳门、台湾)和130多个城市共出台了260多个停车政策文件(难免有所遗漏)。从地方停车政策发布的时间和力度看,2015年12月和2016年1月首先出现了一个政策发布高峰,主要是各省市转发七部委《指导意见》等国家层面政策。在此之后,城市停车问题引起广泛重视,各城市开始结合自身情况积极研究制定总体实施方案和分项政策。经过半年多时间酝酿,自2016年3月起,城市层面停车政策开始陆续对外发布,并形成持续至今的发布高峰。其中,2017年10月、12月发布尤其集中,此时类型已发展为以收费管理、规划建设等各城市落实性政策为主。分年份看,2016年共出台各类停车政策101个,2017年共出台112个,地方停车政策在制定与完善仍然处于密集发布阶段。

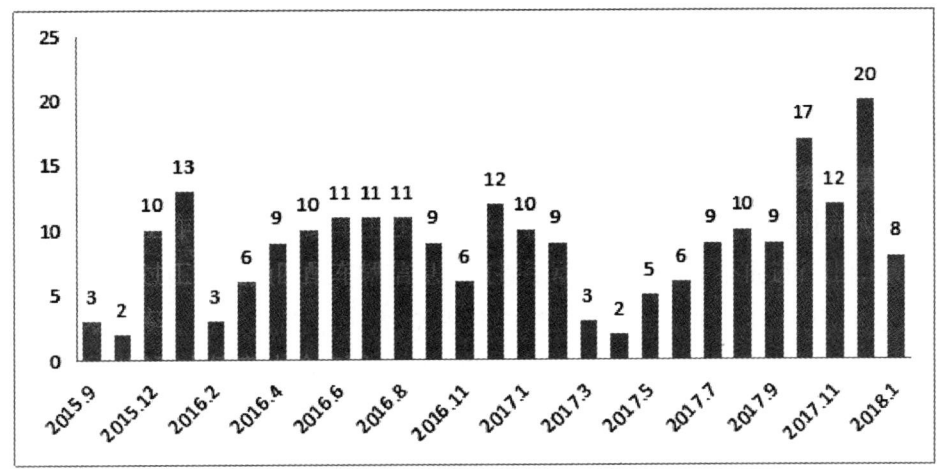

图1 《指导意见》发布以来各月政策发布情况

通过对地方层面具体政策进行深入分析,将当前停车政策表现出的主要特点总结为以下十四个方面。

(一)总体思路和建设重点

大多数城市出台的政策都较好秉承了《指导意见》的总体思路与建设重点。《指导意见》总体思路为"立足城市交通发展战略,统筹动态交通与静态交通,着眼当前、惠及长远,将停车管理作为交通需求管理的重要手段,适度满足居住区基本停车和从严控制出行停车",并明确指出停车设施建设应以"以居住区、大型综合交通枢纽、城市外围轨道交通站点(P+R)、医院、学校、旅游景区等特殊地区为重点",而不是全面增加供给。多数城市出台的综合性文件中与此保持一致,如江西省在2017年7月份出台的《关于进一步完善城市停车设施规划建设管理工作的指导意见》中明确指出,对于老旧居住区等停车设施供需矛盾突出的重点区域,应结合片区停车综合改善方案,合理确定停车方式和停车规模;对于公共交通发达地区,应合理控制停车设施建设规模。

个别城市的理解和制定的政策中有一定偏差。

（1）本轮推动城市停车设施建设，是针对所有类型停车场，部分城市更多针对公共停车场，出台的政策文件标题即为推进公共停车场建设的指导意见等。公共停车场更容易让人理解以及实际中也更多是在商场、写字楼周边停车场，不能有效缓解停车难，还可能增加交通拥堵，对于针对居住区停车难问题，更多的是小区自有土地上建设自用的停车场（当然也有周边的公共停车场）。

（2）在具体建设重点方面，部分城市提出"优先在大型商场、超市、医院、学校、文化体育场馆和交通枢纽等规划建设停车场""停车位供需紧张的区域和公共交通枢纽附近，应当规划建设公共停车场"等，将商城、超市以及公交枢纽附近都作为规划建设重点，这些地方都是出行停车位或公共交通比较方便的地区，应该更多引导公交出行，这与《指导意见》要求的建设重点以及交通需求管理的方向不一致。其中，一些城市政策文件中的建设重点包括"鼓励地铁站配建停车场"，对此，要有针对性和区域性，城市外围地铁站周边可以配建停车场，鼓励"P+R"出行模式，但城市中心区地铁周边要减少停车位，以引导更多公交出行。

（二）用地保障与出让

建设用地不足是阻碍城市停车设施建设的主要因素之一，为有效推进停车设施建设，大部分城市政策中的内容与国家层面表述基本一致，当前政策中，江西省《关于进一步完善城市停车设施规划建设管理工作的指导意见》中对于土地的政策相对比较详尽，大连等部分城市还出台了专门的用地保障政策。

在土地保障方面，来源主要包括储备用地、功能搬迁腾退用地、闲置用地、地下空间用地、农村集体所有土地五种类型。合肥市要求"市土地储备机构应当按照停车场专项规划，在储备土地中确定一定数量的用地，专项用于引进社会力量投资建设公共停车场。中心城区功能搬迁等腾出的土地应当规划一定比例，预留用于公共停车场建设"。湖北荆门规定"中心城区6000m²以下且不具备建设条件的地块，优先用于公共停车场等公用配套服务设施建设；闲置土地依法处置后符合公共停车场布局规划要求的，经规划等行政主管部门批准，可以建设公共停车场"。江西省鼓励"充分结合城市地下空间规划，利用地下空间分层规划停车设施，在城市道路、广场公园绿地以及公交场站等公共设施地下空间布局公共停车场，以促进城市建设用地复合利用，提高土地使用效率"。深圳市允许"利用原农村集体经济组织自有土地（包括涉及有条件建设区、限制建设区面积小于400m²）的室外空地或平面停车场用于立体停车设施建设"等。

供地采用包括划拨、出让、租赁等多种形式，基本原则是"符合划拨供地范围的，划拨供地；不符合划拨范围的，有偿供地；同一宗停车场用地有两个以上意向用地者，采取招标、拍卖或挂牌的方式确定用地者和地价"。同时，各城市还尽可能在用地性质变更、容积率计算等方面提供便利，为停车设施项目落地创造条件。如：江西省规定"机关事业单位、各类企业利用自有建设用地增建公共停车场可不改变现有用地性质及规划用地性质"，"通过分层规划，利用地下空间建设公共停车场的，地块用地规划性质为相应地块性质兼容社会停车场用地"。太原市规定"原供地方式、现有用地性质及规划用地性质不变，不再单独办理用地手续。停车设施建筑面积不计入容积率、建筑密度等规划指标"等。

地下空间利用方面政策也有了较大突破。其中，多个城市已经出台政策明确鼓励分层出让。北京市"鼓励优先利用地下空间资源建设公共停车设施"，并要求"市规划国土资源部门应当制定单独核发规划用地许可证和权属证明的具体办法"。江西省鼓励"充分结合城市地下空间规划，利用地下空间分层规划停车设施，在城市道路、广场公园绿地以及公交场站等公共设施地下空间布局公共停车场，以促进城市建设用地复合利用，提高土地使用效率"。部分省市对地下空间开发做了具体要求，如：江西省规定"地下空间单独出让建设公共停车场的，项目出让规划条件应明确用地红线范围、公共停车场建筑面积等，有需要配建附属商业的公共停车场，还应明确商业建筑面积；地下停车库基底面积占公园绿地（面积大于0.5公顷的）面积最大比例不宜超过60%"。

部分城市对土地出让价格做了明确规定。

（1）对于地上立体开发的情况，上海提出"对于采取底层架空层设置停车位的，可不计入经营性建筑面积，不收取土地价款"。

（2）对于利用地下空间的情况，太原市规定"停车场用地和地下空间使用权以出让方式取得的，用地出让价按同一区域商业容积率1.0土地评估价的20%核算，地下空间整体出让，出让价按同一区域商业容积率1.0土地评估价的10%核算"；烟台市规定"地下空间建设项目符合国家划拨用地目录的，可以采用划拨方式供地，并依法免收地下空间使用权价款。公开出让的商服用地、住宅用地按照规定整体配建的地下停车场，按照相应工业基准地价的10%确定楼面地价"。湖南郴州专门出台《城市规划区地下停车位建设利用管理办法（试行）》，出让价格更精细化，既分不同土地类型，"国有建设用地使用权人利用自有土地开发建设地下停车位，利用城市道路、公共广场、公共绿地等公共设施用地以及国有存量建设用地地下空间单建地下停车位，利用工业用地地下空间建设地下停车位"，还分不同层级"地下一层、地下二层出让价格可分别按同地段同用途标定地价的20%、10%确定；地下三层及以下部分不收取土地价款。"

（3）对于自有土地进行增建立体停车设施，大部分城市像西安规定的一样，"企事业单位利用自有用地建设公共停车场（库），不再收取因改变用途或增容涉及的土地出让金等地价"；深圳市规定"增加停车设施属于增加建筑面积的，按规定计收地价；不属于增加建筑面积的，不计收地价"。

（4）成都市则按投资主体进行分类：全资国有平台公司投资建设的公共停车设

施用地，可采用行政划拨或协议方式供地，协议方式供地的出让金按所在区域商业用地基准价的20%收取；社会资本投资新建采取招拍挂方式公开出让，土地出让的起始（叫）价可根据城市公共停车设施客观收益情况评估并合理确定，其中地下公共停车设施用地可按出让公共停车设施用地使用权评估价格的70%确定。值得注意的是，不同土地出让价格最终带来的可能是收费价格上的不公平竞争。

利用自有土地建设停车设施也是重点鼓励方向。对于如何建设、收益如何分配等，重庆万州的规定具有一定的代表性和借鉴性："利用党政机关、事业单位自有用地建设停车场的，单位自用停车场部分由业主单位自行投资，用于单位车辆停放；公共停车场部分采取合理模式建设经营，可以自行投资，也可按照国有资产管理模式开展合作经营或委托他人（单位）建设经营，公共停车场收入纳入非税收入管理，优先用于偿还投资，产生净收益后，由财政部门按25%返还土地权属部门"。

（三）直接、间接优惠补贴

由于停车设施建设具有投资规模大、回收周期长的特点，为有效缓解投资者短期资金压力，保证合理水平收益，很多城市给予投资者商业配建、建设补助、税费减免等优惠政策。

商业配建方面。《指导意见》中提出"允许在不改变土地用途和使用权人的前提下将部分建筑面积用作便民商业服务设施，收益用于弥补停车设施建设和运营资金不足"，住建部与国土部印发的《关于进一步完善城市停车场建设及用地政策的通知》中又进一步明确"允许配建一定比例的附属商业面积，具体比例由属地城市政府确定，原则上不超过20%"。

以此为依据和指导，各地均出台了相应的支持措施，部分城市对于停车场设定了一定的标准要求。阜阳市规定"公共停车场（库）泊位超过100个，允许配套建设部分商业设施。具备条件的可以开展汽车美容、快修、汽车租赁等与静态交通相关的配套增值服务，其收入可作为停车场经营收入的一部分。符合户外广告设置规划和标准的，经市城市管理部门审批后可以设置户外广告设施"。南昌市规定"公共停车场泊位数（停车楼、立体车库、地下停车场）达到50个（含）以上的，允许建设综合（商业）配套设施，公共停车场综合设施的建筑面积控制在项目总建筑面积的10%以内"等。有的城市对地上和地下有所区别，太原市规定"新建地上或地下公共停车泊位数达到100个（含）以上的，地上停车设施可配建公共停车设施建筑总面积10%（含）以下的配套附属建筑，地下停车设施可配建公共停车设施总面积20%（含）以下的配套附属建筑"，沈阳、杭州、扬州也与以上城市类似，具体比例不同。部分城市还对不同区域、不同地块有所区别，重庆提出"轨道站点周边换乘停车场及其他特殊区域的公共停车场项目，配建附属经营设施比例通过专项论证确定"。

当前，多数城市在商业配建标准设定时存在偏向大型停车场的政策导向，不符合城市停车小规模、分散布局需求特点，容易导致停车资源配置效率低下或加剧区域交通拥堵等问题，应大幅降低标准，或者对所有停车场不管大小，一视同仁。另外，对于机械立体停车设施，由于难以确定其建筑面积或建筑面积较小，虽然也是集约化的设施，但很难享受到该政策，建议可按车位数确定商业配套面积。

建设补助方面。目前已有北京、广州、成都、郑州、杭州、西安、武汉、南昌、厦门、青岛等多个城市出台了资金补贴政策。

（1）根据停车设施类型、建筑形式、地理位置等因素制定差别化补贴标准，每车位补贴金额从500~30000元不等。如北京市交通委2014年出台《关于鼓励老旧居住区挖潜建设立体停车设施的意见》，对城六区新建居住区立体停车设施给予5000元/车位的资金补助。

（2）补贴方式上，多数城市是直接补助，南昌市2017年9月出台《南昌市城区停车场建设项目"以奖代补"管理办法》，对2016-2020年投资建设公共停车场的企业，符合条件的按照建设形式不同予以7000~18000元/泊位不等的一次性奖励补助。也有的城市则提出"资金补助一般以政府参股形式实施，相应收益循环用于停车场运营和维护"。

（3）从补贴标准看，立体停车设施的补贴额度明显高于平面停车设施，排除建筑成本方面考虑外，各地鼓励集约开发停车设施的政策导向也十分明显。重庆市在2015年出台的《主城区公共停车场建设项目市级财政资金"以奖代补"暂行管理办法》中，将主城区公共停车场建设项目按三类区域，分地上地下两个类别，给予每个泊位最高2.4万元，最低5000元的补助。

（4）对于补贴资金来源，上海提出"将机动车道路停车费一定比例用于公共停车设施建设"，成都规定"奖补资金市、区两级各承担50%"，杭州也同样是"市、区两级财政每年在预算中安排专项资金，市本级从土地出让收入计提的5%城管资金中安排20%资金专项用于公共停车场建设"。

税费减免方面。大多数城市有相关规定，对符合要求的新建公共停车设施建设环节和经营初期的一些费用予以减免，主要包括土地使用税、营业税和企业所得税、城市基础设施配套费、临时占用城市绿地补偿费、临时占道费、挖掘修复费等。如：郑州市规定"在公园、绿地、市政道路、广场、学校操场、行政事业单位利用自有土地建设地下公共停车场免交土地使用税"。重庆市万州区规定"公共停车场建设项目（含配建附属经营设施）建筑安装营业税（增值税）地方实得部分全额安排给建设业主；公共停车场建成并正式运营之日起，前5年停车场经营收入营业税（增值税）、企业所得税地方留成部分全额安排给建设业主，第6至10年按50%安排"。南平市规定"独立建设的公共停车设施项目和建设项目按停车泊位配建标准超额配建的停车面积，全额免缴城市基础设施配套费；公共停车设施建设运营过程中涉及的行政事业性收费，按照相关规定标准的下限执行"。阜阳市规定"在新建、改扩建公共停车场项目（含配建附属经营设施）依照相关规定减免城市建设配套费、绿化占用费等行政事业性收费"等。

（四）PPP模式

停车产业化的重要目标之一在于吸引社会资本投资，对于停车设施，"PPP"模式比较适合，也是国家力推的方式之一，绝大多数城市政策中都有强调，有的城市还专门出台了推动停车设施PPP项目的文件，其中福建省和西安市的政策文件比较全面、深入，具有很强的可操作性。

在福建省《关于鼓励社会资本投资城市公共停车场PPP工程包的实施方案》中，要求"新建公共停车场项目'强制'应用PPP模式"，同时"鼓励在同等条件下优先选择民营资本；对已在省内投资运营公共停车场的社会资本同等条件下可以优先选择"，充分体现了推进PPP模式和引入民营资本的强烈意愿。同时，还对其进行直接和间接补贴，"采用PPP工程包方式实施的，省级财政采取'以奖代补'方式，给予每个泊位5000元补助"、"政府可提供资源补偿，包括但不限于停车场自身及周边区域的户外广告资源、ATM机等便民金融服务设施。PPP工程包项目回报仍有缺口的，由政府给予补贴，并纳入同级或分级财政的中长期预算规划"。

《西安市公共停车场项目PPP合作实施方案》中，对股权结构都做了明确界定："项目公司的股权结构为2：8，其中市政府授权出资人代表以现金形式入股20%，社会资本（社会投资人及其合作伙伴包括停车场专业运营商、产业基金等）以现金形式入股80%"；在收费价格方面明确提出采用市场调节价："按照PPP模式建设的公共停车场收费标准实行市场调节价，由PPP项目公司自主确定价格"；收益分配方面，提出"投资人收益超过上限收益，超出收益率部分，按照政府80%，投资人20%的比例进行分成"；另外，还对风险如何分担、控制等都有明确约定，对其他城市都有较强的借鉴性。

（五）产权界定、转让与抵押

地上、地下、机械式等各类停车设施产权和经营权的界定，以及相关抵押融资政策的明确，是保障投资权益、缩短投资回收周期、吸引社会资本投资的重要前提。当前，部分城市的政策中对此有比较明确的规定，但有较大差别，有的规定机械式立体停车泊位可以进行权属登记，有的把其排除在外；有的采取产权和所有权分离。另外，对权属的转让、抵押等也有不同的要求。如：成都市规定"公共停车设施（含机械式立体停车泊位）可依法进行权属登记；产权人可将其整体转让或抵押，但不得分割转让、部分抵押；配套商业设施部分应与公共停车设施整体转让或抵押，不得单独转让、抵押"。郑州市规定"社会投资新建地上停车场采取产权和经营权分离的方式（不含通过招、拍、挂形式获取土地建设的停车场），划拨用地上的新建公共停车场产权归政府所有，经营权按照谁投资、谁受益的原则，由投资方负责经营管理。"重庆市规定"公共停车场项目可以办理房地产权证（机械式停车位除外），特许经营权可用于抵押融资，但不得单独以划拨土地使用权设置抵押"、"不得将公共停车泊位分零出售"等。对于配套商业设施部分，成都规定"应与公共停车设施整体转让或抵押，不得单独转让、抵押。"对于居住区停车位的销售、出租，大连市出台了《关于规范管理居住小区配建地下停车场出售、出租行为的通知》，有较为详细的规定。

（六）价格收费

现有地方性政策中，收费价格方面最多，也都基本符合国家层面政策的原则和要求，主要体现在三个方面：一是推动市场定价，旨在建立主要由市场决定价格的机制，逐步缩小政府定价范围，社会资本投资项目实行市场调节价；二是差别化定价，坚持"中心区域高于非中心区域、路内高于路外、拥堵时段高于空闲时段"的原则，不同区域、不同位置、不同车型、不同时段的停车服务实行差别化收费；三是要求停车企业实行明码标价，同时加强监督检查，并提出"纳入信用体系"等具体措施。

总体看，基本都从界定政府定价、政府指导价、市场定价适用范围，明确收费标准和管理要求等方面展开。其中，政府定价和指导价范围多界定为包括机场、码头、车站、口岸、旅游景区等具有垄断性的配套停车设施，政府投资建设的公共停车设施，以及政府机关事业单位内部停车设施和路内停车泊位等。市场定价范围主要包括非自然垄断经营性质的机动车停放服务，如社会资本全额投资的公共停车场，商场、娱乐场所、宾馆酒店、写字楼、居民小区等配建停车场等。同时，多数城市出台了一定免费和优惠停车政策，例如对执行公务的军车、警车、消防车、救灾抢险车、环卫清运车、医疗救护车、市政工程抢修车等免费停车政策，对新能源车、残疾人车辆的优惠停车政策，以及对所有车辆短时（多为30分钟以内）停车的免费政策等。相比之下，《甘肃省机动车停放服务收费管理办法》相对比较全面系统、准确合理，具有代表性。同时，北京市规定最为简单，即"驻车换乘停车场、占道停车场（含立交桥下停车场）停车计时收费实行政府定价管理；其他各类停车场停车收费实行市场调节价"，这应该是未来的方向。

对于不同类型的停车场，有的城市收费规定略有不同：

（1）对于路内停车，绝大部分城市是政府定价，合肥市规定道路临时停车泊位停车收费实行最高指导价管理。

（2）党政机关、事业单位、社会团体等办公场所配套建设或内设的停车设施，绝大部分城市规定由政府定价，但沈阳规定为"由经营服务单位提出申请，价格主管部门根据具体情况核定"，河北省等地方规定"在国家规定的工作时间内，对外来办事人员一律不得收取停车服务费；非办事人员、非工作时间，停车服务收费标准按当地价格主管部门的规定执行。"浙江绍兴规定"为方便市民办事，市行政服务中心周边部分道路机动车临时停放收费标准为每小时6元/次，免费停车时间为1小时。"

（3）对于医院收费，基本上所有地方都规定政府定价，如：河北规定"进入医疗机构配套建设或内设停车设施停车时间不足60分钟的车辆，免收停车服务费"、湖南岳阳规定"公立医院停车场（位）特别紧缺的，为保障急救车辆、就诊车辆、短时照顾探视病人车辆的停放，经市价格主管部门批准同意，可实行停车服务收费。对就诊和照顾探视病人的车辆实行不低于1小时的免费停车服务。"

（4）对于居住区收费，兰州、烟台、乌鲁木齐等城市出台了专门的文件，甘肃省的规定也比较详细，明确"不具备协商议价条件的住宅小区机动车停放服务"由政府定价，并进一步明确"'具备协商议价条件'是指住宅小区已成立业主委员会，或者未成立业主委员会但经多数业主同意，能够与机动车停放服务经营管理者对机动车停放服务收费协商一致。已成立业主委员会但不能与机动车停放服务经营管理者对机动车停放服务收费协商一致的，视为不具备协商议价条件。""机动车停放服务费包含停车服务、车位使用（租赁）费用。已取得车位所有权的业主应当交纳停车服务费用。""占用业主共用（有）场地开展机动车停放，停车服务费用收入归机动车停放服务经营管理者；车位使用（租赁）费用收入归全体业主共有，应当主要用于补充专项维修资金""属业主产权的单间独用车库，已计入房屋产权面积并已缴纳物业服务费的，不得再收取机动车停放服务费"。由于居住小区内部车位是业主停车最方便的停车设施，具有一定的"垄断性"，因此在放开市场定价上是应体现出同路外公共停车场的差异性。部分城市在已出台的相关政策中已经体现了这一导向，如：河北省规定"占用业主共有道路或者其他场所用于停放汽车的车位，属于业主共有，其收费、管理等事项，由业主大会决定。不属于业主共有的机动车停放设施，具体收费标准由物业服务企业或停车服务企业与业主或使用人协商确定"。当然，从长期看，居住小区的停车收费和停车位价值也应与周边公共停车场靠拢，逐步市场化。在这方面，广州市提出的思路比较合适，即"住宅停车场的机动车停放服务收费实行政府指导价。待具备充分竞争条件后，经市人民政府同意，可以实行市场调节价"。深圳市也表达了同样的思路，"住宅小区停车设施停车收费原则上实行市场调节价。鉴于目前住宅小区的机动车停放服务尚不具备形成有效竞争的条件，住宅小区停车收费标准的制定和调整适用以下规定（政府指导）"。

（5）对新能源汽车停车服务收费，绝大多数城市明确实行优惠政策，南京、成都、柳州等城市专门下发通知加以要求，其中柳州市的文件内容比较详尽。对于优惠方式，有的城市是按比例，如：双鸭山提出"按收费标准的70%收取（机械立体停车设施除外）"、赣州市提出"中心城区按50%的标准收取"；有的城市是优惠一定时间，如：湖北恩施规定"停车时间1小时以内（含1小时）免收机动车停放服务费"，湖北省咸宁市规定"停车2个小时内免收停车费；超过2小时停车，可按正常标准八折优惠收取停车费"，湖北省襄阳市规定"停车前2个小时免收停车费；第二个2小时，减半收取停车费。超时停车，按正常标准收取停车费。"大部分城市没有区分停车场的性质，这种优惠收费对于政府资源停车场没有问题，但对于社会投资的停车场来说，不太合理，深圳市的规定"在实行政府定价管理的停车设施内充电（每天首两小时内）

的新能源汽车（免费停车）。鼓励实行市场调节价管理的停车设施内设置一定的免费停车时间，并对新能源汽车充电时减免停车收费"，对于社会停车场是鼓励而非强制，更为妥当。

值得关注的是，部分地方政府出台的政策中，对于"路内停车泊位免费""医院停车收费、部分车辆公共停车场免费"、"新能源车优惠"等方面要求值得商榷。例如：宁夏回族自治区规定"使用道路停车泊位不得收取任何费用"；梧州市规定"道路停车泊位实行半小时免费停车制度"；长春市规定履行"公共管理职能的机关事业单位所属停车场不得收费"；无锡市规定"鼓励医院停车场免费对外开放，实行有偿服务的医院停车场机动车免费停放时间为45分钟"；黑龙江省鸡西市提出"居民区周边道路在不影响通行条件下施划的免费和非收费时段停车泊位"；柳州市规定"全市经批准的城市道路临时停放泊位及所有公共场地停车场对新能源汽车实行免费停放政策"等。这类无差别化免费、完全免费的政策，一方面减少了收费停车场的有效需求，另一方面也降低了用车成本，不利于停车产业化环境和交通出行结构的优化。

（七）机械式停车设施

机械式停车设施具有空间要求小、建设成本低、施工简单等特点，具有广泛的适用性，也是政府大力鼓励的形式，在国家政策和各地政策中都有体现。部分地方甚至出台了专门的政策文件，如沈阳市的《关于鼓励利用自有用地设置机械式立体停车设备的办法》、济南市的《关于加强机械式停车设施建设管理的实施意见》等。一般来说，对其在审批手续、用地条件、管理要求等方面都予以明确和简化，例如："机械式立体停车设备属于临时停车资源，按照机械设备进行安装管理，免予办理建设工程规划、用地、环评、施工等许可手续""利用自有用地设置机械式立体停车设备的，建筑面积不纳入容积率计算范围，不再办理土地供应手续，免缴相关土地费用""停车场经营者应当在机械式停车设备投入使用前或者投入使用后30日内，向负责特种设备安全监督管理的部门办理使用登记，取得使用登记证书。登记标志应当置于该特种设备的显著位置""机械式立体停车设备投资可纳入固定资产进行管理，并依据固定资产管理有关规定，按照设备使用年限计提折旧"等。

（八）居住小区停车

居住小区尤其是老旧小区停车是车位缺口最大和需求刚性最高的区域，也是解决城市停车难和乱停车问题的重点和难点。为有效缓解居住小区停车难题，部分城市已经做出了有益探索。

一是挖掘存量空间，增建立体停车设施。已建成居民小区内部用地空间有限，为最大限度增加基本停车设施供给，部分城市开始大力推动居住小区内部和周边用地的立体停车设施建设工作。如南京市将改善停车条件纳入老旧小区环境整治总体方案，通过老旧小区和街巷环境整治，新建容量较大的立体停车库，"争取2018年主城六区各完成 5 个以上立体停车库项目建设，新增老旧小区停车泊位不少于 1000 个"。

二是提高周边新（改）建居住小区配建标准。 如荆门市规定"对于新建或者改建的住宅项目，若周边邻近区域存在停车位缺口的，规划部门在下达规划设计条件时，可适当提高该项目配建停车位标准，原则上按照不超过标准配建数量的 20% 增建停车位，并对社会开放"，同时为调动开发商超配停车设施的积极性，"规划部门在规划审批时可以根据总建筑面积、超配建的停车泊位建筑面积、公共停车场建筑面积等情况，给予一定的容积率奖励"。

三是调配路内停车资源满足夜间停车需求。 如北京市要求"居住小区内停车设施无法满足停车需求的，区人民政府可以组织公安机关交通管理等相关部门，按照规定在居住小区周边街坊路、支路和次干路设置夜间临时停车路段，允许居民夜间停放车辆"，同时在路内停车收费方面给予周边居民一定优惠"属居住区居民临时停车的路侧停车位，经各区有关部门重新核实确认并公示后，当地居住区的居民在特定区域内凭规定的有效证明享受优惠居住停车"。为此，北京市西城区制定了《西城区居住区周边停车管理实施细则》。

四是优化居住小区停车秩序。 由于停车设施不足，老旧小区夜间车辆乱停乱放行为十分普遍，一方面阻塞消防通道造成安全隐患，另一方面也扰乱了小区管理秩序、降低了居民环境品质，应尽早加以整治。目前，部分城市已经将老旧小区秩序整治工作提上日程，如：南京市提出"对小区内部道路、绿化、现有的停车泊位进行整合，重新施划、统一管理，改变目前老旧小区停车零散杂乱的状况"；宣城市提出"由市房管局负责，对住宅小区停车管理工作进行监督指导"等。

五是规范居住小区停车收费。 当前各城市出台的居住小区停车收费政策中，基本上都将停车费分为车位租赁费和停放服务费两类，其中非业主共有车位由物业服务企业向停放者收取车位租赁费；业主共有车位由物业服务企业向机动车停放者收取车辆停放服务费。个别城市规定"住宅小区内道路及小区公共区域专供本小区业主使用的停车泊位不得收费"的做法不利于停放管理水平的提高和有车与无车业主之间的公平，有待商榷。

（九）路内停车和社会化治理

路内停车泊位施划和执法管理，对整个交通秩序、停车秩序和公共停车场投资建设都有很大影响。当前多数城市存在路内泊位设置不合理、停车执法不严等问题，在一定程度上降低了新建停车设施的有效停车需求，不利于良好停车产业化环境的形成。

国家政策文件中提出"新建或改扩建公共停车场建成营业后，减少并逐步取消周边路内停车泊位"，多数城市的政策中提出了具体距离，有的 200m，有的 300m，甚至 500m。公安部对路内停车泊位设置做了相对比较明确、具体的规定要求，大部分城市在政策文件中对路内泊位设置也有进一步规定，有的规定相对合理，如天津市规定"逐步撤除主干道、窄路双侧及人行道的停车泊位""禁止白天路内包月停车""引导停车'退路进场'"等都比较合适。同时，定期对路内停车进行评估、及时调整设置方案，并征求公众意见，已有不少城市提出"公安交通管理部门每年应对道路临时停车泊位的设置、使用情况进行一次评估，并根据道路交通状况、临时停车泊位增减情况听取相关街道、社区意见，对路内临时停车泊位予以及时调整，并向社会公示"。另外，由于对缓解交通拥堵、引导出行有重大影响，路内停车位的设置应充分注重交通运输部门在其中的作用，但多数城市没有将其纳入，某城市的规定很具代表性："停车泊位的设置方案由市公安机关交通管理部门会同市住房城乡建设、市城市管理综合执法、市市政市容等部门共同编制，报市人民政府审定"。

在依法治国的大环境下，部分城市积极探索政府、企业、社会组织和公众多元共治的停车执法管理机制。

（1）在执法主体及辅助方面，深圳市交通警察局与深圳市道路交通管理事务中心签订《委托行政执法协议书》，道路交通管理事务中心接受市交警局委托，对设置路边临时停车泊位的路段泊位内及泊位外的违章行为进行执法取证，交警部门核实后按规定确认处罚，有效解决了道路停车执法力量不足问题。同时，现场巡管人员只负责违章取证，不采用锁车、拖车等强制性手段，减少了与车主之间现场发生冲突的风险，提高了路边停车执法的文明程度。

（2）在约束停车行为人方面，江苏省要求"加强针对停车服务及收费、缴费的信用体系建设，对失信行为实施联合惩戒，逐步建立以诚信为核心的社会制约机制"。北京市规定"道路停车管理人员可以协助公安机关交通管理部门维护道路停车秩序，劝阻、告知道路停车违法行为"。沈阳市要求"加强停车场经营企业诚信监管，将停车经营企业违法信息纳入征信管理体系，建立停车服务收费执法监管信息联动平台，实现停车服务行业执法与价格执法信息共享"。

（3）在社会化治理方面，南京市在《2017年停车设施管理工作意见》提出："积极探索停车社会化管理的新途径，建立停车管理与市民互动机制；加强居民区、老旧小区周边的停车管理，建立完善街道层面的停车议事会制度"等。

（4）在经营主体方面，部分城市因为停车建设的主导方为城投公司，也将路内停车的经营权移交到城投公司，如：四川德阳市规定"城市管理行政执法局依法对德阳市区公共临时占道停车场（点）的经营管理权移交给德阳市建设投资发展集团有限公司"；资阳市规定"由城投停车管理有限公司负责资阳城区城市道路临时停车泊位的收费管理工作。原临时占道停车收费的承包人及经营者一律退出"。当然，上述做法和趋势是否合理、是否有效，值得进一步探讨。

另外，电子收费是杜绝跑冒滴漏、规范停车秩序的有效手段，路内停车收费的全面电子化应该成为未来发展趋势。目前，天津市已经实现，部分城市正大力推动，例如：北京市明确提出"道路停车实行电子收费，市交通行政主管部门和区停车管理部门应当有计划地推进道路停车实行电子收费工作，且自 2017 年 12 月 26 日零时起，城六区和通州区部分道路共计 37 条路段 4086 个路侧停车位开展试点"；泉州市要求"路内停车泊位原则上采取电子计时收费方式，市公安交通管理部门要根据城市道路停车诱导设施建设技术要求，指导路内停车泊位电子计时缴费系统建设"。

（十）新能源车设施建设与使用

为推广新能源车的使用，国家层面出台了《关于统筹加快推进停车场与充电基础设施一体化建设的通知》（发改基础〔2016〕2826 号），多数城市也在其停车政策中予以体现。一是要求停车设施配建一定比例的充电桩，如：厦门市规定所有新建的停车设施应按规定建设充电设施或预留建设安装条件；海南省要求居住类建筑配建地面停车位应 100% 预留充电基础设施、不低于 10% 的停车位充电基础设施应达到投入使用条件，办公、商业和其他公共建筑配建停车设施应分别按 15%~25% 的比例配建充电设施，专用停车场、公用停车场应按照不低于 20% 的停车位比例配建充电基础设施。二是在用电价格上给予一定优惠，如柳州市规定 2020 年前，新能源汽车充电服务费实行政府指导价管理，以不高于燃油成本为原则，公共专业充电桩最高限价标准按 0.8 元 / 千瓦时试行，充电插座以不高于专业充电桩为原则，最高限价标准按 0.5 元 / 千瓦时试行。三是在停车价格上予以一定优惠，其中比较有代表性的是合肥市规定"新能源汽车在政府投资建设的公共停车场（点）每天可免费停 2 次，每次不超过 5 小时，在市区道路临时泊车位停车 2 小时内免费，超过 2 小时减半收费"。

（十一）智能化与信息化

《指导意见》中提出推动停车智能化、信息化建设，部分地方政府出台了专门的政策文件，如：武汉市制定了《关于加强全市机动车停车信息联网管理工作的通知》，其中包括"武汉市机动车停车信息联网管理规范""武汉市机动车停车信息联网监控系统数据采集标准"；杭州萧山区提出"全区范围内建设一套统一的停车诱导系统，新建停车资源要按照标准规范建设；现有停车资源要按照标准进行改造，改造费用由区国资总公司承担，不得摊派"；深圳市提出打造"覆盖全市集多种功能和服务于一体的智慧停车云平台，实现增量精准供给、存量高效共享、停车充电一体、装备发展同步"；临沂市提出"鼓励和推广城市停车智能化、信息化，推进城市停车产业与互联网融合发展，支持移动终端互联网停车应用的开发与推广"等。

其中，打造全市统一的停车信息平台，各停车场信息接入是关键。如何促使接入，总体看有三种方式：一是强制性要求，否则违法违规，如有的城市规定"未按照有关规定和标准设置与城市公共停车信息系统相配套的实时停车信息传输系统，未纳入全市公共停车信息系统的，公安机关交通管理部门责令限期改正；逾期未改正的，处 ×× 元罚款"；二是将其作为经营的前置性许可，有的城市规定"停车场经营者应在停车场营业前向所在区 ×× 部门办理备案手续，备案资料如下：（十一）接入城市智能停车诱导系统的证明";三是鼓励性或者激励性,如西安市规定:"鼓励经营性停车场出入口收费系统改造,实现自动计费支付等功能。接入西安市智慧停车平台的,根据改造成本予以补助"。从建立信息平台的角度看,前两种方式无疑是高效的,但从保持系统的长期稳定、信息的准确可靠考虑,通过市场机制更可靠。

专栏1:停车智能化、信息化发展情况

停车智能化、信息化工作包含路外停车场智能化、路内停车电子收费、停车管理信息平台、停车服务信息平台等多个方面。

路外停车场智能化方面。主要包括停车诱导、反向寻车、自动收费等,目前的普及率不高。根据深圳市停车设施普查数据,在对外开放6000多个停车场中,人工收费占1/4左右,拥有停车诱导系统的就更少了,只占到7%。停车智能化能够降低停车设施管理的人力成本,实现50%左右的效益提高,较易获得停车场所有者认可,且各互联网停车企业正积极推动,未来有望迅速发展。

路内停车电子收费方面。路内停车位的收费管理智能化由政府推动,目前进展较快,2017年全国范围内实现路内停车智能化的县级以上区域已达170多个,泊位数146万。其中,天津、深圳、武汉等城市已全部完成或基本完成,北京市已完成共计4000个车位的路侧停车电子收费示范工程,石家庄、潍坊等一批城市也都在积极推动,但上述城市在收费方式(或支付方式)和停车感知方式上存在一定差别,具体何种技术更具优势,还需要进一步探索。

停车管理信息平台方面。各地政府在整合路内停车资源、推广电子收费的同时,也尝试把社会停车场的系统引进来,以实现全市停车收费系统的整合,在此基础上构建覆盖全市停车资源的停车管理信息平台。目前,北京、上海、深圳、武汉等城市正积极推动该项工作,其中上海市公共停车信息平台在2016年底已经覆盖2300余个停车场,武汉、深圳等推进情况也较理想。值得注意的是,接入停车场报送数据质量的高低,直接关系到管理信息平台的运行效果,因此政府方面在保证停车场接入数量的同时,还应探索通过市场手段使各停车场自愿配合数据报送。

停车服务信息平台方面。停车服务信息平台主要面向用户,因此其推动以企业为主,包括"ETCP"、"停简单"等,但目前推进速度较慢。主要原因是信息平台的建设为C2C模式,需要面对众多且分散的停车场产权所有者,因此"地推"工作所需时间成本巨大、开展的十分困难,导致各平台对停车场的覆盖率不高,用户使用意愿不强。同政府相比,企业在统筹全市停车资源方面的能力远远不足,可探索与政府合作构建停车管理信息平台,并寻求数据共享等方式,提升对全市停车设施的覆盖率。

总体上,目前我国停车智能化、信息化程度较低,不管是路内停车还是社会停车场,在智能化方面还有非常大的潜力,相反也说明智慧停车市场发展的前景非常大。

(十二)共享停车

受用地和资金等多方面约束,新建停车设施推进缓慢,难以在短时间内补齐城市停车设施缺口。与此同时，各大城市停车资源尤其是建筑物配建停车资源的闲时空置率较高，若能分时共享，将有效缓解停车难题，应鼓励其大力发展。《指导意见》在基本原则中明确提出鼓励既有停车资源的开放共享，鼓励企事业单位、居民小区及个人利用自有土地、地上地下空间建设停车场，允许对外开放并取得相应收益。《指导意见》出台后，多个城市相继出台政策文件，鼓励发展"共享停车"。其中，上海市、成都市出台了推动共享停车系统性文件，从允许和鼓励非经营性停车资源对外开放、建立停车资源共享数据库、协调相关主体、规范共享行为等方面提出了一系列措施，为共享停车发展营造了较好的政策环境。

在共享停车中，各政府机关、事业单位、国有企业的内部停车场是重点，也是政府能够掌握和调动的资源。上海市提出这些单位和部门"要率先落实错时停车责任"；杭州市萧山区要求这些停车资源逐步纳入全区停车诱导系统并向社会开放停车资源，2018年底前要完成纳入并开放70%的停车场；安徽宣城市要求"市机关事务管理局负责引导有条件的机关事业单位内部停车场对外开放"等。鼓励这些国有停车资源和住宅小区周边商业、办公等停车设施夜间向居民开放是非常必要的，有助于解决当前最为必要、最为迫切的基本停车难问题，但从解决交通拥堵、引导公众合理出行的角度看，"鼓励住宅小区停车设施日间可向周边商办楼宇工作人员开放"未必妥当。

随着共享停车越来越被政府重视和市民接受，近年来，在政府和企业的合力推动下，共享停车取得了一定进展。据相关统计，截至2017年9月，青岛市共享车位已经超过1万个，上海市也超过了6000个。一部分企业也开始涉足共享停车相关业务，包括ETCP、停简单、中国好停车、丁丁停车等，企业参与的主要方式为搭建共享信息平台。

（十三）项目审批

停车设施建设涉及规划、建设、交通、公安、环保、消防等多个环节，审批手续复杂程度不低于房地产开发项目，且多数投资者并不清楚需要审批的项目和具体流程，需要政府予以明确并简化。目前，多个省市已经出台简化停车设施建设审批的政策性文件，其中大多数已在综合性文件中提出明确要求的形式出台，如深圳市在2017年10月发布的《加强停车设施建设工作实施意见》中"简化审批程序，明晰路径提高效率"部分明确要求"机械式停车设施项目可按特种设备类报建的，免于办理建设工程规划、用地、环评、施工等许可手续；按建筑物类报建的停车项目在立项、用地、建设、经营等环节简化审批流程，并采用联合审查、联合验收的方式，提高审批效率。"

少数省市以专门性文件的形式出台，如福建省的《关于简化公共停车设施建设审批的通知》、兰州市的《兰州市城市停车设施建设项目审批工作办法（试行）》、厦门市的《关于做好社会主体申请建设停车设施项目相关工作的通知》等，这些文件相对细化和明确，可操作性更强。如厦门市规定申请人（单位）只需将相应材料提交至区建设主管部门，"各区建设主管部门受理项目申请材料后，对符合要求的进行公示，并于公示期结束后15个工作日内，将公示的项目材料连同公示结果提交到厦门市'多规合一'业务协同平台，征求各区相关部门或辖区市属部门的预审意见。对于有必要集中讨论研究的项目，组织各区发改、市政园林、公安交管、人防等相关部门以及市规划、国土分局进行联评联审"，大大降低了建设单位申请难度。

专栏 2：明确并简化审批流程——以福建省为例

小小停车场，其建设涉及发改、国土、规划、消防、质检、工商、税务等多个部门。如果投资建设一个停车场，投资主体知道需要到什么部门办理什么手续吗？知道每个环节需要什么资料？知道各方面需要满足何种条件和标准吗？大部分投资主体应该都不太清楚。当前，全国各地、各级政府都在推动停车产业化，鼓励社会资本投资兴建停车场，各城市人民政府应结合相关部门的职能，尽快制定本市的停车设施投资建设流程，明确各方面应达到的标准与条件，尽量以审批手续"一张图"的形式呈现，使投资主体能够一目了然。在此基础上，增强政府服务职能，通过联合办公等形式，提高停车设施投资建设的审批效率。

目前，部分地方政府已出台相关文件来明确和简化停车设施投资审批流程，很多经验值得推广。例如，福建省住房城乡建设厅等七部门联合下发了《关于简化公共停车设施建设审批的通知》，全面系统的明确了各种要求，包括"公共停车设施由当地公共停车设施主管部门召集发改、建设、规划、国土、公安消防、公安交通管理、环保、质监、人防、园林、城管等相关部门（单位）以及涉及的地下管线单位召开联席会议审查建设方案，审查并公示通过后印发会议纪要作为项目审批手续"，使投资主体免于奔走于各部门之间，极大提高了审批效率。同时，明确将"机械式停车设备建设按照特种设备管理"，"鼓励单位小区在现有的地面停车位上建设两层的机械停车设施，免于办理项目审批、规划等手续"，且"利用居住区和单位自有用地设置地上机械式停车设施，免于办理用地审批手续"，为机械式停车设施发展创造了良好政策环境，而机械式停车设施最适宜用来解决老旧小区等重点区域的停车矛盾，可谓解决了当务之急。另外，规定"在合法取得的土地上单独选址建设的公共停车设施可以办理不动产权利登记，独立结构单元建筑面积不超过 $300m^2$ 或者工程投资额不超过 30 万元的公共停车设施仅需提交竣工验收材料即可办理不动产权利登记"，从根本上解决了投资者资产难以再抵押的后顾之忧。特别值得肯定的是，福建省在放宽一系列审批要求的同时，要求"单独选址建设的公共停车设施及 200 个车位以上的机械式停车设施建设，应当开展交通环境影响评价"，切实做到了停车设施投资审批手续的"放管结合"，体现了新时期政府职能转变的应有方向，值得各地政府效仿。除福建省外，西安等其他城市在一些相关文件中也有相应规定，希望越来越多的城市尽快发布停车设施投资建设流程"一张图"。

（十四）推进机制

停车涉及多个领域，不管是在中央还是地方城市，都至少需要七八个部门来协调，必须在主管领导的高度重视和协调下，由某个部门牵头组织，相关部门各司其职、协同配合才能真正推动下去。在2015年下半年，中央层面召开国务院常务会议研究讨论停车事宜，此后印发的《近期工作重点》也是经国务院同意印发，使得中央各部门、各地高度重视。（1）为加快推进城市停车设施建设，一些城市建立了由主管副市长担任组长的领导小组，如杭州市、扬州市、泉州市等。绝大多数城市建立了部门间协调机制，并根据各自实际情况确定了不同的牵头单位。其中，部分城市由发展改革部门牵头，如深圳市、柳州市等；部分城市由城市管理部门牵头，如宿迁市、宣城市、温州市等；部分城市由住建部门牵头，如兰州市、清远市等；部分城市由公安交管部门负责，如济南市、沈阳市、泉州市等。（2）部分城市将停车工作纳入了政绩考核体系，如福建省、湖北省和天津、南昌、昆明、咸阳等城市，其中天津市的相关规定比较详细明确、操作性强（详见《天津市停车设施建设及秩序管理实施方案》），对停车工作的推进非常有效。总体来看，当前多数城市已经提高了对城市停车问题的重视程度，将其从各部门独立负责上升为多部门协同负责或城市政府总体负责，推进能力有了显著提升。

在责任主体方面：（1）城市是停车责任主体，一般来说区、县是具体建设、管理主体。北京市规定"由区、县人民政府负责属地范围内停车设施项目审批及投资、建设和运营""根据市政府批准同意的停车场建设专项规划，区、县政府制定本行政区域的实施方案，区、县交通行业主管部门牵头编制特许经营方案，报区、县人民政府批准。区、县政府交通行业主管部门通过招标等公平竞争方式选择特许经营企业。"（2）对于居住区的主导者，江西省提出"没有业主委员街道办事处或社区居委会等应征求三分之二以上居民意见"、"未成立业主大会和业主委员会的居住小区，可暂由社区居委会负责组织"，昆明市也规定"由社区居委会牵头召开业主大会"。

附表1 国家停车政策法规文件一览表

发布主体	发布时间	政策名称
住建部	2015.3	《车库建筑设计标准》
国家发改委	2015.4	《城市停车场建设专项债券发行指引》
国家发改委等7部委	2015.8	《关于加强城市停车设施建设的指导意见》
公安部	2015.9	《城市道路路内停车管理实施应用指南》
住建部	2015.9	《城市停车设施建设指南》
国家发改委	2015.12	《关于进一步完善机动车停放服务收费服务收费政策的指导意见》
住建部	2015.12	《关于加强城市停车设施管理的通知》
国家发改委	2016.1	《加快城市停车场建设近期工作要点与任务分工》
国家发改委	2016.3	《2016年停车场建设工作要点》
住建部	2016.6	《城市停车规划规范》
公安部	2016.6	《停车服务与管理信息系统通用技术条件》
住建部、国土部	2016.8	《关于进一步完善城市停车场规划建设和用地政策的通知》
住建部	2016.9	《城市停车设施规划导则》
国家发改委	2016.12	《关于统筹加快推进停车场与充电基础设施一体化建设的通知》
国家发改委	2017.4	《关于开展城市停车场试点示范工作的通知》
住建部	2017.7	《关于开展城市停车设施规划建设督查工作的通知》

附表2　地方停车政策法规文件一览表

省份	发布主体	发布时间	政策名称
北京	省级	2012.3	《关于印发推动城六区居住区机动车停车设施新建工作的通知》
		2014.12	《关于鼓励社会资本参与机动车停车设施建设的意见》
		2015.12	《关于本市停车收费管理有关问题的通知》
		2016.5	《关于进一步加强机动车停车场明码标价有关问题的通知》
		2017.6	《关于做好城六区和通州区居住区机动车停车设施新建项目竣工验收和市级奖励资金申请有关工作的通知》
		2017.12	《关于在本市部分道路实施路侧停车电子收费试点的通告》
	西城	2016.6	《关于＜西城区居住区周边停车管理实施细则＞的通知》
	朝阳	2017.8	《北京市朝阳区机动车公共停车场备案》
天津	省级	2016.5	《加快我市城市停车场建设近期工作要点与任务分工》
		2017.9	《天津市停车设施建设及秩序管理实施方案》
河北	省级	2016.11	《关于进一步完善机动车停放服务收费政策的实施意见》
	邯郸	2015.12	《关于加强主城区停车场备案的通告》
		2016.5	《关于印发我市主城区公共停车场停车服务收费调整方案的通知》
	沧州	2017.9	《沧州市车辆停放服务收费管理办法》
	秦皇岛	2015.12	《秦皇岛市停车场管理实施细则》
		2017.6	《秦皇岛停车场管理条例》
	邢台	2017.8	《邢台市停车场管理办法》
山西	省级	2016.7	《关于进一步完善机动车停放服务收费管理的通知》
	太原	2016.11	《关于加快推进停车设施规划建设管理的实施意见》
	大同	2016.12	《关于进一步规范机动车停放服务收费管理的通知》
	临汾	2017.2	《临汾市机动车停放服务收费管理实施办法》
	阳泉	2017.12	《关于制定阳泉市机动车停放服务收费管理实施办法的通知》
内蒙古	省级	2017.9	《内蒙古自治区机动车停放服务收费管理办法》
	呼和浩特	2016.7	《关于开展市区停车场收费秩序专项整治工作的通知》
		2016.12	《呼和浩特市独立式机械立体停车设备安装及使用实施办法》

续表

省份	发布主体	发布时间	政策名称
内蒙古	赤峰	2017.2	《赤峰市中心城区车辆停放管理办法》
		2017.11	《赤峰市机动车停放服务收费实施细则》
	乌兰察布	2017.9	《乌兰察布市机动车停放服务收费管理细则》
辽宁	沈阳	2014.12	《关于推进公共停车场投资建设的若干意见》
		2016.9	《关于鼓励利用自有用地设置机械式立体停车设备的办法》
		2018.1	《沈阳市机动车停放服务收费管理规定》
	大连	2014.11	《关于加快推进公共停车场建设的意见》
		2016.6	《关于规范管理居住小区配建地下停车场出售、出租行为的通知》
		2016.7	《大连市停车位登记暂行办法》
		2016.7	《大连市市区停车场建设用地管理实施办法》
		2017.11	《关于进一步完善城市停车场相关用地政策的通知》
	锦州	2017.11	《锦州市建筑物配建机动车停车设施规划管理暂行规定》
	盘锦	2016.4	《关于城区机动车停车场建设管理实施方案的通知》
	本溪	2018.1	《本溪市机动车停车场管理办法》
	朝阳	2016.5	《关于规范市区道路临时停车泊位停车收费标准及有关问题的通知》
吉林	省级	2016.6	《吉林省机动车停放服务收费管理办法（试行）》
黑龙江	省级	2016.12	《黑龙江省机动车停放服务收费管理办法》
	双鸭山	2017.9	《双鸭山市机动车停放服务收费管理办法》
	七台河	2017.11	《七台河市机动车停放服务收费管理办法》
	鸡西	2017.10	《机动车停放服务收费管理办法》
上海	省级	2015.11	《关于进一步规范本市公共停车场（库）机动车停放收费的通知》
		2016.6	《贯彻＜关于加强城市停车设施建设的指导意见＞的实施意见》
		2016.9	《关于促进本市停车资源共享利用的指导意见》
		2017.3	《（上海）机械式停车库（场）设计规程》
江苏	省级	2017.1	《江苏省机动车停放服务收费管理办法》
	南京	2016.5	《南京市停车场建设和管理办法》
		2016.12	《关于新能源汽车停车收费优惠政策有关问题的通知》
		2017.2	《2017年停车设施管理工作意见》
		2018.1	《南京市老旧小区停车设施建设和管理措施》

续表

省份	发布主体	发布时间	政策名称
江苏	苏州	2017.12	《关于进一步加强机动车停放服务收费监管的通知》
	淮安	2016.1	《淮安市区建筑物停车设施配建准则（试行）》
		2016.9	《关于成立局智能停车收费系统推进工作领导小组的通知》
		2016.12	《淮安市市区停车场管理办法》
	扬州	2014.8	《关于推进市区公共停车场规划建设的实施意见》
		2016.1	《关于制定扬州市区住宅小区汽车停车位（库）租金标准的通知》
		2016.8	《关于调整和明确市区机动车停放有关收费政策的通知》
	无锡	2017.2	《无锡市区机动车停放服务收费标准》
	宿迁	2016.3	《宿迁市市区机动车停车管理办法》
		2016.5	《宿迁市公共停车场建设和管理标准导则》
		2016.12	《关于明确市区政府定价停车场机动车停放服务收费标准及有关事项的通知》
	南通	2016.11	《南通市通州区城区机动车辆停放服务收费管理暂行办法》
	常州	2017.4	《常州市停车场建设管理办法》
	盐城	2016.3	《关于明确市区住宅区地下机械式立体车位汽车停放费问题的通知》
	连云港	2016.12	《连云港市市区经营性停车场收费管理办法》
	宜兴	2017.7	《宜兴市机动车停放服务收费管理办法（试行）》
	镇江	2017.11	《关于调整和明确市区机动车停放有关收费政策的通知》
	常熟	2016.9	《常熟市车辆停放服务收费管理暂行办法》
浙江	杭州	2012.5	《关于印发杭州市鼓励社会力量投资建设公共停车场（库）管理暂行办法的通知》
		2014.4	《关于鼓励和推进杭州市区公共停车场产业化发展实施办法的通知》
		2016.4	《杭州市鼓励社会力量投资建设公共停车场（库）资金补助办法》
	杭州	2017.10	《关于对杭州市区残疾人驾驶的机动车停放实施收费减免优惠的通知》
		2017	《（杭州）政府投资建设公共停车场（库）服务管理规范》
	温州	2015.12	《温州市区机动车停车设施建设管理办法》
		2016.7	《温州市区机动车停放服务收费管理暂行办法》
	金华	2016.1	《金华市区机动车停放服务收费管理办法》
		2016.8	《金华市区机动车停车场规划建设管理办法》
	绍兴	2016.1	《关于进一步完善道路机动车停放差别化收费管理的通知》

续表

省份	发布主体	发布时间	政策名称
浙江	台州	2016.11	《黄岩区鼓励社会力量投资建设公共停车场(库)资金补助办法(试行)》
	温岭	2016.11	《温岭市旧住宅小区临时停车设施建设改造与管理暂行办法》
	湖州	2017.10	《湖州市区机动车停放服务收费管理办法》
	杭州萧山	2017.10	《杭州市萧山区智慧城市停车诱导系统建设工作实施方案》
安徽	省级	2016.8	《关于进一步完善机动车停放服务收费政策的指导意见》
	合肥	2014.7	《合肥市鼓励公共停车场建设暂行办法》
		2016.4	《关于道路临时停车泊位收费标准有关问题的通知》
		2017.5	《合肥市机动车停车场管理办法》
		2017.12	《合肥市新能源汽车绿色出行实施方案》
	宣城	2017.12	《宣城市城市规划区机动车停车场规划建设管理办法》
	黄山	2015.12	《关于加强全市停车场规划建设管理的指导意见》
	滁州	2017.2	《2017年滁州市机动车停车场建设和管理办法》
	芜湖	2015.12	《芜湖市市区机动车停车场管理办法》
	蚌埠	2016.12	《蚌埠市城市道路机动车临时停放管理办法》
	马鞍山	2017.12	《马鞍山市机动车停放服务收费管理实施办法》
	阜阳	2018.1	《关于加强公共停车场（库）建设的实施意见》
福建	省级	2016.1	《关于加快城市公共停车设施建设的若干意见》
		2016.4	《关于简化公共停车设施建设审批的通知》
	省级	2016.8	《关于进一步完善机动车停放服务收费政策的实施意见》
		2017.1	《关于鼓励社会资本投资城市公共停车场PPP工程包的实施方案》
		2017.3	《进一步细化停车场用地供应的意见》
	福州	2017.7	《福州市物价局关于福州城区机动车停放服务收费有关问题的通知》
	厦门	2014.7	《厦门市鼓励社会力量投资建设公共停车场资金补助管理办法》
		2015.11	《厦门市建设项目停车设施配建标准》
		2016.5	《关于加强城市停车设施建设工作的实施意见》
		2016.9	《关于公布政府指导价停车收费标准的通知》
		2017.3	《关于做好社会主体申请建设停车设施项目相关工作的通知》
	南平	2016.4	《关于加快城市公共停车设施建设的实施意见》
		2017.6	《南平市机动车停放服务收费管理办法》

续表

省份	发布主体	发布时间	政策名称
福建	莆田	2016.6	《莆田市城市公共停车设施建设实施方案》
	泉州	2017.2	《泉州市中心市区机动车停车场规划建设服务管理规定》
		2017.5	《泉州市机动车停放服务收费管理暂行规定》
	宁德	2017.8	《宁德市机动车停放服务收费管理办法》
	三明	2016.12	《三明市区公共停车设施建设实施方案》
	龙岩	2012.9	《龙岩市鼓励社会投资建设公共停车场暂行办法》
		2017.4	《龙岩市机动车停放服务收费管理办法》
	石狮	2016.4	《石狮市城市道路停车泊位设置和使用管理暂行规定》
		2016.8	《关于进一步鼓励社会力量参与建设中心市区公共停车场所的若干意见》
	漳平	2017.9	《漳平市机动车停放服务收费管理办法》
江西	省级	2016.3	《转发国家发展改革委关于加快城市停车场建设近期工作要点与任务分工的通知》
		2016.8	《关于进一步完善机动车停放服务收费政策的通知》
		2017.7	《关于进一步完善城市停车设施规划建设管理工作的指导意见》
	南昌	2016.9	《南昌市城区停车场建设实施意见》
		2017.10	《南昌市城区停车场建设项目"以奖代补"管理办法》
	九江	2015.8	《九江市城区停车场管理暂行办法》
		2016.6	《关于中心城区机动车临时占道停车收费管理的通告》
	赣州	2010.7	《赣州市中心城区鼓励社会力量投资建设公共停车场(库)的实施意见的通知》
		2016.12	《赣州市机动车停放服务收费管理办法(试行)》
	景德镇	2017.8	《关于进一步完善景德镇市机动车停放服务收费政策的通知》
山东	济南	2011.12	《济南市鼓励公共停车场建设暂行规定》
		2017.2	《关于加强机械式停车设施建设管理的实施意见》
		2017.8	《关于进一步规范停车收费有关问题的通知》
	青岛	2015.12	《青岛市机动车停车场建设和管理暂行办法》
		2016.1	《机动车停放服务收费管理办法》
		2016.6	《关于建立青岛市停车场建设工作联席会议制度的通知》
	济宁	2017.12	《关于进一步明确城区停车场车辆停放服务收费政策的通知》
	潍坊	2016.2	《潍坊市住宅小区停车管理办法》

续表

省份	发布主体	发布时间	政策名称
山东	德州	2016.7	《德州市车辆停放服务收费管理办法》
	枣庄	2016.7	《枣庄市机动车停车场明码标价规范》
	聊城	2017.10	《聊城市停车场建设和管理办法》
	淄博	2017.10	《（淄博）关于进一步规范公立医疗机构停车服务管理工作的通知》
	烟台	2017.5	《普通住宅物业管理区域内停车收费有关事项的通知》
		2017.7	《烟台市区地下空间建设用地管理暂行办法》
	临沂	2016.6	《关于开展中心城区停车场管理情况清理整顿的通告》
		2018.1	《临沂市城市停车设施管理办法》
	淄博	2017.7	《淄博市机动车停放服务收费管理办法》
河南	郑州	2011.3	《关于鼓励社会投资建设停车场的若干意见》
		2011.7	《郑州市鼓励社会投资建设公共停车场的实施办法》
		2011.12	《投资建设公共停车场优惠政策实施细则》
		2015.8	《进一步加快市区公共停车场建设管理的指导意见》
	郑州	2017.1	《（郑州）关于进一步完善机动车停放服务收费政策的实施意见》
	开封	2016.9	《开封市加快停车场建设总体工作方案》
	焦作	2016.1	《焦作市加快城市停车场建设工作方案》
湖北	省级	2016.12	《湖北省机动车停放服务收费管理办法》
	武汉	2011.8	《关于加快推进我市公共停车场建设的意见》
		2015.9	《武汉市停车设施建设管理办法》
		2016.3	《武汉市机动车道路临时停放管理办法》
		2016.4	《关于我市中心城区城市道路停车收费有关问题的通知》
		2016.5	《关于加强全市机动车停车信息联网管理工作的通知》
	荆门	2017.1	《荆门市停车设施规划建设和管理办法》
	宜昌	2017.10	《宜昌市城区机动车停放服务收费管理办法（试行）》
	恩施	2016.2	《恩施市城区公共停车场管理办法（试行）》
		2017.11	《关于进一步完善机动车停放服务收费政策的通知》
	十堰	2017.12	《关于进一步完善机动车停放服务收费政策的通知》
	咸宁	2017.12	《机动车停放服务收费管理实施细则》
	襄阳	2017.8	《襄阳市市区机动车停车场规划建设和管理办法》
		2017.10	《市区机动车停放服务收费管理办法》

续表

省份	发布主体	发布时间	政策名称
湖南	长沙	2016.8	《关于印发＜长沙市停车场（库）车辆信息联网技术规范（试行）＞的通知》
		2017.1	《关于贯彻＜湖南省机动车停放服务收费管理办法＞的实施细则（试行》）》
		2017.11	《（长沙）关于明确我市停车服务收费有关问题的通知》
		2017.11	《关于规范机动车停车场管理的通知》
	永州	2015.12	《永州市机动车停放服务收费试行管理办法》
	永州	2017.1	《永州市中心城区道路临时停车泊位管理办法（试行）》
	岳阳	2015.1	《岳阳市城区机动车停放服务收费管理实施细则》
	郴州	2017.12	《郴州市城市规划区地下停车位建设利用管理办法（试行）》
	怀化	2017.12	《怀化市机动车停放服务收费管理实施细则（试行）》
广东	省级	2017.7	《（广东）关于进一步完善机动车停放服务收费政策的实施意见》
	广州	2017.7	《广州市停车场建设和管理规定》
	深圳	2016.2	《路边停车设施设置指引》
		2017.6	《关于加强公共停车场残疾人专用停车位秩序管理的通告》
		2017.8	《（深圳）城市停车诱导系统技术规范》
		2017.10	《深圳市加强停车设施建设工作实施意见》
		2017.12	《（深圳）停车库（场）车位引导及定位系统技术要求》
		2017.12	《关于完善我市机动车停放服务收费政策的通知》
	中山	2017.12	《中山市机动车停放服务收费管理实施细则》
	揭阳	2017.11	《揭阳市区机动车停放服务收费政策实施细则》
	清远	2016.8	《清远市市区机动车停车管理暂行办法》
		2017.1	《清远市规划区配建停车场（库）建设规划管理办法》
	茂名	2016.1	《茂名市市区机动车停放保管服务收费行为指南》
	汕头	2016.5	《关于规范机动车停放保管服务收费有关问题的通知》
	江门	2017.12	《关于江门市机动车停放服务收费管理实施细则》
	惠州	2015.12	《惠州市中心城区房地产开发项目停车位租售管理暂行办法》
	韶关	2017.10	《关于进一步完善韶关市机动车停放服务收费政策的通知》

续表

省份	发布主体	发布时间	政策名称
广西	南宁	2017.10	《南宁市车辆停放服务收费管理办法》
	桂林	2016.7	《关于重新规范市区机动车停放服务收费管理的通知》
	百色	2017.8	《百色市城区车辆停放服务收费管理暂行办法》
	贵港	2016.12	《贵港市车辆停放服务收费管理办法》
	崇左	2017.1	《崇左市市区车辆停放服务收费管理暂行办法》
	梧州	2016.7	《梧州市城市道路车辆停放服务收费标准》
	北海	2017.12	《北海市车辆停放服务收费管理办法》
	玉林	2017.7	《玉林市城市道路车辆临时停放管理暂行办法》
	玉林	2017.11	《玉林市车辆停放服务收费管理办法》
	柳州	2017.6	《柳州市物价局关于新能源汽车收费有关问题的通知》
	柳州	2017.9	《柳州市车辆停放服务收费管理实施细则》
	柳州	2017.12	《柳州市物价局关于重新规范我市公共场地停车场车辆停放服务收费管理问题的通知》
	防城港	2017.6	《防城港市车辆停放服务收费管理暂行办法》
	钦州	2016.4	《钦州市城市道路和公共场地实行机动车临时停车泊位服务收费实施工作方案》
海南	省级	2015.1	《停车场管理及服务规范（DB46/T 343—2015）》
	省级	2017.12	《海南省居住（小）区、建筑物、停车场配套充电设施建设管理暂行规定》
	三亚	2016.1	《三亚市停车场建设管理暂行办法》
	三亚	2016.7	《三亚市车辆停放服务收费管理方案（试行）》
重庆	省级	2014.12	《关于鼓励投资建设公共停车场的指导意见》
	省级	2016.1	《重庆市停车场管理办法》
	省级	2016.3	《关于机动车停放服务收费有关问题的通知》
	省级	2015.12	《主城区公共停车场建设项目市级财政资金"以奖代补"暂行管理办法》
	万州	2016.1	《关于鼓励投资建设公共停车场的通知》
	大足	2017.12	《重庆市大足区人民政府关于规范城区路内停车管理的通告》
	涪陵	2015.3	《关于鼓励社会资本投资建设社会公共停车场的通知》

续表

省份	发布主体	发布时间	政策名称
四川	成都	2017.10	《关于加强全市停车设施建设管理的实施意见》
		2017.11	《成都关于新能源汽车停车收费实施减免的通知》
		2018.1	《成都市地下空间开发利用管理办法（试行）》
	资阳	2016.6	《关于资阳城区城市道路临时占道停车管理有关事宜的公告》
	广安	2016.1	《广安市主城区车辆停放管理公告》
		2017.10	《广安市主城区机动车停车场建设和管理暂行办法》
	德阳	2017.1	《关于市区临时占道停车场（点）经营管理的通告》
	雅安	2017.5	《雅安市机动车停车场建设和管理办法》
	巴中	2017.12	《巴中市城市道路交通秩序管理条例》
贵州	毕节	2016.3	《关于开展城市停车场专项规划编制和推进停车场建设有关工作的通知》
	铜仁	2016.7	《铜仁市主城区停车场建设管理工作任务分工方案》
云南	省级	2016.6	《关于进一步完善机动车停放服务收费政策的实施意见》
	昆明	2015.12	《加强公共停车场建设的实施意见》
		2017.2	《关于进一步完善机动车停放服务收费管理的实施办法》
		2017.5	《关于加强机动车停放服务收费明码标价监管的通知》
	楚雄	2017.11	《关于进一步完善机动车停放服务收费管理实施办法》
	瑞丽	2017.8	《瑞丽市城市道路机动车停放管理办法》
西藏	拉萨	2015.7	《拉萨市停车场管理办法》
陕西	省级	2016.6	《关于进一步完善机动车停放服务收费政策有关问题的通知》
	西安	2012.1	《西安市公共停车场建设优惠政策》
		2014.7	《关于印发进一步加快公共停车场建设实施意见的通知》
		2015.9	《西安市停车管理综合治理三年行动方案(2015—2017年)》
		2016.8	《西安市公共停车场建设三年行动方案（2016—2018年）》
		2016.8	《关于加快推进公共停车场建设的意见》
		2017.9	《西安市停车场管理办法》
		2018.1	《西安市城市地下空间规划建设利用三年行动方案》
	咸阳	2016.5	《咸阳市机动车停车场规划建设管理暂行办法》

续表

省份	发布主体	发布时间	政策名称
甘肃	省级	2016.8	《甘肃省机动车停放服务收费管理办法》
	兰州	2012.7	《兰州市鼓励社会投资建设公共停车场优惠政策的若干规定》
		2016.9	《兰州市城市停车设施建设项目审批工作办法（试行）》
		2016.11	《兰州市机动车停车场管理办法》
		2017.10	《兰州市机动车停放服务收费管理办法》
		2017.10	《兰州市住宅小区机动车停放服务收费管理办法》
	敦煌	2016.4	《关于规范城市机动车停放服务收费工作的通知》
青海	省级	2017.9	《青海省机动车停放服务收费管理办法》
	西宁	2015.9	《关于印发西宁市公共临时停车场专项整治工作方案的通知》
宁夏	省级	2018.1	《宁夏回族自治区机动车停放服务收费管理办法》
	银川	2016.9	《关于加强城市公共停车场建设和管理的实施意见（试行）》
		2017.7	《银川市停车场规划建设和车辆停放管理条例》
新疆	省级	2017.10	《新疆维吾尔自治区机动车停放服务收费管理办法》
	乌鲁木齐	2017.2	《关于规范乌鲁木齐市住宅小区物业服务收费和停车服务收费的通知》

附录三 现代医院停车库智慧解决方案

"四高"机器人智能停车助力医院缓解停车难

中泰停车从成立起，一直注重技术研发，引进、消化、吸收、再创新，始终保持智能停车技术的领先地位。多年来，中泰停车从被评为国家高新技术企业，PPY车库被评为高新技术产品开始，已成为南京市工程技术中心、江苏省科技型中小企业、江苏省最具成长性高科技企业100强等。2017年中泰停车成为国家"十三五"重点研发计划项目课题实施单位，课题内容为"既有建筑停车关键技术研究与示范"。

中泰积极实践"一路一带"战略，加大海外市场的拓展力度，已成功进入美国、澳大利亚、泰国、新西兰、墨西哥等国家。泰国Rosewood为曼谷六星级酒店，业主咨询、设计、施工和设备采购面向全球招标，中泰机器人自动车库方案和设备在与欧美、日韩等国的竞争中优势明显，一举中标。新西兰车库市场也是由欧美与日韩控制，2009年新西兰IRONBANK机器人自动车库招标，中泰以领先的技术首次竞标战胜欧美对手，成功进入了新西兰机器人自动停车市场。

优秀实践

山东省立第三医院始建于1950年，2017年3月隶属关系由省交通运输厅划归省卫生计生委，2017年6月经省卫计委批准，更名为山东省立第三医院，是集医疗、教学、科研、预防保健和康复为一体的委直属三级甲等综合性医院。

为满足就医患者停车需求，解决"看病难，停车难"问题而实施的医院免费停车政策，客观上不符合政府依据经济手段提高城市重点拥堵区域的收费标准，用有限的停车资源满足人们的刚性需求。因此，医院广泛采用BOT、PPP模式，引进专业车库公司提供专业的停车服务。

那么，评价不同停车方式优劣时，主要关注哪些要素呢？

一是安全：人的安全，包括司机的安全、日常保养、汽车安全、停车设备安全、建筑物或构筑物安全。

二是密度：同样的空间，建造的车位越多越好。

三是效率：同一座立体车库，单位时间内进出车辆越多越好，包括设备运行速度和司机对设备的占用时间。

四是成本：建设成本与运营成本。

五是体验：司机停车体验要好。

PPY类"四高"机器人自动车库具备高可靠性、高舒适性、高效率、高密度等特点。

山东省立第三医院车库项目属于BOT投资类，位于院内，该院停车楼分为南院和北院。在建停车楼位于南院，设置4个出入口，308个车位。其中，A库设置140个泊位，B库设置168个泊位。

设计档案

企业名称：江苏中泰停车产业有限公司

办公地点：南京市建邺区云龙山路88号烽火科技大厦B座11层

办公电话：400-888-4416

官网查询：http://www.chinaautoparking.net

业务范围：主营业务集机械式停车设备供应、投资开发和运营管理三位一体，含咨询、规划、设计、生产、安装、维保、投资、运营、管理外包、连锁经营，合资经营等全流程服务。

经典案例：蒲城中医院立体停车楼、山东省立第三医院立体停车楼、上海曙光医院地上机器人车库、山东济南高新区管委会立体车库等。

医院立体车库建设实践经验

北京康拓红外技术股份有限公司（股票代码300455）隶属于中国航天科技集团公司中国空间技术研究院，2007年9月正式创立。公司秉承"源于航天，服务铁路"的理念，率先将应用于卫星姿态控制的红外线探测技术引入我国铁路车辆安全领域，成为国内最早进入铁路车辆安全检测领域的路外企业。目前是重要的中国铁路车辆运行安全检测装备和服务的供应商，是重要的中国铁路机车车辆检修智能物流系统及装备的供应商。目前拓展静态交通立体停车领域，已经成功实施两例智能自动化立体车库项目，为解决城市停车难，提供航天品质的解决思路，致力于成为国内一流的静态交通方案提供商。

交通规划

医院建设立体停车库，首先要根据医院周边交通流量和每日出入医院的车流量进行一定时期的检测，获得动态交通流量和静态停车需求的规律性数据后，进行合理的交通规划，再制订立体车库方案，才能明确立体车库建设地址、车位数量、出库口数量、存取车流向等。不能盲目选择医院内地块就进行立体车库建设，否则有可能出现立体车库建设后无法停车、形成新的交通阻塞点等问题。

建设类型

医院作为人流量最为密集的场所之一，停车存在一定的规律性：早晚高峰期医院内部人员会集中存取车、早晨看病的人员会集中到医院挂号、夜间停车需求较少等。车库需要选取智能型立体车库，方便、快捷停车，减少司机存取车排队等复杂操作。立体车库需要有多个出入口，需要有缓存停车区、紧急停车区。

分类停车

医院停车的人群可以分为几种，有长期停车、短期停车、紧急停车等不同的需求。可以划分不同的停车区域，比如紧急停车的就停在地面停车区、短期停车的就停在地下室停车区，长期停车的就停在立体车库区等。

智能收费

医院停车如果采用手机APP提前预约车位、预约取车、先停车后付费的方式，可以大量减少道路的拥堵。技术上在医院的出入库口加上车牌识别等数据采集系统，使用ETC、ETCP等公司的缴费不停车系统，或者使用城市级的收费采集系统，类似信用卡一样，在一定时期内进行上缴停车费即可。

增加功能

医院内建设的立体车库，停车位一般都比较多，可以留出地面层作为紧急停车区，设置修车区、洗车区等，在二层以上作为停车区。一旦某些车辆有一些修车、洗车的需求，在立体车库内就能解决，同时可以增加医院停车服务的收益。

租用医院周边大型停车场

如果医院内部资源紧张，可以租用医院周边的大型停车场，引导一部分看病人员的车辆进入，通过医院进行补贴停车费，给用户提供减免停车费的优惠服务，这样有些看病不是很紧急，但是有停车需求的人，可以到这种停车场进行停车。

王鑫，北京康拓红外技术股份有限公司副总经理，高级工程师。从事多年自动化物流、立体仓储工程规划管理经验。

曹志杰，北京康拓红外技术股份有限公司智能装备事业部研发主管、高级工程师。从事十年以上自动化立体仓库、立体车库项目设计实施经验。

源于航天　服务社会

企业档案

企业名称：北京康拓红外技术股份有限公司

办公地点：北京市海淀区中关村环保科技园7号院2号楼

办公电话：010-68378808

官网查询：www.cchbds.com.cn

业务范围：提供自动化立体仓库、自动化物流、自动化立体停车库项目。

经典案例：北京大学首钢医院立体停车库，北京首钢办公厅立体停车库，航天五院立体停车库，国内七大动车段；重载立体仓库；国内上百个动车所、动车段、车辆检修段、地铁车辆段；异型产品的立体仓库等。

上海直玖机场设备有限公司

上海直玖自2009年成立以来已完成100多个停机坪设计施工案例。服务范围覆盖全国，提供设计、施工、验收、航线开通、后期运营维护等全流程服务。公司拥有20多项国家专利及施工资质，在北京、上海等地有独立办事机构。公司具备民航顶尖设计团队和专业严谨的施工团队。以专业的角度、熟练的技能、认真的态度打造更安全更可靠的停机坪，为每次航空救援起降提供安全保障。

直玖工程案例

中日友好医院
直径20米 荷载8吨

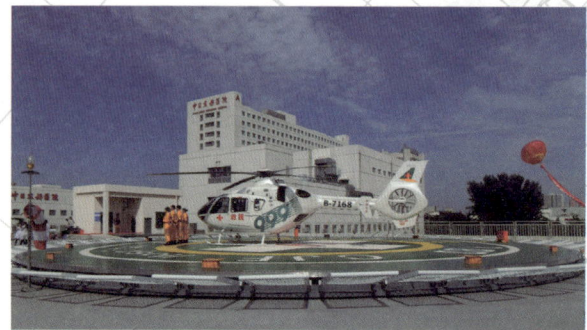

北大国际医院
直径27米 荷载6.5吨

天津医院
直径27米 荷载8吨

青岛市立医院
直径25米 荷载13吨

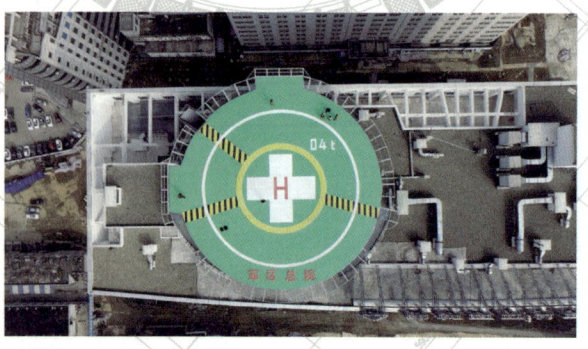

成都军区总医院
直径27米 荷载4吨

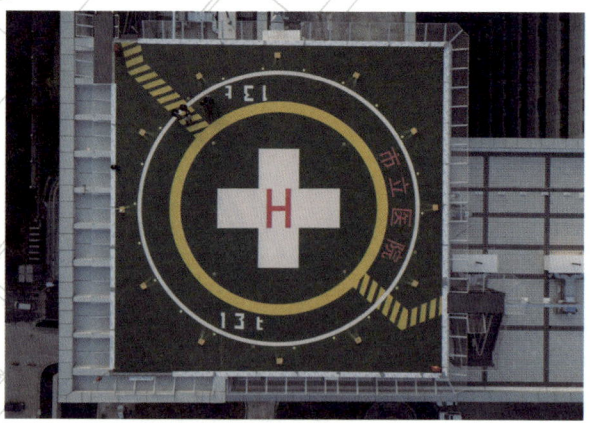

HELIPORT-9 上海直玖

中国医学救援协会
常务理事单位

上海直玖机场设备有限公司
直升机停机坪建造专家

www.heliport-9.com
400-807-6696

机坪设计　/　机坪施工　/　机坪验收

全智能巷道堆垛式立体停车库人性化解析

上海静安华山医院，地处著名的淮海路、南京路商圈核心地带，周围高楼林立，人口密集，车流量大。通过采用深圳精智的全智能巷道堆垛式立体停车设备，由原来约80个车位增至468个，占地面积约2014平方米，平均存取车速度为75S。智能车库的建成极大地缓解了该区域交通压力，尤其在解决华山医院的停车难题上起到了关键性作用。

深圳精智的专业技术人员通过对商圈的深入研究及调查，结合商圈人群、车流等特点，面对建筑面积、高度及车位数已被严格限制等难点，经过反复探讨和论证，采用了全地面型巷道堆垛式停车设备方案，该项目为用户提供了人性化、愉悦的停车体验，有以下几个方面的特点值得借鉴。

互联网缴费终端

智能停车结合互联网平台，可通过微信、支付宝等多种方式自助缴费，车主无须耗费过多时间等待交费存取车，提高了车库运行效率，避免了出入口拥堵，有利于疏通车流，缓解交通压力，很好地解决了人工收费漏洞的问题，也相应节省人工成本，为停车场增加了收益。

设备先进

突破关键性技术难点，采用单轨式超高层堆垛机，实现高精度定位及有效降低噪音污染；并配备行业内最先进的超薄智能搬运器——高度低、刚度强、承载能力大、对车辆保护全面，确保了整体建筑高度满足规划要求、容车规格广。

绿色低碳环保

采用自然通风、自然采光，最大限度地节省了通风、取暖、降温、照明设施及能耗。

全智能无人化引导、分配

人性化的引导系统及高智能化的设备，6套系统、12个出入口，"正进正出"，无须倒车，可同时存取12辆车且互不干扰，保证了整个停车流程无须人工干预，为高峰期存取车提供了实际的保障，也为车主带来愉悦便捷的停车体验。

节约土地资源，提高停车密度

智能车库方案设计的停车容量约是平面停车的6倍，最大限度缩小开挖面积及降低开挖深度，更好地解决城市用地紧张，极大缓解了停车难题。

高智能化控制系统

采用精智独有的分布式多智能体群体控制方法，引入人工智能及深度学习算法，极大提高了系统网络实时性及控制效率。

行业内最全面的安全保护措施

设有运转中警告装置、紧急停止按钮装置、入口处光电开关等近40项安全保护装置，全面保护人、车、设备安全。

该项目有效地缓解了华山医院、华东医院周边区域的停车压力,很好地改善了医院的交通环境,为就医人员提供了极大的便利,充分体现了精智车库的方案设计适合各场景、各行业需求,也是公司实现"精智机器,品质生活"使命的充分体现。项目自建成后,不断接待全国各地政府、企业组织的考察学习,为全国大中城市树立了一个解决城市停车难问题及建设智慧城市的标杆性工程,并荣获2017年行业优秀项目奖。

设计档案

深圳精智机器有限公司是一家致力于智能立体停车以及电动汽车充换电综合解决方案以及相关设备的设计研发、制造安装、运营维护的国家级高新技术企业。深圳精智核心团队自1993年起就在国内开展智能化停车设备业务,一直引领着国内智能停车设备领域的技术发展,是目前国内从业时间最长、经验最丰富、技术最先进的优秀团队。

办公电话:4006-671-987

城市静态交通智慧解决方案

爱泊车,英文名Alpark,是一家以"AI智慧泊车+大数据运营平台"为核心的、世界领先的高科技企业集团,也是全球首家把高位图像识别技术落地到城市智慧停车管理商用的高科技企业,致力于"为世界城市静态交通提供智慧解决方案"。

公司构建了世界领先的智慧停车技术和运营体系,研发了百余项具有自主知识产权的互联网大数据、智能硬件的核心技术及专利,推出了 Alpark City 城市智慧泊车管理系统、Alpark One 智能停车场管理系统、Alpark 天眼、爱泊车 APP 等系列产品,受到"出行伯乐"蔚来资本、中美绿色基金、高榕资本等一线基金的青睐并给予战略投资助力,被称为"AI智慧泊车领域最具有独角兽素质的企业"。

智能停车场出入口管理系统

停车场出入口管理及收费系统是医院停车场智能管理系统的核心。

Alpark One 智能停车场管理系统,通过"车牌+车型"多模识别技术、智能图像识别二次校验引擎、AI 云平台智能纠错和匹配、AI 监控平台智能管理设备和停车场运营秩序,结合全方位的自动化应急响应机制,达到了精确识别、精准计费、100%管理的智能化停车场运营管理目标。

全方位电子支付系统

医院自助停车场收费系统的建设有助于医院智能化水平的提高。

公司依托在商业综合体停车场运营中积累的经验,结合医院特殊情况,定制开发了全方位的电子支付解决方案,有效提高出口通行效率与场内车位流转率,避免进出口位置的拥堵情况。此外,医院停车管理及收费系统趋向于与医院安防系统集成以及与城市停车云平台集成,对此公司也具备完善的解决方案。

智能停车诱导系统和反向寻车系统

通过车场周边行车方向、车场流量等情况合理优化停车场进出口,对于医院停车场需设置救护车、VIP 专用通道,提高特殊车辆的进出效率。车场内部遵循"大循环""少交叉""人车分离"等原则对停车场行车路线进行规划,结合车场入口及内部的诱导管理屏、墙体引导等方式对车主进行指引。

通过车位指示灯、车位摄像机、自助寻车一体机等智能化设备实现反向寻车功能。车主使用自助寻车一体机根据车牌等信息检索车辆,并根据系统提示的人行路线到达目标位置。

智能远程集中管控平台

实现各类数据统计分析,为停车场智能化运营提供数据支撑,如在场车数量实时统计、实时收入预测、异常车统计、车流量实时统计、泊位利用率等;实现 APP 车位预约服务、进出权限自动判定等,还可通过公共界面或者窗口将车场剩余空车位情况、收费规定等情况实时、准确地显示,实现有效指引、导航和出行指导。

增值运营服务

  Alpark One 智能停车场管理系统具备停车场运营分析功能，通过收集停车场进出口流量、停放时段／时长、支付类型等信息，运用大数据运算技术分析确定有效的增值运营方案，以进一步提高无人化管理停车场的运营收入。

设计档案

企业名称： 爱泊车美好科技有限公司

办公地点： 北京市海淀区中关村北大街 27 号

办公电话： 400-1333-990

官网查询： www.aipark.com

业务范围： 提供出入口智能化改造、全场景 AI 电子支付、停车场智能化建设、全面运营管理方案及其他智能化服务。

经典案例： 北京市门头沟区医院、天津二五四医院、北京大学人民医院、北京市肿瘤医院、北京市顺义区医院、北京好苑建国酒店、北京大学、北京西站等。

优化医院交通微循环
天马华源医院智能车库建设与运营实战经验

天马华源停车设备（北京）有限公司成立于2004年，注册资金9000万元。公司拥有自有物业独立工业园，是国家高新技术企业，更是专业的智能立体车库研发与制造单位。天马华源以其朴实无华、扎实稳健的工作作风在业内塑造了自己的企业魅力，又以其研发制造的智能车库运行的稳定性为公司在业内旗帜永驻打下坚实的基础。

天马华源一直在为提高配置、科学创新、难点突破而努力，力争成为智慧停车的引领者，优化医院交通微循环的先行军。

一、车库选型因地、因时制宜

在车库选型上，要注意大中小型车的结合，车体积大，拐弯半径大，需要场地就大，在存放量上就会受限；小类型车车库能扩大存取量的要求，但大类型车就会受限。在确定方案时两者要据实际情况权衡。

1. 北京大学第三医院智能车库项目

原北医三院只有36个车位的平面停车场，医院实际需求车位1200个，车辆排队3小时才能进院就诊是不争的事实。

新建智能车库位于北医三院院内门诊楼西，占地长43m，宽13.4m，一共576m^2。在这仅有的面积之上要尽量缓解医院停车难问题。建成的停车楼可停放车辆281辆，虽还远远不能完全解决1200个车位的实际需求，但已是原来可停靠车辆的7.8倍，土地使用效率提高了8倍。

该项目主要特点：

◆ 双栏或大跨栏提升方式的第三代库型，本项目全面升级换代。
◆ 根据医院环境的需求量体制造减速机，使得配合更加精密。
◆ 采用新的软性连接，在机械框架之间，降低噪音，减少震动。
◆ 增加动能平衡设计，适当降低电机功率，提高了升降速度。

1、2 北京大学第三医院智能车库项目

3、4 阜外医院基坑三层升降横移机械车库项目

2. 阜外医院基坑三层升降横移机械车库项目

◆ 卫生部心血管病防治研究中心及阜外心血管病医院扩建工程项目地下车库工程位于北京市西城区北礼士路167号。该项目采用基坑三层升降横移类机械车库，共有机械车位520个。该车库于2015年10月正式建成，运行良好。

◆ 整个车库利用率高，为前注该院就诊的患者及家属解决了停车难及停车耗时的难题，自医院正式对外开放以来得到了广大用户的一致好评。

◆ 该项目由于使用频繁，对机械车库的质量要求很高。

二、医院高频使用车库建设前后注意事项

1. 在设计上需注意事项

(1) 抗震——需达到国家标准抗震设防烈度要求。

(2) 设计精度——提高设计精度，比一般的低频率使用状态下考虑更多的安全性构件。

(3) 预防能力——光电感应，智能化管理，加强事故预防能力。

(4) 减噪节能——软性连接，在机械框架之间降低噪音，减少震动。

(5) 节能降耗——增加动能平衡设计，适当降低电机功率，节能降耗。

北京大学第三医院操作间

(6) 色系选择——车库操作室设计成暖色系，降低就诊人员焦躁的情绪，减轻心理压力。

(7) 信息提示——停车空位提示，存取单上留有停放车库号码及停车位号、存放时间。

(8) 节约时间——存取车操作简单，车辆驾驶员只需点击存、取按钮即可完成车辆的存入、取出程序，自动缴停车费。

(9) 全智能车库，远程诊断及监控。

2. 在制造上需注意事项

(1) 配件选择经久耐用型，电控器件部分选择性能稳定的厂家合作。

(2) 钢结构传动，提升机采用双提升栏结构，运行时间短。

(3) 有板车库，与车辆不直接接触，对不同轴距车存取的精度高，减少物业与车主的纠纷。

(4) 医院智能车库作为构筑物，按要求要有40%建筑裸露出来，光电开关、激光定位仪等电器件要提前考虑到天气对仪器的影响。

设计档案

企业名称： 天马华源停车设备（北京）有限公司

办公地点： 北京市北京经济技术开发区科创二街3号

办公电话： 010-87952557

官网查询： www.aipark.com；www.liticwei.com

业务范围： 设计研发、加工、制作、安装、维修、销售机械式停车设备，提供完整的智能存取车系统。

经典案例： 阜外医院基坑三层升降横移机械车库项目，北京大学第三医院机械式立体停车库，"国内首个无人值守车库"——中国社会科学院垂直升降智能车库项目等。

医院可视火灾报警与水雾灭火集成系统

随着医院现代化建设的不断发展，医院手术室、ICU、药房、病房、医技设备室、检验中心、档案室等重点区域的火灾隐患问题进一步凸显。这些区域通常有易燃液体、气体，并存放大量贵重、精密电子设备，病人集中，一旦发生火灾，如不能及时扑灭，极易造成重大人员伤亡及财产损失，造成恶劣的社会影响。因此，预防工作不容忽视。

中威蓝天科技股份有限公司是成立于2015年的高新技术研发型企业，与国家消防工程技术研究中心、吉林大学、中科院光学精密机械物理研究所等多家科研机构、国家实验室联合研发了应用于医院的可视火灾报警与水雾灭火集成消防系统。该系统的技术创新为医院防火、救火提供了有力保障，填补了医院防火救灾的空白。在实践中，消防值班人员可在第一时间快速、精准确认火警信息与位置，利用高压氮气作用形成水雾快速灭火，同时保护人员安全和电气设备不受影响。

医用可视火灾报警系统

采用世界先进计算机图像识别技术，当监控视频中出现火苗或烟雾图像时，可快速精准捕捉到火警图像，并在值班监控视频上发出报警信号。值班人员可根据监控图像快速定位起火点。系统对明显火焰与阴燃烟雾等均能快速识别，并具有实时储备火灾信息功能以备判断起火原因。

医用水雾灭火系统

采用记忆合金，不依赖电力，在火灾发生时喷头自动打开，连锁启动高压氮气瓶，氮气迅速流至贮水罐，压力水喷出，形成直径小于400μm的水雾。水雾遇热迅速气化，体积膨胀1700多倍，可以急剧降低空气中的氧气浓度达到快速灭火的效果，其良好的弥散性可屏蔽热辐射，阻止火灾蔓延。由于水雾是一种间断的水雾状结构，具有良好的电绝缘性，能有效保护医院中的贵重精密电子仪器，是目前适合医院使用的消防灭火设备。

医用可视火灾报警与水雾灭火集成系统的应用，解决了医疗机构重点医疗区域无法设置传统水喷淋灭火系统的难题，可在国内医院中广泛推广与应用。

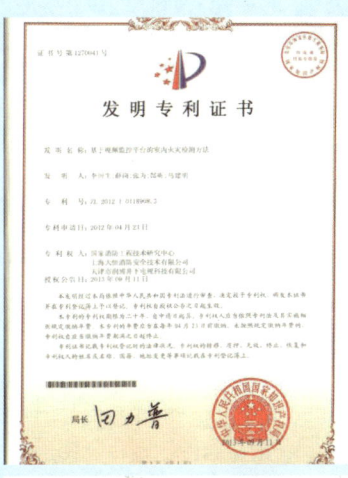

设计档案

公司名称：中威蓝天科技股份有限公司

办公地点：北京市西城区莲花池东路甲 5 号院京安办公楼 5 层

办公电话：010-63499056

业务范围：智能消防、智慧环保、绿色环保。

经典案例：北京天坛医院、长春市第二医院。

知识延伸：智慧医院物流/环境系统创新与实践

现代化医院物资运送种类多、运送量大且次数频繁，运送时间效率和输送精准性要求高，医院物流问题直接影响到医院的整体运营效率及患者的切身利益。为解决这一问题，艾信根据医院整体建筑规划和设计理念，针对医院后勤管理需求，为医院量身定制洁物物流和污物供应的全新整体解决方案，旨在提高医院工作效率，改善就医和工作环境，打造中国智慧医院的领航典范。

艾信（ESSENIOT），为中国医院提供智能化物流传输系统、仓储系统、垃圾被服处理系统智能高效整体解决方案。公司产品制造中心位于苏州市工业园区，全球研发中心设在美国洛杉矶，是能同时集成中型箱式物流、轨道小车、搬运接驳机器人、气动物流、手供一体化仓储系统、数字化机器人仓库、垃圾被服处理系统等产品的高新技术企业。

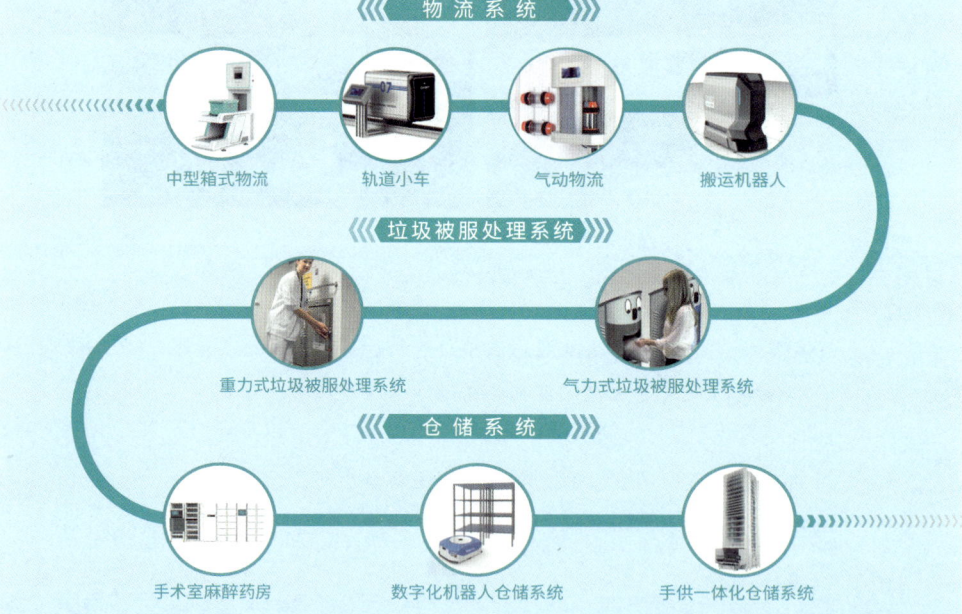

服务案例包含：深圳大学总医院、贵州省遵义市第一人民医院、山西省晋中市第一人民医院、云南省阜外心血管病医院、江西省肿瘤医院、湖南省肿瘤医院、江苏省苏州大学医学中心、中山大学附属肇庆医院、黔西南州人民医院、山东省千佛山医院临沂分院、南通市第二人民医院、陕西中医药大学第二附属医院、曲靖妇幼保健院、保定市妇幼保健院、汕头大学医学附属国瑞医院、云南省人民医院新昆华医院、湖南省同济医院、云南省普洱市人民医院妇产儿童医院、巨野县人民医院、遵义市肿瘤医院、南昌市高新区人民医院……

实践案例

深圳大学总医院坐落于南山西丽，依山傍水，环境优美，占地面积近 9 万平方米，规划总床位 2000 张，分两期建设。二期建设完成后，总建筑面积将达 60 万平方米，是广东省智慧医院新标杆。艾信根据医院的建筑结构、医疗工艺，为深圳大学总医院量身打造了方便、高效的中型箱式物流系统，完美解决院内自动化物资传输问题。

（1）深圳大学总医院的中型箱式物流系统，在门诊楼、住院楼、行政楼、食堂和宿舍楼等设置站点，覆盖住院药房、静配中心、消毒供应中心、手术室、血库以及各个病区等。

（2）医院采用第三代最新物流站点外观，与护士站融为一体，美观大方。

（3）通过远程运维系统，可与医院 HIS 进行对接，全程追溯，实现运输管理一体化。

（4）药品存储、输送到终端分发，信息打通、系统连接、全程自动。

（5）项目采用了新一代 WCS 软件系统平台和电控系统，高效提升水平输送系统工作效率，软硬结合，重塑连接。

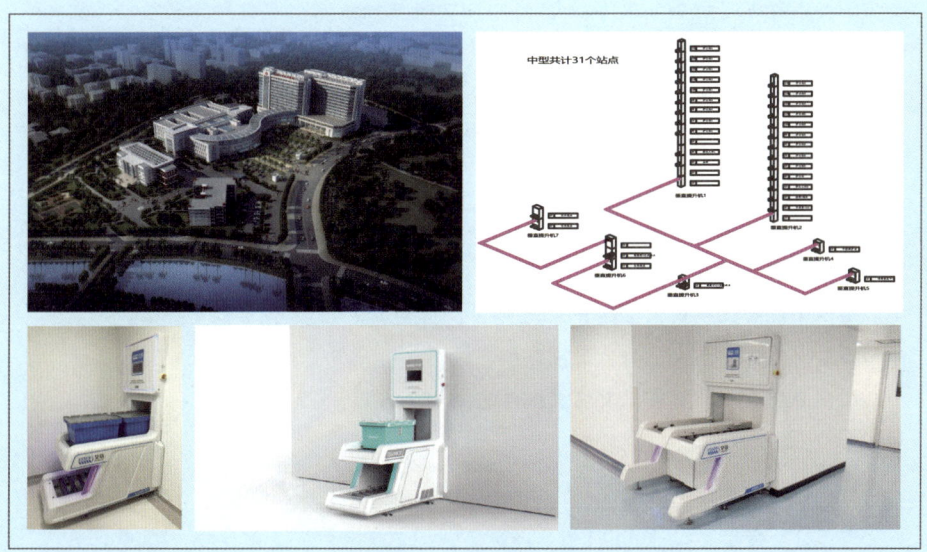

设计档案

企业名称：艾信智慧医疗科技发展（苏州）有限公司

办公地点：苏州市工业园区新发路 27 号独墅联盟

办公电话：4008591660

官网查询：www.esseniot.com

业务范围：医用智能中型箱式物流系统、轨道小车物流、气动物流、医用搬运接驳机器人、垃圾被服处理系统、手供一体化仓储系统、数字化机器人仓储系统、手术室麻醉药房等产品的生产、研发、销售、安装、租赁及相关售后服务。

医院 物流传输系统 一体化解决方案

医院三维公司创建于1993年，自创办以来一直秉承"诚信、创新、责任、和谐"的企业管理理念，专注于国内医院智能化及数字化建设，在医院物流传输系统领域已成为国内开拓者和领导者。公司拥有86项国家专利，并在行业内率先通过ISO19001质量管理体系认证、ISO14001环境管理体系认证、CE认证，软件企业、软件产品，高新技术企业及安全标准化企业等资质。2002年公司推出国产第一套医用气动物流传输系统；2012年公司推出国产第一台医用中型物流传输系统。产品已得到多家三甲医院的高度认可，并远销至德、法、英、比利时、墨西哥等多个国家及地区。

中型物流系统

通过收发工作站、传输轨道和相关提升运载设备将医院的各个科室互相连接起来，构成一个自动化的机械运载通道。以传输箱为载体，收发工作站为发送和接收端，通过三层控制网路+RFID物联网实时监控技术，实现物品的自动、高效配送。

传送方式：机械自动传输。

控制设备：采用国际流行的工业级可编程控制器PLC作为其控制设备。

工作站

作用：医疗物品的接收与发送。

- 工作站外观精美、时尚，与医院环境完美融合；
- 双侧静音皮带技术，噪音<40分贝，符合卫生部45分贝以下标准；
- 复式工作站，上下收发层可调换；
- 任意科室之间都可以实现直接传送。

传输箱

作用：装载医疗物品。

- 尺寸：660（L）×450（W）×300（H）mm（标配），容积：89升；
- 配有RFID智能芯片（也可扫描条码），系统识别率100%；
- 空箱具备自动返回功能，还具有自动消毒功能，符合院感要求；
- 闲置传输箱可叠加放置，节省空间。

水平传输线

作用：传输箱水平方向传输的通道。

- 模块式组合安装，接力式传送；
- 全程监控传输箱位置，智能识别RFID；
- 配置水平换轨机，高峰期提高效率；
- 水平传输速度：1.0 m/s。

换向器

作用：两条不同方向的水平轨道之间的自动转换连接。

- 可 0-90 度自旋转，转向非常平稳、快捷；
- 占用空间小，节省更多的吊顶空间。

垂直提升机

作用：在竖井内部，配合水平传输的提升系统。

- 提升机托盘配有转动装置，可 0-90 度自动转动，实现竖井三面开口，工作站位置可结合科室布局多种选择，空间更加灵活，为科室节省很多空间；
- 采用变频技术，提高速度的同时节能省耗，垂直提升速度为 3.0m/s；
- 上升或下降过程中，传输箱全程保持水平状态；
- 竖井开口尺寸：1300(L) × 1300(W)mm。

控制系统

作用：控制、监测整套中型物流系统的运行。

- 采用先进的物联网及医用物流专业技术；
- 全程智能识别、实时监控记录传输箱的状态、可追溯传输箱，保证无盲箱、无丢箱；
- 自主研发的控制软件系统，可根据需求定制图像监控、手机或个人电脑监控以及信息处理功能等。具备远程联网功能，可在医院管理人员的电脑上监控系统运行状态，三维海容公司的技术中心也可以监控医院物流系统的运行状态。

双轨标准型工作站

传输箱

循环提升机

企业档案

企业名称：北京三维海容科技有限公司

办公地点：北京市昌平区北清路1号珠江摩尔国际大厦

办公电话：010-61779332

官网查询：www.swhr.com.cn

业务范围：医用箱式中型物流传输系统、污物收集系统、医用气动管道式物流传输系统。